U1070486

CHANYE ZHUANLI FENXI BAOGAO

产业专利分析报告

（第77册）——智能网联汽车关键技术

国家知识产权局学术委员会◎组织编写

中国專利

知识产权出版社
全国百佳图书出版单位
—北京—

图书在版编目（CIP）数据

产业专利分析报告．第77册，智能网联汽车关键技术/国家知识产权局学术委员会组织编写．—北京：知识产权出版社，2020.6

ISBN 978－7－5130－6922－9

Ⅰ.①产… Ⅱ.①国… Ⅲ.①专利—研究报告—世界②汽车—智能通信网—专利—研究报告—世界 Ⅳ.①G306.71②U463.67

中国版本图书馆CIP数据核字（2020）第081227号

内容提要

本书是智能网联汽车关键技术的专利分析报告。报告从该行业的专利（国内、国外）申请、授权、申请人的已有专利状态、其他先进国家的专利状况、同领域领先企业的专利壁垒等方面入手，充分结合相关数据，展开分析，并得出分析结果。本书是了解该行业技术发展现状并预测未来走向，帮助企业做好专利预警的必备工具书。

责任编辑：卢海鹰　王玉茂　　**责任校对：**谷　洋
执行编辑：周　也　　**责任印制：**刘译文
封面设计：博华创意·张冀

产业专利分析报告（第77册）
——智能网联汽车关键技术
国家知识产权局学术委员会　组织编写

出版发行：知识产权出版社有限责任公司　　**网　址：**http：//www.ipph.cn
社　址：北京市海淀区气象路50号院　　**邮　编：**100081
责编电话：010－82000860转8541　　**责编邮箱：**wangyumao@cnipr.com
发行电话：010－82000860转8101/8102　　**发行传真：**010－82000893/82005070/82000270
印　刷：天津嘉恒印务有限公司　　**经　销：**各大网上书店、新华书店及相关专业书店
开　本：787mm×1092mm　1/16　　**印　张：**14.75
版　次：2020年6月第1版　　**印　次：**2020年6月第1次印刷
字　数：315千字　　**定　价：**78.00元
ISBN 978－7－5130－6922－9

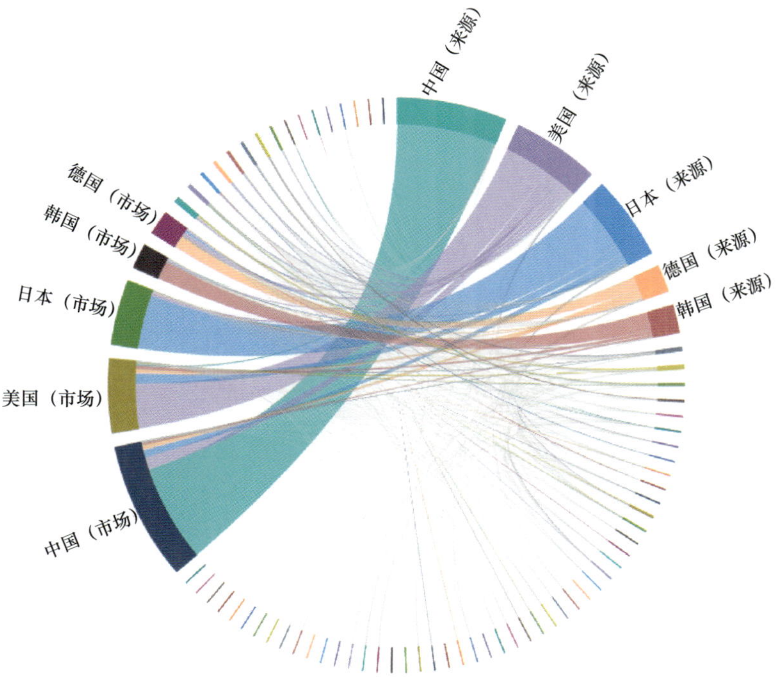

图 4-1-6　智能网联汽车领域全球技术来源和目标市场间的技术流向

（正文说明见第 39 页）

注：图中份额较少市场未列出，下同。

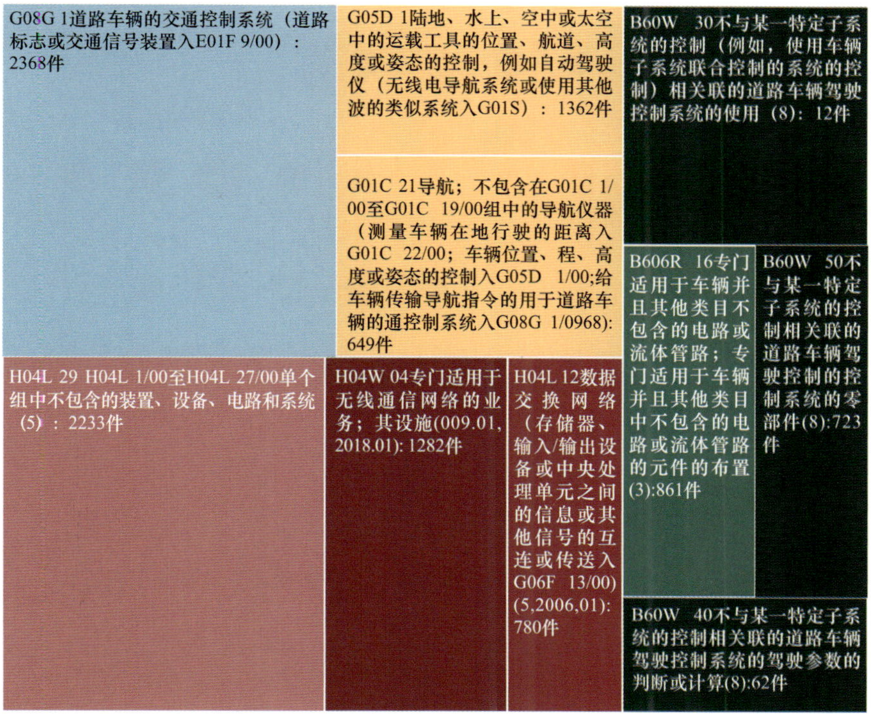

图 4-2-5　智能网联汽车技术领域中国专利相关的各类 IPC 汇总

（正文说明见第 43 页）

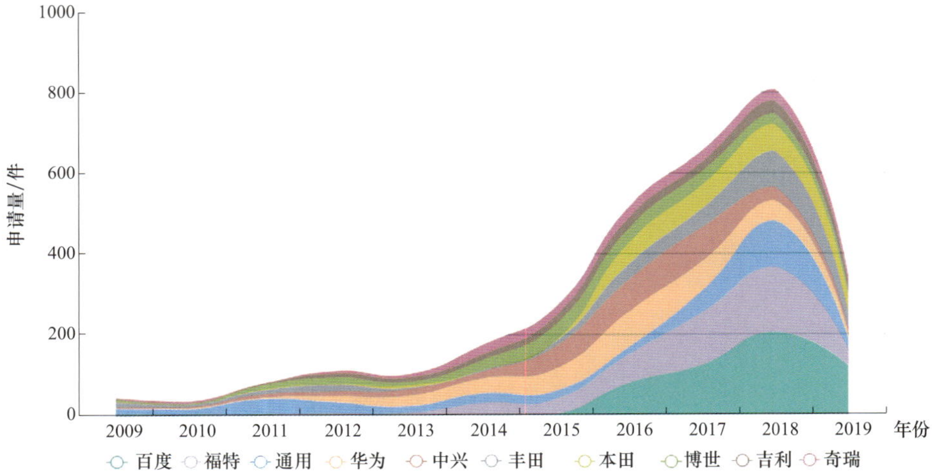

图4-2-8　历年智能网联汽车技术领域中国专利排名前十位的申请人的申请量

（正文说明见第44页）

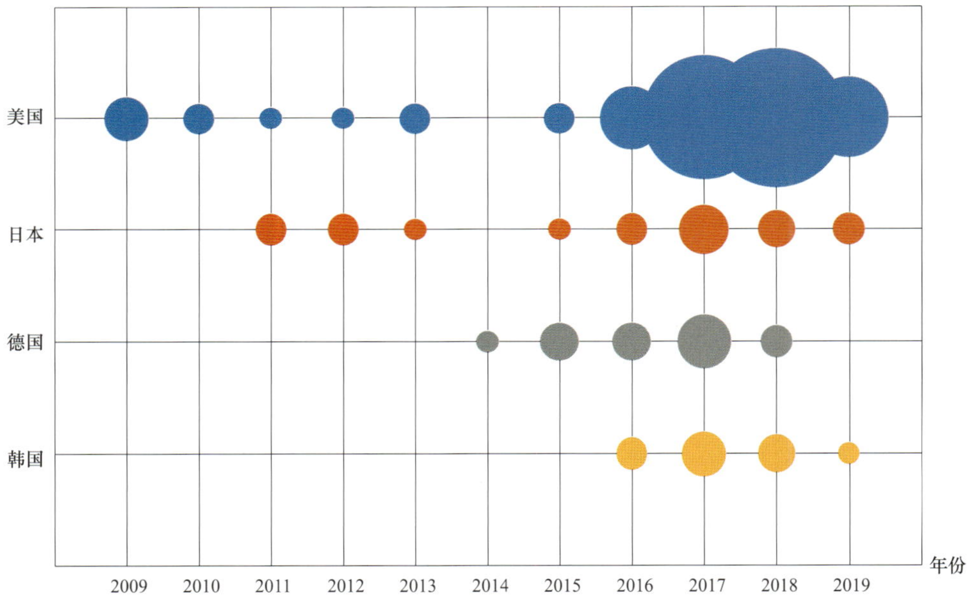

图5-1-8　先进传感器关键技术领域主要来华布局国家历年专利申请量

（正文说明见第53页）

注：图中圆圈大小表示申请量多少。

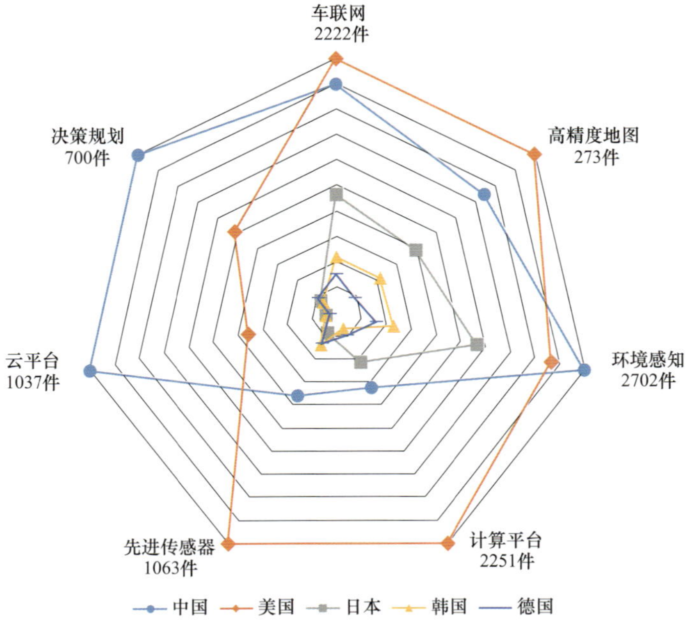

图 5-8-1 智能网联汽车关键技术全球专利申请主要来源国家分布

（正文说明见第 115 页）

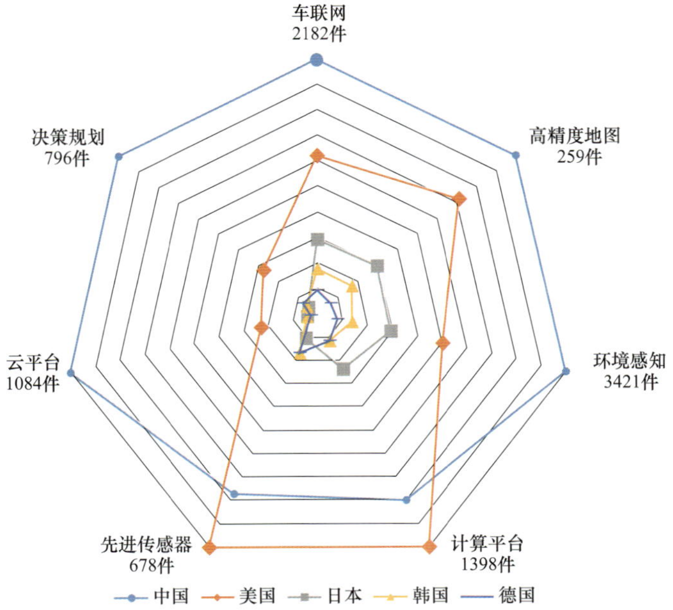

图 5-8-2 智能网联汽车关键技术全球专利申请主要应用国家分布

（正文说明见第 115 页）

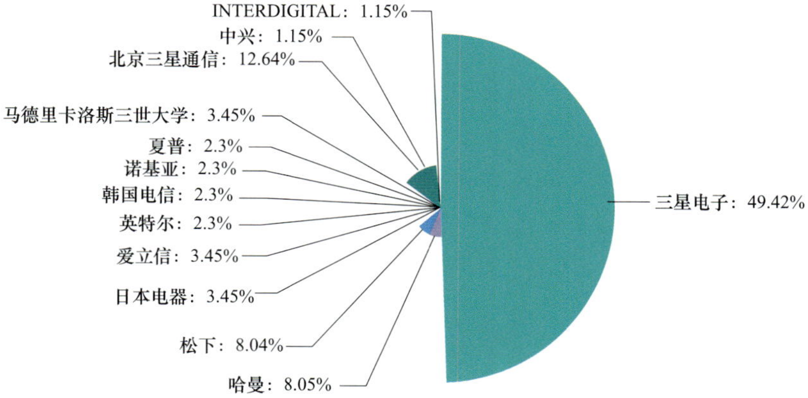

图 6-2-2　智能网联汽车领域标准必要专利专利权人分析

（正文说明见第 127 页）

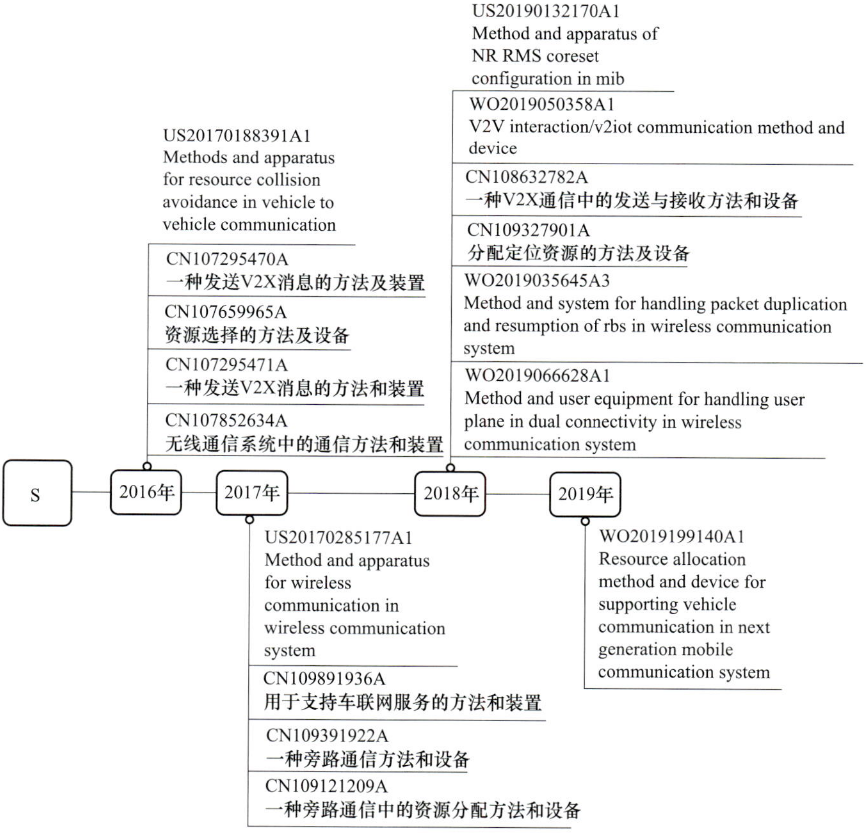

图 6-2-5　三星电子标准必要专利的技术脉络

（正文说明见第 128 页）

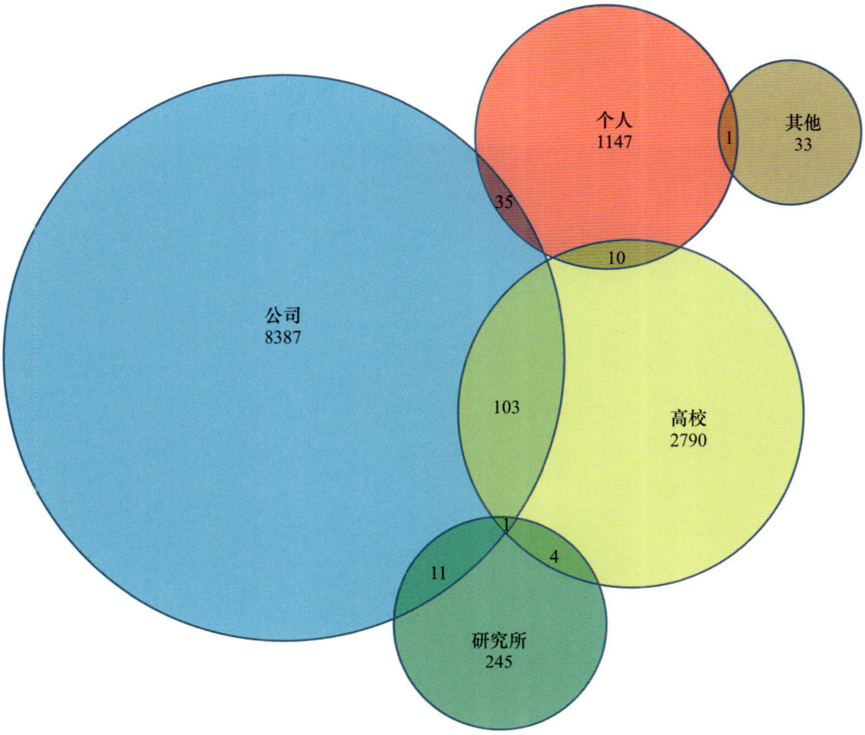

图 6－3－9　智能网联汽车技术领域专利申请不同类型研发主体间交叉合作网络

（正文说明见第 133 页）

注：图中数字代表申请量，单位为件。

图 6－3－10　智能网联汽车技术领域专利转让分析桑基图

（正文说明见第 133 页）

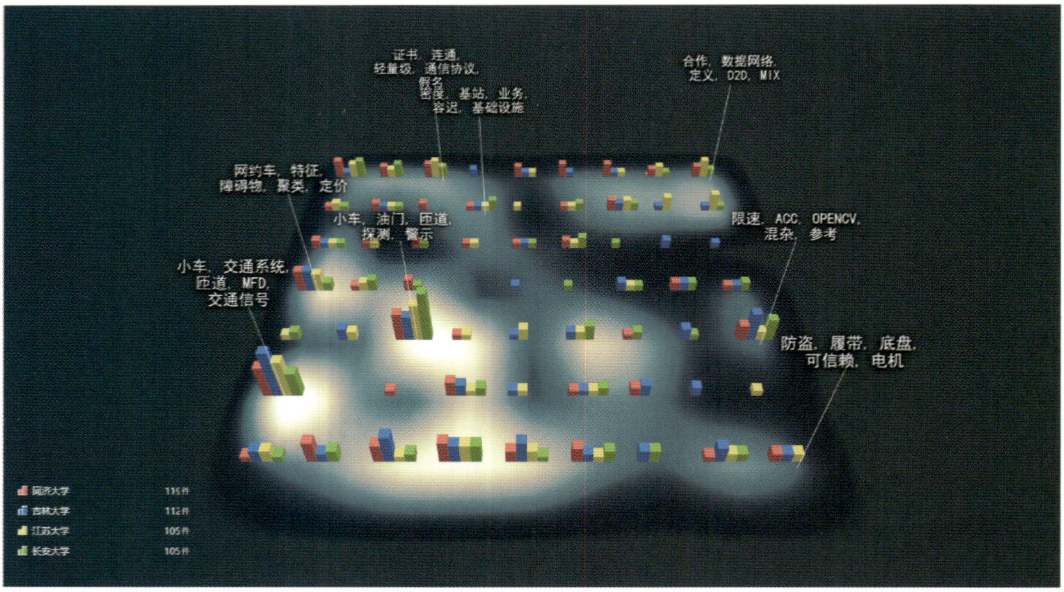

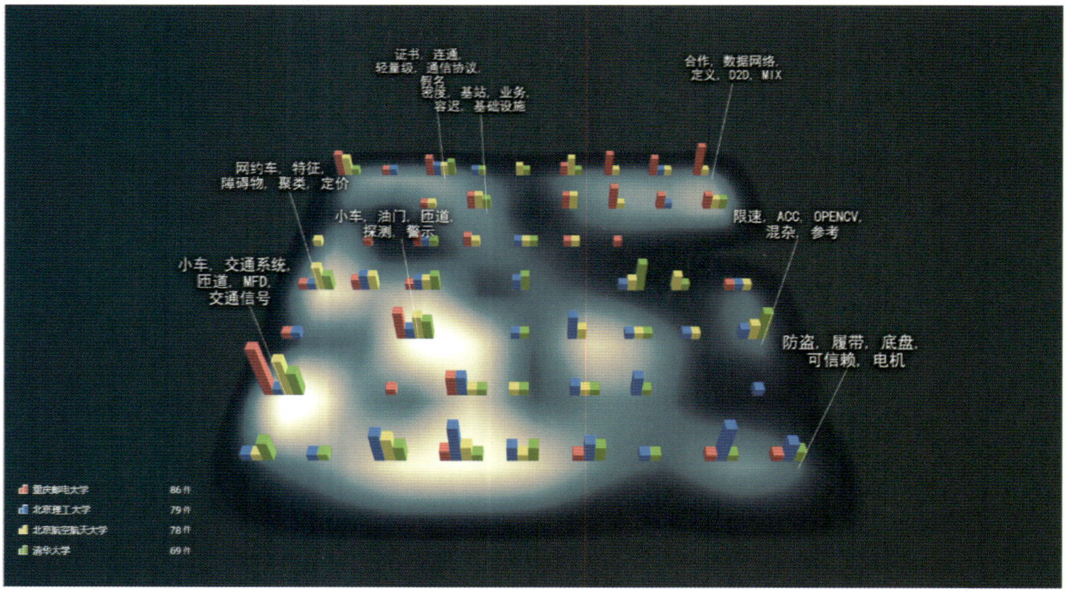

图 6-3-13 智能网联汽车技术领域高校专利 3D 专利地图分析

（正文说明见第 137 页）

编 委 会

前　言

2019年是中华人民共和国成立70周年，是全面建成小康社会、实现第一个百年奋斗目标的关键之年。在以习近平同志为核心的党中央的坚强领导下，国家知识产权局认真贯彻落实党中央、国务院决策部署，聚焦创新驱动和改革开放两个轮子，强化知识产权创造、保护、运用。为推动产业高质量发展，围绕国家重点产业持续开展专利分析研究，深化情报分析，提供精准支撑，充分发挥知识产权在国家治理中的作用。

在国家知识产权局学术委员会的领导和指导下，专利分析普及推广项目始终坚持“源于产业、依靠产业、推动产业”核心原则，突出情报分析工作定位和功能，围绕国家100余个重点产业、重大技术和重大项目开展研究，形成一批高质量的研究成果，通过出版《产业专利分析报告》（第1～70册）推动成果落地生根，逐步形成与产业紧密联系和互动合作的良好格局。

这一年，专利分析普及推广项目在求变求新的理念引领下，锐意进取，广开渠道，持续引导和鼓励具备相应研究能力的社会力量承担研究工作，得到社会各方的热情支持和积极响应。10项课题经立项评审脱颖而出，中国科学院、北京空间科技信息研究所等科研院所，清华大学、北京大学等高校，江西省陶瓷知识产权信息中心、中国煤炭工业协会生产力促进中心等企事业单位或单独或联合承担了具体研究工作。各方主动发挥独特优势，组织近150名研究人员，历时7个月，圆满完成了各项研究任务，形成一批凸显行业特色的研究成果和方法论。同时，择优选取其中8项成果以《产业专利分析报告》（第71～78册）

系列丛书的形式出版。这8项报告所涉及的产业方向分别是混合增强智能、自主式水下滑翔机技术、新型抗丙肝药物、中药制药装备、高性能碳化物先进陶瓷材料、体外诊断技术、智能网联汽车关键技术、低轨卫星通信技术，均属于我国科技创新和经济转型的核心产业。

专利分析普及推广项目的发展离不开社会各界一如既往的支持与帮助，各级知识产权局、行业协会、科研院所等为课题的顺利开展贡献了巨大的力量，近百名行业和技术专家参与课题指导工作，《产业专利分析报告》（第71~78册）的出版凝聚着社会各界智慧。

专利分析成果的生命力在于推广和应用。在新冠肺炎疫情期间，国家知识产权局结合实际，组织力量编制并发布多份抗击新冠病毒肺炎专利信息研报，广泛推送至科研专班和相关专家，充分发挥专利信息对疫情防控科研攻关的专业支撑与引导作用，助力打赢疫情防控阻击战。希望各方能够充分吸收《产业专利分析报告》的内容，积极发挥专利信息对政策决策、技术创新等方面的智力支撑作用。

由于报告中专利文献的数据采集范围和专利分析工具的限制，加之研究人员水平有限，报告的数据、结论和建议仅供社会各界借鉴研究。

《产业专利分析报告》丛书编委会

2020年5月

项目联系人

孙　琨　010－62086193/sunkun@cnipa.gov.cn

智能网联汽车关键技术产业专利分析课题研究团队

一、项目指导

国家知识产权局： 贺　化　郑慧芬　雷春海

二、项目管理

国家知识产权局专利局： 张小凤　孙　琨　王　涛

三、课题组

承 担 单 位： 清华大学

课题负责人： 范爱红

课题组组长： 李　津

统　稿　人： 范爱红　杨明亮

主要执笔人： 李　津　战玉华　管翠中　杨明亮　程变爱
张　岩　范爱红　李　烨

课题组成员： 范爱红　李　津　阙东平　杨明亮　战玉华
管翠中　张　岩　张鑫蕊　程变爱　李　烨
贺维平　于春磊　侯金霞　马增慧　林千叶

四、研究分工

数据检索： 战玉华　李　津　管翠中　程变爱　贺维平
张　岩　李　烨

数据清理： 管翠中　李　津　李　烨

数据标引： 李　津　李　烨　管翠中

图表制作： 李　烨　管翠中　李　津　战玉华

报告执笔： 李　津　战玉华　管翠中　杨明亮　张　岩
程变爱　范爱红　李　烨

报告统稿： 范爱红　杨明亮

报告编辑： 范爱红　程变爱

报告审校： 范爱红　张鑫蕊　贺维平　李　津

五、报告撰稿

李　津： 主要执笔第6章第6.1～6.2节，参与执笔第3章第3.3～3.5节、第6章第6.3节

战玉华： 主要执笔第4～5章，参与执笔第3章第3.4节、第7章第7.1节

管翠中： 主要执笔第4～5章、第6章第6.3节，参与执笔第6章第6.4节、第7章第7.1节、附录2

杨明亮： 主要执笔第1章、第3章第3.1～3.2节，参与执笔第7章第7.2节

程变爱： 主要执笔第2章、附录1，参与执笔第5章、附录2

张　岩： 主要执笔第6章第6.4节，参与执笔第6章第6.3节、第7章第7.1节

范爱红： 主要执笔第2章第2.2节、第7章第7.2节，参与执笔第3章、附录2

李　烨： 参与执笔第4章第4.1节、第5章、附录2

张鑫蕊： 参与执笔第6章第6.3节

六、指导专家

行业专家（按姓氏音序排序）

李　乔　国汽（北京）智能网联汽车研究院有限公司

李晓龙　天津智能网联汽车产业研究院

王　燕　清华大学技术转移研究院

杨殿阁　清华大学车辆与运载学院

技术专家（按姓氏音序排序）

董　克　北京新能源汽车股份有限公司

江　昆　清华大学车辆与运载学院

李洪鹏　中国航天科工集团第二研究院二十五所

梁　爽　超星未来科技有限公司

汤　洁　中国航天科工集团第二研究院二十五所

王金奎　北汽新能源工程研究院

张　放　北京智行者科技有限公司

专利分析专家（按姓氏音序排序）

巴　特　国家知识产权局专利局专利审查协作四川中心

孙瑞丰　北京国知专利预警咨询有限公司

汪　勇　北京华创智道知识产权咨询服务有限公司

赵亚娟　中国科学院文献情报中心

七、合作单位（排序不分先后）

清华大学图书馆、国家知识产权局公共服务司、清华大学车辆与运载学院、清华大学技术转移研究院、国汽智能网联汽车研究院、中国汽车工程学会、中国航天科工集团第二研究院二十五所、北京新能源汽车股份有限公司、北京智行者科技有限公司、天津智能网联汽车产业研究院、天津清智科技有限公司、超星未来科技有限公司

目　录

第1章　技术背景

在新一代科技革命和产业变革的影响下，新一代信息技术和制造技术深度融合，汽车正由传统的机械产品逐步演变为机电一体化、智能化和网联化的高科技产品，呈现出与电子、信息、交通等相关产业紧密相连、协同发展的趋势。❶智能网联汽车（Intelligent and Connected Vehicle，ICV）作为一种新兴产业形态，与智能交通紧密相关，体现出了跨行业多领域新技术的深度交叉融合，其产业化发展必定能带动相关行业的协同进步，从而推动制造业的全面转型升级。因此，美国、日本和欧洲各国、各地区政府都高度重视，中国把智能网联汽车作为《中国制造2025》的重要部署，上升到国家战略层面，从国家的产业规划和政策的角度来推动发展。

随着近几年中国汽车产业的快速发展，特别是智能化、网联化、电气化变革的日渐深化，知识产权作为一种无形资产发展成为汽车产业的核心竞争力。2018年，中国汽车专利申请公开量为22.6万件，同比增长30.2%❷。放眼全球，智能网联汽车技术领域的专利申请量近年来呈现出鲜明的加速上升态势❸。可以说，谁掌握了专利，谁就掌控了汽车产业的未来。

专利文献涵盖全球90%以上的技术情报，蕴含着重要的技术与市场信息。围绕专利数据，同时结合产业定位、发展目标等，可以对技术链、市场竞争态势进行深入挖掘，窥视产业发展全貌。本报告运用多种专利检索分析工具，对全球智能网联汽车关键技术领域的专利数据进行全面的分析挖掘和深入研究，协助从业人员把握智能网联汽车的技术脉络和国际产业发展趋势、确定核心专利技术、评测技术竞争力、制订研发路线、做好专利战略布局和发展决策。

1.1　智能网联汽车相关概念

智能网联汽车是智能车和车联网的有机结合。在工业和信息化部和中国汽车工程学会联合发布的《节能与新能源汽车技术路线图》中规定，智能网联汽车是指搭载先进的车载传感器、控制器、执行器等装置，并融合现代通信与网络技术，实现车与X（车、路、人、云端等）智能信息交换、共享，具备复杂环境感知、智能决策、协同控

---

❶ 李克强．智能网联汽车信息物理系统参考架构1.0［R］．北京：国家智能网联创新中心，2019.

❷ 汽车知识产权．2018年中国汽车专利统计数据分析［EB/OL］．（2019－02－19）［2019－11－10］．http：//www. kangxin. com/html/1/170/172/9165. html.

❸ 王军雷，解立艳．2017年中国汽车专利统计数据［J］．汽车工艺师，2018（3）：26－28.

制等功能，可实现“安全、高效、舒适、节能”行驶，并最终可实现替代人来操作的新一代汽车。

与智能网联汽车相关的概念有自动驾驶汽车、智能汽车、无人驾驶汽车、车联网和智能交通系统等。

（1）智能汽车：在普通车辆的基础上增加雷达、摄像头等先进传感器、控制器、执行器等装置，通过车载传感系统和信息终端实现与人、车、路等的智能信息交换，使车辆具备智能的环境感知能力，能够自动分析车辆行驶的安全及危险状态，并使车辆按照人的意愿到达目的地，最终实现替代人来操作的目的。它集中运用了计算机、现代传感、信息融合、通信、人工智能及自动控制等技术，是典型的高新技术综合体。

（2）无人驾驶汽车：是通过车载传感系统感知道路环境，自动规划行车路线并控制车辆到达预定目标的智能汽车。它是利用车载传感器来感知车辆周围环境，并根据感知所获得的道路、车辆位置和障碍物信息，控制车辆的转向和速度，从而使车辆能够安全、可靠地在道路上行驶。无人驾驶汽车集自动控制、体系结构、人工智能、视觉计算等众多技术于一体，是计算机科学、模式识别和智能控制技术高度发展的产物。

（3）车联网：是由车辆位置、速度和路线等信息构成的巨大交互网络。以车内网、车际网和车载移动互联网为基础，按照约定的体系机构及通信协议和数据交互标准，实现 V2X（V－汽车，X－车、路、行人及应用平台等）无线通信和信息交互，以实现智能化交通管理、智能动态信息服务和车辆智能化控制的一体化网络，是物联网技术在智能交通领域的延伸。

（4）智能交通系统：是将先进的信息技术、计算机技术，数据通信技术、传感器技术、电子控制技术、自动控制理论、运筹学、人工智能等有效地综合运用于交通运输、服务控制和车辆制造，加强车辆、道路、使用者三者之间的联系，从而建立的一种在大范围内、全方位发挥作用的，实时、准确、高效的综合运输和管理系统。

智能网联汽车是由硬件和软件两部分组成，其中硬件包含了传感器、控制器和执行器等；软件在现代通信和网络技术的支持下，具有环境感知、智能决策和协同控制的功能。

1.2　智能网联汽车的技术分级、演进路径和发展趋势

1.2.1　智能网联汽车的技术分级

智能网联汽车从技术角度主要分为智能化和网联化两个层面。

1.2.1.1　基于智能化的技术分级

从智能化角度进行技术分级，美国机动车工程师协会（SAE）将智能网联汽车技术分为五个级别（见表1－2－1）。

表1-2-1 智能网联汽车智能化技术分级

智能化等级	等级名称	等级定义	控制	监视	失效应对	典型工况
1（DA）	驾驶辅助	系统根据环境信息执行转向和加减速中的一项操作，其他驾驶操作由人完成	人与系统	人	人	车道内正常行驶，高速公路无车道干涉路段、泊车工况
2（PA）	部分自动驾驶	系统根据环境信息执行转向和加减速操作，其他驾驶操作都由人完成	人与系统	人	人	高速公路及市区无车道干涉路段，换道、环岛绕行、拥堵跟车等工况
自动驾驶系统监控驾驶环境						
3（CA）	有条件自动驾驶	系统完成所有的驾驶操作，根据系统请求，驾驶员须提供适当的干预	系统	系统	人	高速公路正常行驶工况，市区无车道干涉路段
4（HA）	高度自动驾驶	系统完成所有的驾驶操作，特定环境下系统会向驾驶员提出响应请求，驾驶员可以对系统请求不进行响应	系统	系统	系统	高速公路全部工况及市区有车道干涉路段
5（FA）	完全自动驾驶	系统可以完成驾驶员能够完成的所有道路环境下的操作，不需要驾驶员介入	系统	系统	系统	所有行驶工况

（1）L1（Driver Assistance，DA）驾驶辅助

在驾驶辅助中，系统可以提供方向和加减速中的一项驾驶辅助功能，例如，自适应巡航、车道保持等，其他驾驶操作由驾驶员完成。如果出现紧急或者危险状况，驾驶辅助系统以警告的方式反馈给驾驶员。驾驶辅助系统可以感知并判断驾驶人员是否作出相应的驾驶操作，如果司机没有对紧急危险状况作出相应的驾驶操作，则驾驶辅助替代司机采取行动，之后很快将控制权转交给驾驶员。

（2）L2（Partial Automation，PA）部分自动驾驶

部分自动驾驶，又称为高级驾驶辅助（Advanced Driving Assistant System，ADAS），其主要特征是两个以上的方向和加减速中的驾驶辅助功能被组合在一起，

提供方向和加减速中的多项驾驶辅助。驾驶员需要时刻监视前方路况变化，需要根据车辆环境随时接管对车辆的操作。适于车道无变化的高速公路及市区路段（无匝道和岔路口）。

（3）L3（Conditional Automation，CA）有条件自动驾驶

有条件自动驾驶由系统完成对转向盘、油门和刹车等的所有驾驶操作。在特殊情况下，如驶离高速公路等，车辆判断是否需要将车辆操控权还给驾驶人。如果是则提醒驾驶人员，驾驶人员按照要求接管对车辆的驾驶操控。适于高速公路全路段下的正常行驶和车道无变化的市区路段（无岔路口等）。

（4）L4（High Automation，HA）高度自动驾驶

高度自动驾驶的主要特征是实现高速公路全部路况和特定市区全部路况的无人驾驶。特殊情况下，如驶离封闭的小区或者特定的市区，系统提醒驾驶员接管驾驶操控，驾驶人员可以不响应。和L3有条件自动驾驶相比，L4可以长时间地释放对车辆的控制。

（5）L5（Full Automation，FA）完全自动驾驶

在完全自动驾驶阶段，车辆可以在任何道路环境下完成对车辆全时段没有转向盘和刹车的无人驾驶，实现门到门的货物或人员运输，转向盘和刹车为可选项，驾驶员操作也为可选项。

1.2.1.2 基于网联化的技术分级

从网联化的角度进行技术分级，中国汽车业界将车联网也进行了分级，与智能车的分级相对应，将车联网分为网联辅助信息交互、网联协同感知和网联协同决策与控制三个层级（见表1-2-2）。

表1-2-2 智能网联汽车网联化技术分级

网联化等级	等级名称	等级定义	控制	典型信息	传输需求
1	网联辅助信息交互	基于车-路、车-后台通信，实现导航等辅助信息的获取以及车辆行驶数据和驾驶员操作等数据的上传	人	地图、交通流量、交通标志、油耗、里程等信息	传输实时性、可靠性要求较低
2	网联协同感知	基于车-车、车-路、车-人、车-后台通信，实时获取车辆周边环境信息，与车载传感器获取的信息进行融合，作为自主决策和控制系统的输入	人与系统	周边车辆/行人/非机动车位置、信号灯相位、道路预警等信息	传输实时性、可靠性要求较高

续表

网联化等级	等级名称	等级定义	控制	典型信息	传输需求
3	网联协同决策与控制	基于车－车、车－路、车－人、车－后台通信，实时并可靠获取车辆周边环境信息和车辆决策信息、车－车、车－路等各交通参与者之间信息进行深度融合，形成车－车、车－路等各交通参与者之间的协同决策与控制	人与系统	车－车、车－路间的协同控制信息	传输实时性、可靠性要求最高

（1）网联辅助信息交互：基于车－路、车－后台通信，实现导航等辅助信息的获取以及车辆行驶数据和驾驶员操作等数据的上传。数据传输的实时性、可靠性要求较低。

（2）网联协同感知：基于车－车、车－路、车－人、车－后台通信，实时获取车辆周边环境信息，与车载传感器获取的信息进行融合，作为自主决策和控制系统的输入。控制对象是人与系统，对数据传输的实时性和可靠性要求较高。

（3）网联协同决策与控制：基于车－车、车－路、车－人、车－后台通信，实时并可靠获取车辆周边环境信息和车辆决策信息、车－车、车－路等各交通参与者之间信息进行深度融合，形成车－车、车－路等各交通参与者之间的协同决策与控制。控制对象是人与系统，对数据传输的实时性和可靠性要求最高。

1.2.2 智能网联汽车智能化和网联化的关系

智能网联汽车既包含智能化关键技术，也包含网联化技术，其终极目标是实现汽车的完全自动驾驶，实现汽车的网联协同感知、决策与控制。因此智能网联汽车是汽车智能化技术和网联化技术的深度融合，并且融合程度越高，越有助于智能网联汽车的发展。

如图1－2－1所示，从智能化和网联化的技术分级上看，智能网联汽车包含了L1～L5级自动驾驶，同时也包含了网联辅助信息交互、网联协同感知和网联协同决策与控制等网联化级别。在SAE L3级别及以上，系统完成自动驾驶过程的控制和监控，对信息传输的实时性、可靠性要求较高，对车联网通信技术的要求较高。

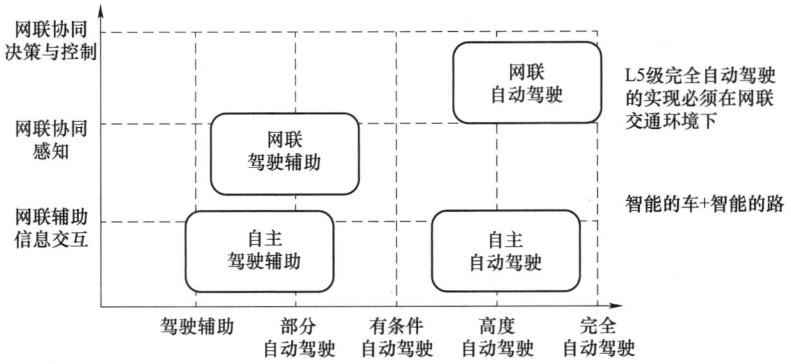

图 1-2-1　智能网联汽车智能化和网联化的关系

1.2.3　智能网联汽车的演进路径

从智能化的角度而言，智能网联汽车包含自主式驾驶辅助和自主式自动驾驶。自主式驾驶辅助包括单个驾驶辅助功能和多个驾驶辅助功能组合的高级驾驶辅助（Advanced Driving Assistance System，ADAS）属于自动驾驶的 SAE L1～L2 级；自主式自动驾驶（Autonomous Driving）属于自动驾驶的 SAE L3～L5 级。从网联化的角度而言，智能网联汽车包括网联驾驶辅助（网联驾驶，Connected Driving）和网联自动驾驶（Connected and Automated Driving）。基于智能化和网联化的关系，智能网联汽车的演进路径可以总结如图 1-2-2 所示。[1]

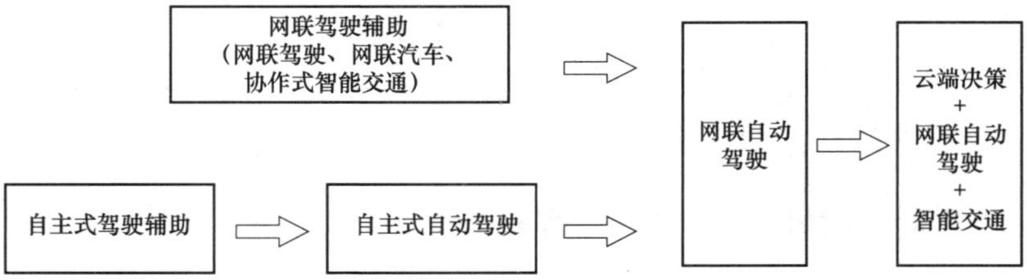

图 1-2-2　智能网联汽车的演进路径

自主式自动驾驶和网联驾驶都存在自身的不足。自主式自动驾驶搭载的车载传感设备只能在可视范围内进行感知，在非视距路况下车载传感设备不能有效识别周边的车辆环境和交通运行环境；网联驾驶要求车端和路端都要安装终端设备，才能实现车路协同的 V2I 协同通信，该过程极其漫长。只有车载传感设备的感知数据和 V2X 协同通信的交换数据相互补充，实现自主式自动驾驶和网联驾驶的融合，才是智能网联汽车的发展目标。

[1] 王泉．从车联网到自动驾驶［M］．北京：人民邮电出版社，2018.

1.2.4 智能网联汽车的发展趋势

（1）以深度学习为代表的AI技术快速发展和应用

以“深度学习”方法为代表的人工智能（Artificial Intelligence，AI）技术在智能网联汽车上正在得到快速应用。尤其在环境感知领域，深度学习方法已突显出巨大的优势，正在以惊人的速度替代传统机器学习方法。深度学习方法需要大量的数据作为学习的样本库，对数据采集和存储提出了较高需求；同时，深度学习方法还存在内在机理不清晰、边界条件不确定等缺点，需要与其他传统方法融合使用以确保可靠性，且深度学习方法目前也受限于车载芯片处理能力的限制。

（2）激光雷达等先进传感器加速向低成本、小型化的方向发展

相对于毫米波雷达等其他传感器，激光雷达具有分辨率高、识别效果好等优点，已逐步成为主流的自动驾驶车用传感器；但其体积大、成本高，同时也更易受雨雪等天气条件影响，这导致其现阶段难以大规模商业化应用。目前激光雷达正在向着低成本、小型化的固态扫描或机械固态混合扫描形式发展，但仍需要克服光学相控阵易产生旁瓣影响探测距离和分辨率、繁复的精密光学调装影响量产规模和成本等问题。

（3）自主式智能与网联式智能技术加速融合

网联式系统能从时间和空间维度突破自主式系统对于车辆周边环境的感知能力。在时间维度，通过V2X通信，系统能够提前获知周边车辆的操作信息、红绿灯等交通控制系统信息以及气象条件、拥堵预测等更长期的未来状态信息。在空间维度，通过V2X通信，系统能够感知交叉路口盲区、弯道盲区、车辆遮挡盲区等位置的环境信息，从而帮助自动驾驶系统更全面地掌握周边交通态势。网联式智能技术与自主式智能技术相辅相成，互为补充，正在加速融合发展。

（4）高速公路自动驾驶与低速区域自动驾驶系统将率先应用

高速公路与城市低速区域将是自动驾驶系统率先应用的两个场景。高速公路的车道线、标示牌等结构化特征清晰，交通环境相对简单，适合车道偏离报警（LDW）、车道保持系统（LKS）、自动紧急制动（AEB）、自适应巡航控制（ACC）等驾驶辅助系统的应用。目前市场上常见的特斯拉等自动驾驶汽车就是SAE L1～L2级自动驾驶技术的典型应用。而在特定的城市低速区域内，可提前设置好高精度定位、V2X等支撑系统，采集好高精度地图，利于实现在特定区域内的自动驾驶，如自动物流运输车、景区自动摆渡车、园区自动通勤车等。

（5）自动驾驶汽车测试评价方法研究与测试场建设成为热点

自从特斯拉汽车被曝光几起重大安全事故后，自动驾驶汽车的安全性越来越多地受到关注，关于自动驾驶汽车测试评价方法的研究以及测试场、示范区的建设成为全球热点。如何测试自动驾驶汽车，一种潜在的解决方案是引入“普通人类驾驶员”的抽象概念并建立安全基线——一系列定性、定量的关键功能、性能指标，表征自动驾驶系统驾驶汽车的安全程度。如果把自动驾驶系统看作一个驾驶员，对其的考核也可以类比驾驶员的考核过程。首先是“体检”，检查自动驾驶系统对环境感知、车辆控制

等的基本能力；其次是理论测试，测试自动驾驶汽车对交通法规的遵守能力；再次是场地测试，即在特定场景下的自动驾驶测试；最后是实路考核，将自动驾驶汽车放置于特定开放测试道路内进行实际测试。

在测试场建设方面，美国密歇根大学率先建成了面积约 13 公顷的智能网联汽车专用测试场 M－city。日本、欧洲等多地也已建成或在积极建设各类智能网联汽车专用测试场。上海嘉定于 2016 年率先建成中国第一个专业的智能网联汽车测试场。重庆、北京等多地也在积极建设。

在智能技术快速发展的大背景下，智能网联汽车具有广阔的发展空间，是人性的技术延伸。随着辅助驾驶系统（ADAS）的日趋成熟，其制造成本也会大幅度降低。随着时间的推移，其将在大部分汽车中进行装配。

大数据作为智能网联汽车发展的基础和前提，会促使驾驶真正实现自动驱动，并且具有良好的社会效益。通过大数据技术的应用，可以为驾驶环境和驾驶员提供大量的数据支撑，对驾驶员处理信息和驾驶决策具有支撑作用。而想要完成上述工作，要进行大量的示范和验证，以规范化和标准化建设为支撑。自动驾驶将是汽车行业的未来发展趋势，而想要实现自动驾驶的完全普及，需要克服技术、政策以及经济等障碍，促进出行服务与社会效益的协同发展。

1.3　智能网联汽车关键技术

智能网联汽车指的是具备先进车载传感器、执行器和控制器等装备，并且融合现代网络技术，具有较为复杂的环境感知功能、自动化控制及智能化决策功能，使车辆能够和外部节点之间相互联结，从而实现信息的共享和协同控制，以此实现环保、节能、安全和舒适的全新智能汽车。

智能网联汽车的电子化、智能化、网联化和（信息）共享化技术可以用来实现智能网联汽车的各项功能：环境感知、环境识别、车辆定位、路径规划、驾驶决策和地图建模（地图创建）等。

智能网联汽车的关键技术和主要功能的关系如表 1－3－1 所示。

表 1－3－1　智能网联汽车的关键技术和主要功能的关系

汽车技术	环境感知	环境识别	车辆定位	地图创建	路径规划	驾驶决策
共享化	人工智能路情数据在自动驾驶算法训练云平台的共享	交通运行数据在交通运输管理云平台或地图云平台的共享	—	高精度地图数据在地图云平台的共享，准动态数据在交通运输管理云平台共享	运输出行数据在交通运输管理云平台的共享	基于交通运输管理云平台的云端驾驶决策建议

续表

汽车技术	环境感知	环境识别	车辆定位	地图创建	路径规划	驾驶决策
网联化	车辆环境和交通运行环境感知数据交换	车辆数据、行人位置、车辆环境、交通运行环境识别数据交换	车辆位置数据交换	高精度地图准动态和高度动态数据交换	运行出行及其路径规划数据交换	驾驶决策协同与驾驶操作指令数据交换
智能化	车辆环境、交通运行环境感知数据采集	车辆环境与交通运行环境识别	基于卫星系统、惯导系统和SLAM技术的定位	基于感知、识别、定位和SLAM技术的地图创建	基于车载计算平台的路径规划	基于地图、规则算法、人工智能算法的行为决策和运动规划
电子化	车辆数据采集	—	—	—	—	基于驾驶决策操作指令的控制和执行

智能网联汽车的智能化和网联化是实现其功能的重要保障。基于智能网联汽车的主要功能，清华大学李克强教授在《智能网联汽车（ICV）技术的发展现状及趋势》一文❶将智能网联汽车所包含的关键技术归纳为环境感知技术、智能决策技术、控制执行技术、V2X通信技术、云平台与大数据技术、信息安全技术、高精度地图与高精度定位技术等。

（1）环境感知技术：包括利用机器视觉的图像识别技术，利用雷达（激光、毫米波、超声波）的周边障碍物检测技术，多源信息融合技术，传感器冗余设计技术等。

（2）智能决策技术：包括危险事态建模技术，危险预警与控制优先级划分，群体决策和协同技术，局部轨迹规划，驾驶员多样性影响分析等。

（3）控制执行技术：包括面向驱动/制动的纵向运动控制，面向转向的横向运动控制，基于驱动/制动/转向/悬架的底盘一体化控制，融合车联网（V2X）通信及车载传感器的多车队列协同和车路协同控制等。

（4）V2X通信技术：包括车辆专用通信系统，实现车间信息共享与协同控制的通信保障机制，移动自组织网络技术，多模式通信融合技术等。

❶ 李克强，戴一凡，李升波，等. 智能网联汽车（ICV）技术的发展现状及趋势［J］. 汽车安全与节能学报，2017，8（1）：1-14.

（5）云平台与大数据技术：包括智能网联汽车云平台架构与数据交互标准，云操作系统，数据高效存储和检索技术，大数据的关联分析和深度挖掘技术等。

（6）信息安全技术：包括汽车信息安全建模技术，数据存储、传输与应用三维度安全体系，汽车信息安全测试方法，信息安全漏洞应急响应机制等。

（7）高精度地图与高精度定位技术：包括高精度地图数据模型与采集式样、交换格式和物理存储的标准化技术，基于北斗地基增强的高精度定位技术，多源辅助定位技术等。

（8）标准法规：包括 ICV 整体标准体系以及设计汽车、交通、通信等各领域的关键技术标准。

（9）测试评价：包括 ICV 测试评价方法与测试环境建设。

第 2 章　产业调研

课题组秉持严谨求实的态度，历时两个月认真完成调研工作，详细梳理了智能网联汽车技术和产业的国内外发展概况。调研内容包括行业现状调查、技术现状调查和相关政策调查；调研方式包括文献调研和实地调研。

2.1　文献调研

2.1.1　国外智能网联汽车产业发展现状

2016 年 3 月，联合国发布《国际道路交通公约》修正案，允许汽车在特定期间内进行自动驾驶。目前世界各国都积极投入和支持无人驾驶技术，美国、欧洲、日本等发达国家和地区在立法、技术研究、试验测试上都走在世界前列。

（1）美国制定国家战略和法规引导产业发展

美国交通运输部在智能网联汽车的产业发展政策、战略规划和关键项目协调方面发挥主导作用，特别是在跨领域和跨行业的协调与长远战略规划方面发挥了至关重要的作用，并且将市场的研发和创新活力纳入交通部的政策和规划体系中。

20 世纪 70 年代，科技发达国家开始率先进行无人驾驶汽车的研究。1984 年，美国国防高级研究计划署（DARPA）与陆军合作，发起自主地面车辆（ALV）项目。

最初是为了军用，比较有代表性的是几所大学，包括麻省理工学院、斯坦福大学和卡耐基梅隆大学（Carnegie Mellon University）。卡耐基梅隆大学于 1989 年推出了第一代无人驾驶车，第五代也在 1995 年完成了横穿美国大陆的壮举，有 85% 的路段都是自动驾驶完成的。这是世界上首例自动驾驶成功的样例。

1991 年，美国国会批准成立美国智能交通协会（ITS American），负责协调、开发和利用先进技术推进美国的智能交通系统，并在 1995 年完成首个国家智能交通体系架构。

2002 年，美国交通运输部引入 V2X 协同通信技术，与整车企业开展合作研究，利用无线通信技术和 V2V 车车协同通信技术开发车辆间的碰撞安全系统。

2006 年 12 月到 2009 年 12 月，美国高速公路交通安全管理局（NHTSA）与研究创新技术管理局（RITA）联合组织车企完成基于专用短距离通信和定位技术的网联协同交通安全应用研究，并于 2011 年 9 月完成最终版的研究报告。

2007 年，美国举办了一次活动，在加州废弃的基地营造了城市的环境，有汽车道、红绿灯还有人驾驶汽车，在这次比赛当中，卡耐基梅隆大学获得了第一名，这是真正在城市环境下的驾驶。

2009年，谷歌宣布开始研发无人驾驶技术（Project Chauffeur），并成为这方面的先行者，开始成立自动驾驶部门，先后开发了四代产品。第一代是基于丰田的混动车，第二代是基于雷克萨斯的SUV，他们也研究了自己的自动驾驶车辆。最新的一代是基于菲亚特平台的SUV。我们看到的第四级自动驾驶有一个特征，就是它们都顶着一个激光雷达，突出来的旋转的硬件。外面还有大量的其他传感器，包括摄像头、毫米雷达以及GPS。2012年谷歌自动驾驶汽车获得美国内华达州颁发的首批执照。谷歌开发的自动驾驶汽车已行驶了22.4万公里的路程；谷歌与菲亚特合作开发生产了100辆自动驾驶汽车；谷歌与FCA集团联合发布了一款基于克莱斯勒全新Pacifica打造的自动驾驶车Waymo。

2011年10月，NHTSA制定基于V2V的安全应用研究计划。2014年2月，NHTSA公布了V2V安全应用现场的实验结果，显著地提升了道路交通安全。V2V技术与汽车自动驾驶功能相结合，有效地控制了车辆的安全行驶。

2015年，美国交通运输部发布2015～2020年智能交通战略规划，开始进行V2X协同通信基础设施部署，制定自主式自动驾驶政策。

2015年10月，美国启动对数字基础设施和动态地图政策的研究。

2016年11月，美国交通运输部遴选出10个自动驾驶试验场，这10个测试场地分布在美国的9个州，具有不同的测试设施，可用于评估自动驾驶汽车的安全性，提供各类道路和路况条件，并能够承载不同类型的车辆。

2017年9月，美国交通运输部发布了《自动驾驶系统2.0:安全愿景》，取代了之前的指南，主要针对第三级到第五级自动驾驶系统，同月，美国众议院通过了美国首部自动驾驶汽车法案（H. R. 3388），对各州的碎片化法规作统一管理。截止到2017年年底，华盛顿特区和21个州先后通过了关于自动驾驶汽车的立法。目前，美国的两大无人驾驶测试示范区位于东部的底特律和西部的硅谷，其中东部的密歇根大学是世界上第一座为测试无人驾驶汽车、V2V / V2I车联网技术而打造的无人驾驶试验区。

（2）日本跨部门协同推动智能网联汽车项目实施

日本主要通过内阁府，联系警察厅、总务省、经济产业省和国土交通省，形成跨行业的政府协调机制，推动网联驾驶、智能交通和自动驾驶的政策制定、战略规划和跨行业项目的协调。在智能网联汽车研发方面，日本政府主要协调推动基于700MHZ V2X协同通信的网联驾驶应用和动态地图等共性技术的研发，自主式自动驾驶技术主要依靠本国车厂与美国研究机构的合作。

1973～1978年，日本成功组织了“动态路径诱导系统”的实验。

20世纪八九十年代，日本相继完成路车间通信系统（RACS）、交通信息通信系统（TICS）、宽区域旅行信息系统、超智能车辆系统、安全车辆系统以及新交通管理系统。

1994年，日本成立了车辆、道路、交通、智能化推进协会（VRTIS），推进智能交通系统（ITS）领域中技术、产品的开发及推广应用工作的开展。

1995年，日本提出车辆信息与通信系统（VICS），提高了道路的安全性和通畅性，改善了道路环境状态。

1997 年，日本在 TC204 委员会内完成本国短距离无线通信（DSRC）的标准制定工作，2001 年和 2004 年分别发布 ARIB STD – T75 和 ARIB STD – T88 两项标准。

2000 年，日本政府决定制定 ICT 国家战略，同年通过了《建设高度信息通信网络社会基本法》，次年成立国家“IT 战略本部”。

2003 年 7 月，日本智能交通系统战略委员会（ITS Strategy）发布《日本智能交通系统战略规划》，提出日本智能交通系统的发展构想以及短期和中期的战略计划。

2009 年，日本国土交通省研究利用 DSRC 在全国高速公路上安装基于 V2I 协同通信技术的路侧终端。

2013 年，日本内阁府和科技与创新委员会（CSTI）制定了跨部门的战略创新项目（SIP），设立自动驾驶通用服务创新项目，加速了智能网联汽车的产业化，实现了日本在汽车制造和智能交通领域的领先地位。

2014 年，日本总务省开始制定先进的安全驾驶支撑系统研发计划，其目标是通过协同驾驶或者协同通信的数据交换，以及路侧雷达系统的数据采集，避免交通事故的发生，为自动驾驶系统提供技术支撑。

2014 年 10 月，日本产业界成立了网联智能交通推广产业联盟（ITS Connect Promotion Consortium），其目标是促进协同驾驶支撑系统的研发和路侧，推动系统进入实际应用，提高系统的市场渗透率。

从 2014 年开始，日本总务省为基于 700MHZ V2X 协同通信的网联安全驾驶应用制定了三个研发项目：十字路口的 V2I 协同通信、V2V 协同通信；智能终端和车载终端的车人（V2P）协同通信；路侧雷达系统在十字路口等关键路段对行人和自行车的感知和数据传输。

2015 年 10 月，日本政府酝酿针对自动驾驶汽车启动立法。2016 年上半年，日本经济贸易产业省成立研究小组。

2016 年 3 月，丰田、日产和本田等 6 家大型汽车厂商达成协议，将在高精度三维地图等汽车自动驾驶所需的 8 个领域展开共同研究。该协议以“2020 年在一般道路上行驶”为目标，推进研究开发，参与推动国际标准建立。电装、瑞萨电子和松下等 6 家零部件企业参与其中。日本 2013 年通过的“现有产业竞争力强化法”取消和缓解了各种限制，如无人驾驶汽车上路的限制等，鼓励企业向新的生产领域进军，并在税收方面优惠。

2016 年 5 月，日本 IT 综合战略本部制定了自动驾驶普及路线图，将在 2020 年允许无人驾驶的乘用车在部分地区上路；同月，日本警察厅颁布《自动驾驶汽车道路测试指南》，并启动修订《道路交通法》和《道路运输车辆法》。2017 年 4 月，日本政府将自动驾驶期间的交通事故列入汽车保险的赔付对象。2017 年 6 月，日本警察厅发布《远程自动驾驶系统道路测试许可处理基准》，允许汽车在驾驶位无人的状态下进行上路测试。

为了推进相应国际规则制定，日本经济产业省、国土交通省和日本汽车工业会等将成立“自动驾驶研究所”，形成统一掌握联合国和国际标准化组织（ISO）的安全技术和通信标准讨论机制。

（3）欧盟支持智能网联汽车的技术创新和成果转化

欧盟通过政策立法、标准化工作和下属的ICT项目基金，形成欧盟主导各国政府及相关企业共同参与的协作式智能交通（C－ITS）产业生态环境。

1991年，欧洲智能交通协会（ERTICO）成立，其使命是在全面合作和广泛活动的基础上，促进和支持ITS在整个欧洲的应用，共同创建一个成功的欧洲ITS大市场。

2008年，欧盟颁布欧洲智能交通的行动计划，随后于2009年10月向欧洲标准委员会（CEN）和欧洲电信标准协会（ETSI）等欧洲标准机构提出制定协作式智能交通标准的委托任务，目的是利用协同通信技术提高交通安全，提高交通管理效率。

2014年2月，欧洲标准委员会和欧洲电信标准协会发布第一版协作式智能交通标准。

2014年，欧盟携欧洲十几家整车制造商和零配件供应商共同推出“Adaptive”项目（智能车辆自动驾驶应用和技术），旨在开发能在城市道路和高速公路上行驶的部分或完全自动化汽车。并通过发布一系列政策以及自动驾驶路线图等，推进智能网联汽车的研发和应用，引导各成员国智能网联汽车产业发展。

①德国

2013年，德国批准博世自动驾驶技术在国内进行路试，随后梅赛德斯奔驰等公司也相继得到批准，在德国高速公路、城市和乡间道路等多环境下开展自动驾驶的实地测试。

2015年2月，德国交通部、运输部牵头成立关于无人驾驶项目的委员会，召集来自学界、业界、政界的知名人士，研究相关法律问题，完成相关法律框架。

2017年6月，德国联邦议院率先颁布“道路交通法第八修正案”，表明德国立法更加侧重于对L3级别的自动驾驶系统进行规制。此外德国公布了全球第一个自动驾驶的道德准则。

②英国

2015年2月，英国政府批准无人驾驶汽车可以上路测试，并在全国范围内开展4个试点项目。2016年7月，英国商务部和运输部表示将清除束缚自动驾驶汽车发展的法规，其中包括交通规则以及驾驶员必须遵守的政策法规。

③法国

2014年2月，法国公布无人驾驶发展路线图，计划投资1亿欧元进行无人驾驶汽车实地测试，推动道路交通法律法规的修订，满足无人驾驶汽车上路的要求，并且向全球汽车生产商开放道路进行无人车实验。

④瑞典

2016年3月瑞典完成有关自动驾驶公共道路测试规范初稿，经过政府和议会审议后，于2017年生效。

⑤瑞士

瑞士在2017年5月发布一项关于自动驾驶汽车开展测试的法令，由瑞典运输机构负责审查并有条件地授予许可证。

（4）其他国家在智能网联汽车领域的发展

在2016年国际交通创新大会期间，加拿大阿尔伯塔大学研究开发的智能车辆技术——车联网技术，首次在埃德蒙顿的街道上进行实地演示，标志着加拿大联邦、阿尔伯塔省和埃德蒙顿市三级政府联合资助的车联网研究和示范基地进入正式运营阶段。智能手机“鼻祖”黑莓公司自动驾驶汽车研发中心已揭牌，并与福特签署了合作协议，目标是在2021年把自动驾驶汽车推向市场。

2016年，韩国贸易部长宣布，在未来三年内，韩国与法国将联合投资30亿韩元（约合265万美元）用于自动驾驶汽车技术研发，来共同研究堵车辅助技术（TJA）。该技术可帮车主在堵车情况下实现汽车自动驾驶。法国汽车制造商雷诺在韩国的分公司雷诺三星、LG电子以及法国法雷奥等制造商也参与此次合作。

新加坡也较早开始自动驾驶研究测试，2014年成立自动驾驶汽车动议委员会负责监管测试工作，2017年底开通自动测试路线。在实际应用层面，新加坡在2016年8月率先允许自动驾驶出租车载客运营，2017年初自动驾驶穿梭巴士服务开始运营。

总体来说，智能网联汽车在全球范围内已进入快速发展期，L1～L2级驾驶辅助系统已经开始大规模整车量产；L3～L4级自动驾驶系统处于研发和小规模测试阶段；各国推动开放测试道路、完善法律法规等政策；市场主体空前丰富，传统整机厂、互联网企业、ICT企业、出行服务企业等纷纷加入。但是，智能网联汽车的安全可靠性与监管体系仍需加强。

全球智能网联汽车行业正蓬勃发展，将成为未来最具发展潜力的风口行业。预计智能网联汽车技术的年销售额将在五年内增至三倍，从2017年的492亿欧元上升至2022年的1400亿欧元，将迎来5～10年的投资机会。从各大车企与互联网巨头公布的计划看，2020年将成为无人驾驶车辆商业化元年，并从此进入爆发式增长。

2.1.2 中国智能网联汽车产业发展现状

我国智能网联汽车研究起步晚，20世纪80年代开始小范围研究。21世纪初，我国开始着手智能交通系统技术研究，2010年车联网概念正式成型，2015年智能网联汽车概念才为人们所认识，2015年被业界称呼为智能网联汽车发展的“元年”。

我国拥有世界最大的汽车市场。在国家战略部署下，我国智能网联汽车产业面临前所未有的历史发展契机，国家频频出台产业政策，加快产业发展顶层设计。国内主要整车企业以及信息、互联网企业开始积极参与产业布局，产品技术研发与应用取得突破。国家发布了智能网联汽车技术路线图，将我国智能网联汽车发展分为三个阶段，并在每个阶段确立了“顶层设计”“标准体系与能力建设”“市场应用”以及“社会效益”目标，指导产业发展。国务院、国家发展和改革委员会、科技部、工业和信息化部等陆续出台产业政策，加快智能网联汽车产业培育。

2014年6月，工业和信息化部经国务院同意，发布《国家集成电路产业发展推进纲要》，推动发展了自动驾驶汽车所需车载传感设备的芯片、车载计算平台的人工智能芯片和汽车电子控制系统的微控制器。

2015年7月，国务院颁布《关于积极推进“互联网+”行动的指导意见》，明确要发展智能制造，加快互联网与交通运输领域深度融合，建设网络化、智能化、服务化、协同化的“互联网+”产业生态体系。工业和信息化部在落实《关于积极推进“互联网+”行动的指导意见》行动计划中，明确要组织实施智能制造专项，推动车联网技术研发与标准制定，组织开展车联网试点和智能制造试点示范等。

2016年7月，国家发展和改革委员会和交通运输部联合发布《推进“互联网+”便捷交通 促进智能交通发展的实施方案》，主要包括：完善智能交通服务系统，构建智能运行管理系统，健全智能决策支持系统，加强智能交通基础设施支撑，全面强化标准和技术支撑，实施27个重点示范项目。

2017年4月，工业和信息化部、国家发展和改革委员会和科技部联合发布《汽车产业中长期发展规划》。将发展智能网联汽车作为产业重要发展方向，提出要加大智能网联汽车关键技术攻关，开展智能网联汽车示范推广，确立了智能网联汽车产业2020～2025年发展战略目标。

2017年7月，国务院发布《新一代人工智能发展规划》，要求大力发展人工智能新兴产业，要求发展自动驾驶汽车，加强车载感知、自动驾驶、车联网、物联网等技术的集成和配套，开发交通智能感知系统，形成我国自主的自动驾驶平台技术体系和产品总成能力，探索自动驾驶汽车共享模式。

为了建立适应我国国情并与国际接轨的智能网联汽车标准体系，2017年12月国家发布《国家车联网产业标准体系建设指南（智能网联汽车）》。

2018年5月，国家发展和改革委员会组织研究起草《智能汽车创新发展战略》，向全社会公开征求意见，其核心内容包括战略愿景、战略任务和战略保障。

为了加强智能网联技术测试与示范，加速关键技术研发与产业化，2015年上海建立智能网联汽车试点示范，重庆建立了汽车智能制造综合试点示范，2016年重庆签署了基于宽带移动互联网的智能汽车与智慧交通应用示范协议，北京签署了智能汽车与智慧交通产业创新示范区协议等。

2.1.3 智能网联汽车产业标准

为贯彻落实国家战略部署，发挥标准的基础性和引导性作用，促进车联网技术和产业发展，实现工业化和信息化的高度融合，以满足研发、测试、示范、运行等需求，推动汽车技术创新发展和产业转型升级，带动电子、信息、通信等相关产业协调发展，建设安全、高效、健康、智慧运行的未来汽车社会，建立跨行业、跨领域、适应我国技术和产业发展需要的车联网标准体系，工业和信息化部、国家标准化管理委员会联合组织制定《国家车联网产业标准体系建设指南》。

车联网标准体系分为智能汽车、智能交通、网络通信、车辆智能管理、电子产品与服务五个重点领域和共性基础标准、共性安全标准两大部分。共性基础标准是为了统一不同行业对车联网的定义、功能、构成的认识理解，确保体系完整和统一。共性安全标准集中在安全等级、安全规范、安全架构、安全监控和紧急救援等方面。

2.1.3.1 车联网标准体系建设目标主要阶段

第一阶段为2018~2020年，主要解决标准体系融合和共性基础标准缺失的问题：一是以驾驶安全为重点，完成一批车辆主动安全及辅助驾驶相关标准，启动车路协同关键标准研究；二是形成基本能够满足行业需要的先进驾驶辅助系统标准体系；三是完成车载电子产品与服务终端、安全等领域的关键技术标准和应用；四是制定基于LTE－V2X的车联网无线通信关键技术标准，开展车辆信息通信安全关键技术标准制定工作；五是完成汽车电子标识安全技术相关标准，制定智能网联车辆安全运行测试管理规范。

第二阶段为2020~2025年，主要解决标准体系完善及标准推广应用问题：完成包括功能安全、信息安全、人机界面在内的能够支撑环境感知、决策预警和智能控制等核心功能及性能评价的ADAS标准体系；形成一批智能驾驶、车路协同关键标准，构建相应的测试标准体系；完成车载电子产品与服务平台的关键技术标准及测试标准，建立车载智能终端的安全和质量认证标准体系；开展面向车联网应用的5G eV2X关键技术标准制定；在车联网大数据及云平台的关键技术标准领域实现突破，推动车联网大数据及云平台标准在产业中的实际应用。

智能网联汽车标准体系是整个车联网标准体系的重要组成部分，主要针对智能网联汽车通用规范、核心技术与关键产品应用，有目的、有计划、有重点地指导车联网产业智能网联汽车标准化工作，加快构建包括整车及关键系统部件功能安全和信息安全在内的智能网联汽车标准体系，充分发挥智能网联汽车标准在车联网产业关键技术、核心产品和功能应用上的基础支撑和引领作用，并逐步形成统一、协调的国家车联网产业标准体系架构。

2.1.3.2 智能网联汽车标准体系框架及内容

智能网联汽车标准体系（见图2－1－1）包括基础、通用规范、产品与技术应用、相关标准4个部分，同时根据各具体标准在内容范围、技术等级上的共性和区别，对4部分作进一步细分，形成内容完整、结构合理、界限清晰的14个子类。

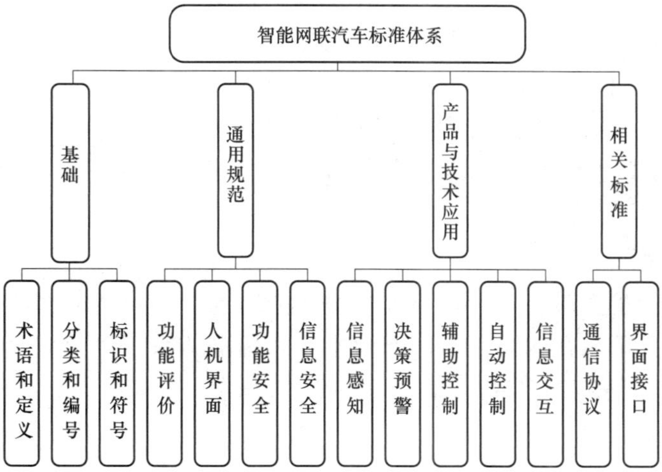

图2－1－1 智能网联汽车标准体系

基础类标准主要包括智能网联汽车术语和定义、分类和编码、标识和符号三个基础标准。

通用规范类标准主要从整车层面提出全局性的要求和规范，主要包括功能评价、人机界面、功能安全和信息安全等方面。

产品与技术应用类标准主要涵盖信息感知、决策预警、辅助控制、自动控制和信息交互等智能网联汽车核心技术和应用的功能、性能要求及试验方法，但不限定具体的技术方案，以避免对未来技术创新发展和应用产生制约或障碍。

相关标准主要包括车辆信息通信的基础——通信协议，主要涵盖实现车与X（人、车、路、云端等）智能信息交互的中/短程通信、广域通信等方面的协议规范；在各种物理层和不同的应用层之间，还包含软、硬件界面接口的标准规范。

智能网联汽车标准体系建设计划在2020年，初步建立支撑驾驶辅助及低级别自动驾驶的智能网联汽车标准体系，制定30项以上智能网联汽车重点标准，涵盖功能安全、信息安全、人机界面等通用技术以及信息感知与交互、决策预警、辅助控制等核心功能相关的技术要求和试验方法，促进智能化产品的全面普及与网联化技术的逐步应用。

到2025年，系统形成支撑高级别自动驾驶的智能网联汽车标准体系。制定100项以上智能网联汽车标准，涵盖智能化自动控制、网联化协同决策技术以及典型场景下自动驾驶功能与性能相关的技术要求和评价方法，促进智能网联汽车“智能化+网联化”融合发展，以及技术和产品的全面推广普及。

2.1.4 智能网联汽车产业相关政策

2.1.4.1 国内相关政策

我国积极开展智能网联汽车共性基础、关键技术、产业急需的标准以及相关法律法规的研究制定。工业和信息化部、交通部、公安部等部门与相关研究机构、企业和组织联合积极推进V2X标准、公共道路测试规范和专用无线频段等工作。近年来，出台了多项关于智能网联汽车的标准及法律法规，包括标准体系建设指南、道路测试管理规范、封闭场地建设技术指南等。

此外，北京、上海、重庆等城市也出台了地区智能网联汽车/自动驾驶车辆道路测试管理细则，明确了测试车辆、测试主体、测试驾驶人、测试管理、测试路线等基本要求，提出了测试申请及审核程序、交通违法和事故处理等方面的具体要求。

（1）国家政策

我国政府已经将发展智能网联汽车作为本国汽车产业重点转型的方向之一。2016年以来，国家有关部门在战略目标、产业指导和标准体系建设等方面制定了一系列支持和规范性政策（见表2-1-1～表2-1-3）。

表2-1-1 智能网联汽车发展战略主要政策

文件名称	发布部门	主要内容和意义
《节能与新能源汽车技术路线图》	工业和信息化部	• 提出七大细分领域技术路线图，其中包括智能网联汽车技术路线图； • 描绘出智能网联汽车发展所需的关键核心技术和发展路径； • 对智能网联汽车发展阶段性目标进行了补充和修订
《智能汽车创新发展战略》（征求意见稿）	国家发展和改革委员会	• 其中从创新、生态、设施、标准、监管和安全等方面提出“六个体系构建”的战略任务； • 明确了智能汽车已成为汽车产业发展的战略方向；发展智能汽车对我国具有重要的战略意义；我国拥有智能汽车发展的战略优势
《车联网（智能网联汽车）产业发展行动计划》（2018年）	工业和信息化部	• 分阶段实现车联网产业高质量发展的目标。第一阶段，2020年实现车联网（智能网联汽车）产业跨行业融合取得突破，具备高级别自动驾驶功能的智能网联汽车实现特定场景规模应用，车联网用户渗透率达到30%以上，智能道路基础设施水平明显提升。第二阶段，2020年后，技术创新、标准体系、基础设施、应用服务和安全保障体系将全面建成，高级别自动驾驶功能的智能网联汽车和5G-V2X逐步实现规模化商业应用，“人—车—路—云”实现高度协同，人民日益增长的美好生活需求得到更好满足

表2-1-2 智能网联汽车产业发展指向性主要政策

分类	文件名称	发布部门	主要内容和意义
产业规划	《汽车产业中长期发展规划》（2017年）	工业和信息化部、国家发展和改革委员会、科技部	• 智能网联汽车有望成为建设汽车强国的过程中抢占先机、赶超发展的突破口； • 鼓励企业、院所和高校等创新主体围绕产业链配置创新资源，组建智能网联汽车等汽车领域制造业创新中心； • 加强智能网联汽车技术的研发，支持汽车共享、智能交通等关联技术的融合与应用； • 以功能安全、网络安全为重点，加强智能网联汽车标准体系建设； • 开展智能网联汽车示范推广

续表

分类	文件名称	发布部门	主要内容和意义
产业融合	《国务院关于积极推进“互联网+”行动的指导意见》(2015年)	国务院	• 推动互联网与制造业融合，提升制造业数字化、网络化和智能化水平，加强产业链协作，发展基于互联网的协同制造新模式； • 加快互联网与交通运输领域的深度融合，通过基础设施、运输工具和运行信息等互联网化，推进基于互联网平台的便捷化交通运输服务发展
产业融合	《“互联网+”人工智能三年行动实施方案》(2016年)	国家发展和改革委员会、科技部、工业和信息化部、网信办	• 推进智能汽车研发与产业化工程。支持骨干汽车企业与互联网企业开展深度合作，设立跨界交叉融合创新平台。加快智能辅助驾驶、复杂环境感知和车载智能设备等软硬件产品的研发与应用，支持自适应巡航、自动泊车和安全驾驶等技术研发。推进无人驾驶汽车的技术研发、应用与生态建设，发展智能汽车芯片和车载智能操作系统、高精度地图及定位、智能感知、智能决策与控制等重点技术，实现无人驾驶汽车技术和产品的逐步成熟
关键技术和零部件发展	《产业关键共性技术发展指南（2017年）》	工业和信息化部	• 发展多源信息融合技术；车辆协同控制技术；数据安全及平台软件；人机交互与共驾技术；自动驾驶测试场景库与测试技术；高精地图基础数据平台；智能网联汽车基础云控技术；车辆智能计算平台
关键技术和零部件发展	《智能硬件产业创新发展专项行动（2016—2018年）》	工业和信息化部	• 发展智能车载雷达、智能后视镜、智能记录仪和智能车载导航等设备，提升产品安全性、便捷性和实用性。推进智能操作系统、北斗导航、宽带移动通信、大数据等新一代信息技术在车载设备中的集成应用，丰富行车服务、车辆健康管理和紧急救助等车辆联网信息服务。发展芯片、元器件和整机设备的车规级检测认证能力，完善配套供应体系
创新驱动	成立“中国智能网联汽车产业创新联盟”	工业和信息化部	• 联盟将从政策和战略研究、关键共性技术研究、标准法规、测试示范、产业化推广、学术交流与国际合作、人才培养七个方面开展工作

表 2-1-3 智能网联汽车标准体系建设类主要政策

文件名称	发布部门	主要内容和意义
《国家车联网产业标准体系建设指南》系列文件（2017~2018年）	工业和信息化部、国家标准化管理委员会	• 系列文件包括智能网联汽车、总体要求、信息通信、电子产品与服务四部分； • 到2020年，初步建立能够支撑辅助驾驶与低级别自动驾驶的智能网联汽车标准体系； • 到2025年，系统形成能够支撑高级别自动驾驶的智能网联汽车标准体系； • 《国家车联网产业标准体系建设指南（智能网联汽车）》将发挥标准在车联网产业生态环境构建中的顶层设计和基础引领作用，逐步建设跨行业、跨领域、适应我国技术和产业发展需要的国家车联网产业标准体系，满足研发、测试、示范与运行等产业发展需求，为打造具有核心技术、开放协同的车联网产业提供支撑，为自动驾驶发展奠定坚实的基础
《2018年智能网联汽车标准化工作要点》	工业和信息化部	• 提出充分发挥标准对智能网联汽车产业供给侧结构性改革的促进作用； • 贯彻标准体系建设指南，加快重点标准制修订； • 健全完善分标委架构，加强标委会间的协调； • 加大国际标准参与度，加强国际交流与协调
《2019年智能网联汽车标准化工作要点》	工业和信息化部	加快重点领域关键急需标准制定，加强国际标准法规协调与产业协作。主要工作包括：落实标准体系建设指南及动态完善标准体系、系统布局技术领域及加快重点标准制修订、履行国际协调职责并加强标准交流合作。 贯彻落实《国家车联网产业标准体系建设指南（智能网联汽车）》及《C-V2X标准合作框架协议》，加快基础通用和行业急需标准的制定，研究制定汽车通信应用层相关标准。相关技术领域将推动ADAS标准制定并全面开展自动驾驶相关标准研制

（2）地方政策

① 江苏

工业和信息化部支持创建江苏（无锡）车联网先导区，主要任务和目标是实现规模部署C-V2X网络、路侧单元，装配一定规模的车载终端，完成重点区域交通设施车联网功能改造和核心系统能力提升，丰富车联网应用场景。完善与车联网密切相关的政府部门间的联络协调机制，明确车联网运营主体和职责，建立车联网测试验证、安全管理、通信认证鉴权体系和信息开放、互联互通的云端服务平台，实现良好的规模应用效果。积极开展相关标准规范和管理规定探索，构建开放融合、创新发展的产业生态，形成可复制、可推广的经验做法。

无锡是工业和信息化部、公安部和江苏省共建的国家智能交通综合测试基地。中国移动、华为、公安部交通管理科学研究所等单位在无锡共同实施了全球首个城市级车联网（LTE－V2X）应用项目，建成包括核心城区、城市快速路、城际高速公路的240个交通路口、5条城市快速道路、1条城际高速公路，道路总长280公里，覆盖170平方公里的大规模城市及开放道路LTE－V2X网络，建成了6公里半封闭城市道路、4.1公里封闭高速道路和180亩国家智能交通综合测试基地等三种自动驾驶综合测试环境。

② 北京

北京市政府积极顺应智能网联汽车产业发展的新形势、新机遇，在产业规划、标准制定、创新激励、示范应用等方面制定多项政策措施，引导相关主体把握机遇，为智能网联汽车产业发展营造良好环境。2016年11月，北京市经信委发布《北京市鼓励发展的高精尖产品目录（2016年版）》，将智能网联汽车列为创新前沿产品。2017年12月，北京市发布《北京市加快科技创新培育新能源智能汽车产业的指导意见》，提出构建新能源智能汽车产业体系。为鼓励、支持、规范自动驾驶汽车研发和推进应用，支持自动驾驶车辆开展相关测试工作，北京市经信委先后联合市交通委、市公安交通管理局相继发布了《北京市关于加快推动自动驾驶车辆道路测试有关工作的指导意见（试行）》《北京市自动驾驶车辆道路测试管理实施细则（试行）》及相关技术文件。《北京市智能网联汽车创新发展行动方案（2019—2022年）》即将发布。

2018年7月，北京市经信委正式下发《北京市经济和信息化委员会关于同意组建北京智能网联汽车产业创新中心的批复》同意国汽（北京）智能网联汽车研究院有限公司（以下简称“国汽智联”）组建北京智能网联汽车产业创新中心。

③ 吉林

吉林省于2016年出台《关于深化制造业与互联网融合发展的实施意见》，依托中国一汽集团，建设智能网联汽车“双创”平台。整合技术、合作供应商等资源，突破智能网联汽车环境感知、智能决策、协同控制等关键技术；依托启明信息技术股份有限公司在车载电子、车联网服务等领域技术优势，建设智能网联汽车创客实验室，面向社会提供线上交互体验、开源软硬件技术支持，提供线下设备、材料、检测等服务，聚合多方力量，构建智能网联汽车交流平台；开展基于宽带移动互联网的智能汽车与智慧交通应用示范，支持启明信息与省内外企业和科研院所合作，制定智能汽车和智慧交通功能性能指标的测试规范，建设测试验证平台，依托净月高新技术产业开发区，建设应用示范基地。

加快发展智能网联汽车产业。支持车联网关键技术研发，推动一汽集团及相关配套企业加大研发投入，尽快突破智能辅助驾驶总体技术和各项关键技术；加强配套技术支撑，推进卫星定位、传感器、雷达及通信技术发展，支撑人、车、环境默契互联，支持智能汽车、智慧交通等产品、服务和解决方案的开发与应用；加强省部合作，推进基于宽带移动互联网的智能汽车与智慧交通应用示范，打造面向全国的新产品新技术实验验证、检测评估与认证中心。支持启明信息依托一汽集团开展网联汽车企业应用示范。

2.1.4.2 国外相关政策

主要国家和地区智能网联汽车战略规划及政策如表2-1-4和表2-1-5所示。

2016年3月，联合国发布《国际道路交通公约》修正案，允许汽车在特定期间内进行自动驾驶。目前世界各国都积极投入和支持无人驾驶技术，美国、欧盟、日本等汽车发达国家和地区都高度重视智能网联汽车发展，以政府为主，推动适用于智能网联汽车的法律法规制修订，研究制定促进技术研发和推广应的支持措施，加强网络基础设施建设和道路智能化改造，通过出台标准等方式为智能网联汽车产业发展营造良好环境。

日本政府积极发挥跨部门协同作用，推动项目实施；采取以国家整体战略推进、相关行业协同分工、代工联手的方式。

欧盟则主要支持技术创新和成果转化，保持领先优势；以代工转型与产品智能升级为指导，在传统汽车基础上渐进性发展。

美国重点通过制定国家战略和法规引导产业发展，《联邦自动驾驶汽车政策指南》的发布引起了行业广泛关注；总体上采取国家标准导向、企业竞争入市、高科技创新驱动的模式。研究发现，美国以不阻碍新技术发展为原则，对智能汽车的管理和限制较少，智能汽车领域的政策文件并不多。美国智能汽车政策法规体系主要从战略引导、法律与标准制定、创新支持、示范测试等方面来进行。

战略引导：2013~2016年，美国完成了智能汽车产业重心从1、2级到3、4级的转变。2017年美国交通运输部发布的《联邦自动驾驶汽车政策》指出，未来可能要求汽车制造商对智能汽车产品根据安全性能指引提供上市前安全评估报告，也可能对智能汽车产品采取上市前审批。

法律标准：美国智能汽车管理法律体系分为联邦和州政府两个层面，主要法律是联邦《自动驾驶法案》（H. R. 3388），由NHTSA负责执法。美国汽车产业根据《联邦机动车安全标准》（FMVSS）对产品进行自我认证。如企业为发展自动驾驶技术，可向NHTSA申请豁免。

创新支持：2014年，美国交通运输部发布《2015~2019年智能交通系统战略计划》，以汽车的自动化、网联化作为战略核心，提出五大战略主题、六大项目类别，以项目带动创新。美国交通运输部牵头协调，引导产业界、学术界、政府机构等各部门参与到智能交通项目中，形成产学研的有效结合。

表2-1-4 国外智能网联汽车战略规划及政策❶

国家/地区	政策内容
美国	2014年，美国交通运输部发布《2015~2019年智能交通系统战略计划》，明确了美国ITS战略升级为网联化与智能化的双重发展战略
	2016年，美国交通运输部发布《联邦自动驾驶汽车政策指南》，将自动驾驶的安全监管首次纳入联邦法律框架

❶ 北京市经济和信息化委员会. 国内外智能网联汽车产业发展概况［J］. 科技中国，2019（2）：50-60.

续表

国家/地区	政策内容
美国	2017年，美国交通运输部发布《自动驾驶系统2.0:安全展望》，鼓励各州重新评估现有的交通法律法规，为自动驾驶技术的测试和部署扫除法律障碍
	2018年，美国交通运输部发布《自动驾驶系统3.0:准备迎接未来交通》，继续致力于推动自动驾驶技术与地面交通系统多种运输模式的安全融合
欧盟	2010年，欧盟委员会制定《ITS发展行动计划》，是欧盟范围内第一个协调部署ITS的法律基础性文件
	2014年，欧盟委员会启动《Horizon 2020》项目，推进智能网联汽车研发
	2015年，欧盟委员会发布《GEAR 2030战略》，重点关注高度自动化和网联化驾驶领域等推进及合作
	2016年，欧盟委员会通过“合作式智能交通系统战略”，旨在推进2019年在欧盟成员国范围内部署协同式智能交通系统（C-ITS）服务，实现V2V、V2I等网联式信息服务
	2018年5月，欧盟委员会发布《通往自动化出行之路：欧盟未来出行战略》，明确到2020年在高速公路上实现自动驾驶，2030年进入完全自动驾驶社会
日本	2013年，日本内阁府发布日本复兴计划《世界领先IT国家创造宣言》，其中智能网联汽车成为核心之一。以此为蓝本，日本内阁府制定国家级科技创新项目《SIP战略性创新创造项目计划》，其中驾驶系统的研发也上升为国家战略高度，并提出自动驾驶商用化时间表和《ITS 2014~2030年技术发展路线图》，计划在2020年建成世界最安全道路，在2030年建成世界最安全和最畅通的道路
	2014年，日本内阁府制定《SIP（战略性创新创造项目）自动驾驶系统研究开发计划》，制定4个方向共计32个研究课题，推进基础技术以及协同式系统相关领域的开发与实用化
	2017年5月，日本内阁发布了《2017官民ITS构想及路线图》。日本的自动驾驶推进时间表是，2020年左右实现相当于L2、L3级别的半自动和高度自动驾驶，以及相当于L4级别的特定区域内的无人驾驶；2022年实现卡车在高速公路上编队行驶；到2025年实现相当于L4的个人在特定区域里和卡车在高速公路上的超高度自动驾驶。
	2018年3月，日本政府发布《自动驾驶相关制度整备大纲》，明确自动驾驶汽车的责任划分，原则上由车辆所有者承担赔偿责任，将自动驾驶汽车与普通汽车同样对待；外部黑客入侵汽车系统导致事故的由政府赔偿
	2018年9月，日本国土交通省发布《自动驾驶汽车安全技术指南》，明确规定了L3、L4级自动驾驶汽车所必须满足的十大安全条件

表 2-1-5 国外智能网联汽车标准及法律法规❶

国家/地区	标准法规
美国	2016 年，在 ADAS 法规标准方面，NHTSA 计划于 2022 年之前，在美国销售的所有新车都安装自动制动辅助系统（AEB），使 AEB 成为美国新车标配，推动单车智能化加速发展
	2016 年，在网联化法规标准方面，美国交通运输部提案强制美国销售的所有轻型车辆必须安装 V2V 通信设备，但该提议尚未正式推行
	2016 年，密歇根州颁布 4 项法案，使其成为美国首批由州政府颁布的自动驾驶法律。目前，除密歇根州外，美国已有包括加利福尼亚州和内华达州等 10 多个州以及哥伦比亚特区颁布了自动驾驶相关法律
	2017 年，美国众议院批准了《自动驾驶法案》，该法案草案旨在发挥联邦职能，通过鼓励自动驾驶汽车的测试和研发以确保车辆安全。该法案一经发布，即是美国第一部加速自动驾驶车辆上市的美国联邦法律，具有标杆性的价值和意义
欧盟	2014 年，在 ADAS 法规标准方面，欧盟要求所有在欧盟销售的新车配备 AEB，未装配 AEB 的汽车无法获得 Euro-NCAP（欧洲汽车安全评鉴机构）五星级安全认证
	2014 年，在网联化法规标准方面，欧盟委员会以 ITS Directive 2010/40/EU 作为法律框架，并考虑未来服务内容的扩展
	2016 年，法国政府正式批准国外汽车厂商在公路上测试自动驾驶汽车 2017 年，瑞典发布一项关于自动驾驶汽车开展测试的法令，由瑞典运输机构负责审查并有条件地授予许可证 2017 年，德国联邦交通和数字化基础设施部对德国《道路交通法》进行了新的修订，允许自动驾驶在特定条件下代替人类驾驶，该修正案已经生效，2019 年计划进行再次修订
日本	2016 年，日本着手修订《道路交通法》和《道路交通车辆法》，提出要在 2020 年之前实现自动驾驶汽车方面的立法
	2016 年，日本警察厅公布了公路自动驾驶公路实证试验规范草案，以司机乘车并遵守《道路交通法》等法律法规为条件，允许开展自动驾驶的公路行驶试验
	2017 年，政府将自动驾驶期间的交通事故列入汽车保险的赔付对象
	2017 年，日本警察厅发布《远程自动驾驶系统道路测试许可处理基准》，允许汽车在驾驶位无人的状态下进行上路测试

❶ 北京市经济和信息化委员会．国内外智能网联汽车产业发展概况［J］．科技中国，2019（2）：50-60.

2.2 实地调研

为深入了解我国智能网联汽车产业的发展现状，课题组历时两个月，实地调研了京津地区的8家企事业单位，调研计划和调研提纲见表2-2-1和表2-2-2。被调研单位既包括智能网联汽车产业的传统车企、新技术创业公司、零部件研发单位，也包括政府产业管理部门、科研院所和高校。课题组受到热情接待，获取了真实的第一手信息，真切感受到了我国智能网联汽车产业的蓬勃发展前景以及企业面对的挑战与思考，收获匪浅。

调研内容详见本报告附录2——智能网联汽车行业实地调研报告。

表2-2-1　行业实地调研计划

	调研单位	调研时间	参加人员
1	北京智行者科技有限公司	7月17日下午	范爱红、程变爱、管翠中、李烨
2	国汽智能网联汽车研究院 中国汽车工程学会	7月18日上午	范爱红、程变爱、李津、管翠中、李烨
3	国汽智能网联汽车研究院	7月18日上午	范爱红、程变爱、李津、管翠中、李烨
4	北京新能源汽车股份有限公司	7月18日下午	范爱红、程变爱、李津、管翠中、李烨
5	超星未来科技有限公司	7月19日上午	范爱红、程变爱、李津、管翠中、李烨、战玉华
6	清华大学智能网联汽车实验室	7月19日下午	范爱红、程变爱、李津、管翠中、李烨、战玉华、张岩
7	中国航天科工集团第二研究院二十五所	7月23日下午	范爱红、程变爱、管翠中、李烨
8	天津智能网联汽车产业研究院 天津清智科技有限公司	7月26日上午	范爱红、程变爱、管翠中、李烨、杨明亮

表2-2-2　行业实地调研提纲

调研提纲	
1	贵研究院/公司在智能网联汽车方面的研发、生产现状？
2	贵研究院/公司在智能网联汽车研发方面关注的技术热点与难点？
3	贵研究院/公司是否有专门的知识产权团队？是否重视专利申请与保护？是否有计划地做专利布局？

续表

调研提纲	
4	智能网联汽车行业当前的战略投资情况？
5	智能网联汽车行业当前的市场状况？都有哪个级别的哪些产品？各自的市场占有率如何？
6	智能网联汽车产业链的构成？您了解的上下游企业的情况如何？
7	国外智能网联汽车研发、行业方面的现状如何？国内与之相比是否存在技术差距？如有，具体差距在哪些方面？
8	智能网联汽车行业目前发展的主要难点在哪里？资金、技术，还是政策？
9	智能网联汽车的未来前景如何？
10	智能网联汽车未来的霸主企业将会来自传统车企转型还是新兴的科技公司？
11	能否提供研究院/公司介绍或者智能网联汽车行业的相关资料？
12	作为前期的行业调研报告，您认为应该包含哪些方面的内容？

第3章　研究方法概述

智能网联汽车领域的技术覆盖面广泛而复杂。首先明确本报告所研究的智能网联汽车的技术边界，其次以技术边界为基础制定技术分解表并选取关键技术进行专利分析，然后分别确定对应的检索词、IPC 分类号和检索策略，对命中结果进行浏览、筛选、去噪和标引等数据处理。

3.1　技术边界

在本研究中，智能网联汽车主要是指自动驾驶汽车，主要选取电动车和混动汽车，而非纯汽油车，因为智能网联汽车的改装对“电”和“空间”的要求较高。一方面是电动驾驶系统功耗大，电动车和混动汽车相比于纯汽油车优势明显；另一方面，纯汽油车的发动机控制底层相对复杂，在标定和调试上相对复杂，所花费的成本较高。

在本报告中，智能网联汽车关键技术专利分析主要针对 SAE L3 级别及以上的关键技术。一方面，因为该级别以上的自动驾驶突出了网联化的作用，车联网可以用作协同感知、决策和控制，而不仅仅是进行信息的辅助交互；另一方面，在专利检索的过程中，低级别的自动驾驶由于智能化和网联化水平与汽车传统功能关联较大，使得获取的专利数量噪声较大。此外，智能网联汽车关键技术发展逐步成熟，从技术路线上不会出现倒置的发展趋势，因此，本报告主要是针对 L3 和 L4 级别自动驾驶的关键技术专利进行检索，这既可以提升研究的效率和质量，又可以对智能网联汽车的产业发展产生切实的推动。

3.2　技术分解

课题组为了制定符合研究需要的技术分解表，采取文献调研、网络调研、专家咨询、试检评估等多种方式相结合的方法，主要工作有以下几方面。

（1）文献调研。广泛检索搜集“智能网联汽车”相关的书籍、文章、学位论文、会议信息、行业标准等文献，了解行业背景、发展现状、主要技术及其发展趋势等。

（2）网络调研。通过网络搜索引擎，收集各二级技术分支下的网络报道、研究报告、白皮书等相关资料。

（3）专家咨询。以清华大学车辆与运载学院无人驾驶汽车实验室的研究团队为专业技术后盾；召开项目中期专家咨询会，邀请 5 位知识产权领域与智能网联汽车领域的专家现场做项目指导；在实地调研过程中，拜访咨询了国汽智联、北京新能源汽车服务有限公司、中国航天科工集团第二研究院二十五所、北京智行者科技有限公司、超星未来科技有限公司、天津智能网联汽车产业研究院及天津清智科技有限公司等多家企事业单位的专家。

（4）试检评估。使用多个国内外专利分析数据库进行专利文献试检索，并对检索结果进行内容评估，加深技术理解，反复讨论修改技术分解表。

在《智能网联汽车（ICV）技术的发展现状及趋势》[1] 一文中，提出了“三横两纵”的技术框架，其中，“三横”是指智能网联汽车主要涉及的车辆、信息交互与基础支撑三个领域技术，“两纵”主要是指智能网联汽车主要涉及车载平台和基础设施。基于此，课题组对技术研究边界有了明确的认识，制订的技术分解规则如下：

（1）智能网联汽车的重点技术应当是行业或企业认可的关键技术，同时结合我国智能网联汽车的发展特点来选定。

（2）重点技术的选择，从“硬件技术”和“软件技术”两个角度进行选择。

（3）本研究认定的智能网联汽车关键技术是经过行业调研、专家分析后的“卡脖子”技术，是综合考虑经济成本、技术难度、技术影响力、行业发展水平等方面之后确定的关键技术。

智能网联汽车领域的具体各技术分支的技术分解如表3－2－1所示，分为根级、一级、二级、三级。其中包括基于我国《汽车产业中长期发展规划》《智能汽车创新发展战略》（征求意见稿）《车联网（智能网联汽车）产业发展行动计划》《智能网联汽车道路测试管理规范（试行）》《智能网联汽车信息物理系统参考结构1.0》等指导文件和技术规范选取的关键技术。

本课题将重点对其中的主要七大关键技术（见图3－2－1）进行专利检索和分析。

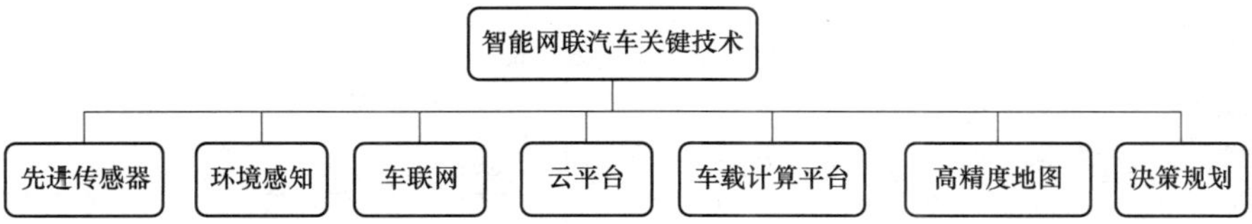

图3－2－1 智能网联汽车关键技术分解

表3－2－1 智能网联汽车关键技术的技术分解表

根目录	一级技术分支	二级技术分支	三级技术分支
智能网联汽车（自动驾驶汽车）	车辆关键技术	先进传感器技术	激光雷达
			毫米波雷达
			视觉传感设备
			卫星定位系统
			惯性导航系统

[1] 李克强，戴一凡，李升波，等. 智能网联汽车（ICV）技术的发展现状及趋势［J］. 汽车安全与节能学报，2017，8（1）：1－14.

续表

根目录	一级技术分支	二级技术分支	三级技术分支
智能网联汽车（自动驾驶汽车）	车辆关键技术	环境感知技术	目标识别
			场景分割
			多传感器融合
			定位技术
		智能决策技术	危险事态建模技术
			危险预警与控制优先级划分
			群体决策和协同技术
			轨迹规划
			驾驶员多样性影响分析
		控制执行技术	面向驱动/制动的纵向运动控制
			面向转向的横向运动控制
			基于驱动/制动/转向/悬架的底盘一体化控制
			融合车联网（V2X）通信及车载传感器的多车队列协同和车路协同控制
		电子电器架构技术	发动机数控化
			底盘数控化
			车身数控化
			电气设备数控化
			感知系统
			车载计算平台
	信息交互关键技术	车联网技术	无线通信技术
			智能互联技术
			车载网络技术
			多模式通信融合技术
		云平台与车载计算平台技术	智能网联汽车云平台架构与数据交互标准
			云操作系统
			数据高效存储和检索技术
			大数据的关联分析和深度挖掘技术

续表

根目录	一级技术分支	二级技术分支	三级技术分支
智能网联汽车（自动驾驶汽车）	信息交互关键技术	信息安全技术	汽车信息安全建模技术
			数据存储、传输与应用三维度安全体系
			汽车信息安全测试方法
			信息安全漏洞应急响应机制
	基础支撑技术	高精度地图	高精度地图数据模型与采集式样
			交换格式和物理存储的标准化技术
			基于北斗地基增强的高精度定位技术
		标准法规	ICV 整体标准体系
			涉及汽车、交通、通信等各领域的关键技术标准
		测试评价	ICV 测试评价方法
			ICV 测试环境建设

3.3　数据来源

本报告采用的专利检索工具有：Derwent Innovation、智慧芽、incoPat、Innojoy 等。其中试检索阶段根据课题组成员对各数据库的使用熟练程度，分别使用智慧芽、incoPat、Innojoy 等专利检索平台。检索策略确定后，在正式检索阶段，为保证研究数据来源的一致性和权威性，均采用美国科睿唯安的 Derwent Innovation（DI）系统进行检索。

采用 Excel 和美国科睿唯安的 Derwent Data Analyzer（DDA）进行专利数据处理。

采用 Excel、图表秀、Tableau、易词云等软件进行可视化图制作。

课题组进行数据检索起止时间为 2019 年 11 月 10 日至 12 月 22 日。

主要专利数据库/分析工具介绍如下。

DI：全球权威的专利数据和科技文献平台，提供来自 100 多个国家/地区的专利信息和强大的分析功能。如表 3－3－1 所示，数据来源包括：德温特世界专利索引（DWPI）；德温特专利引文索引（DPCI）；美国、欧洲、WIPO、英国、加拿大、法国、德国、日本、韩国等专利全文数据；全球 100 多个专利授予机构的标准化专利数据；INPADOC 著录项目、法律状态和专利家族数据；美国专利法律状态信息。

DDA：具有强大分析功能的文本挖掘软件，可以对大量的文本数据进行多角度的数据挖掘和可视化的全景分析，整合数据导入、数据清理、数据分析和自动化报告产出的流程。

智慧芽：支持多语种的专利搜索与分析工具，收录了全球 100 多个国家及地区组织（包括九国、两组织：中国、美国、日本、德国、英国、法国、瑞士、韩国、俄罗斯、欧洲专利局、WIPO）的专利信息。

incoPat：收录了全球102个国家/组织/地区（包括中国、美国、日本、德国、英国、法国、瑞士、韩国、俄罗斯、欧洲专利局、WIPO等）的1亿余件专利信息。通过中文检索浏览全球专利信息，深度整合了各类法律信息，提供精准分析。

表3-3-1　DI系统主要专利数据来源

美洲、欧洲、大洋洲、WIPO审查机构的专利全文			
美国授权专利	澳大利亚创新专利	加拿大授权专利	德国授权专利
美国专利申请	澳大利亚授权专利	加拿大专利申请	德国专利申请
欧洲授权专利	澳大利亚专利申请	法国授权专利	俄罗斯实用新型
欧洲专利申请	英国授权专利	法国专利申请	俄罗斯专利申请
WIPO专利申请	英国专利申请	德国实用新型	—
亚洲审查机构的专利全文			
中国实用新型	印度尼西亚创新专利	韩国实用新型	新加坡专利申请
中国授权专利	印度尼西亚专利申请	韩国授权/已审专利	泰国授权/已审专利
中国专利申请	日本实用新型	韩国专利申请	越南授权专利
印度授权专利	日本授权专利	马来西亚授权专利	越南专利申请
印度专利申请	日本专利申请	新加坡授权专利	—
拉丁美洲审查机构的专利全文			
阿根廷实用新型	墨西哥授权专利	巴西实用新型	巴西专利申请
阿根廷专利申请	墨西哥专利申请	巴西授权专利	—

3.4　检索策略

智能网联汽车关键技术领域研究内容复杂，涉及的分支技术差异较大，从技术分布上本报告主要归纳了先进传感器、环境感知、车联网、云平台、车载计算平台、高精度地图、决策规划等七个关键技术领域，分别制定检索策略并进行查全率/查准率验证。

基于智能网联汽车领域技术分解表（见表3-2-1），通过技术及产业的调研，收集整理各技术分支涉及的中/英关键词、IPC分类号，形成检索要素表，再进行逻辑组配，构建检索策略。在检索过程中，通过对关键词、重点专利权人的检索，找到相关专利文献，进行关键词、IPC的扩展，对检索式不断迭代完善。

为保证检索结果全面覆盖相关专利文献，且能获取并分析各技术分支的专利情况，本报告采用总分式专利检索策略。首先对总体技术主题“智能网联汽车”进行全面检索，然后在其检索结果基础上进行限定，从而构建各关键技术分支的检索式。

但采用总分式检索策略不可避免会引入较多的噪声，在查全基础上，采用人工去噪方式保证数据的查准率。

选取 DI 平台的 CTB 与 IC 两个检索字段。CTB 检索字段对专利文献的标题/摘要/权利要求进行检索；IC 检索字段对 IPC 国际专利分类号进行检索。检索结果进行 DWPI 同族归并。

随着互联网、大数据、物联网和人工智能技术的发展，智能网联汽车的研究也呈现出快速发展的趋势，近年来智能网联汽车的产业布局逐步完善，企业数量快速增加，相关专利数量也呈快速增长态势。如果关键技术没有时间限制，相关技术的基础研究专利就会产生较大的噪声。智能网联汽车的关键技术基于传统的汽车技术、计算机技术和人工智能技术，这些技术在不同行业中呈现出一定的共性应用，如果不限制研究范围，其他行业领域的技术研究专利也将被检出，引入噪声。因此，基于智能网联汽车政策和行业布局发展历史，本报告涉及的关键技术的专利检索选取 2009～2019 年的检索结果进行研究。为了更准确地反映长时间跨度的变化情况，宏观整体趋势分析不限制年限。

3.5 查全率/查准率验证

为保证检索质量，对专利检索结果进行了查全率/查准率验证。

查全率 = 被检出相关文献量/总文献中所有相关文献量 ×100%

查准率 = 被检出相关文献量/被检出总文献量 ×100%

为了保证评估的科学性和客观性，针对检索结果构建了查全率/查准率评估样本。

查全率评估样本满足两个条件：①基于完全不同于检索过程中所使用过的检索要素来构建；②有合理的样本数。本报告主要采用重要申请人或重要发明人来构建查全率评估样本。

评估结果：满足中文专利检索结果的查全率和查准率不低于 90%；外文专利检索结果的查全率和查准率不低于 80%。

第4章 宏观专利分析

4.1 智能网联汽车全球专利宏观分析

全球智能网联汽车逐渐形成产业，针对此领域的宏观专利分析能够反映技术发展态势。本节以全球视角分析各国的技术布局，聚焦关键技术发展状况，力图通过客观的专利数量、专利权人、技术专利地图等信息维度，反映智能网联汽车产业的国际发展趋势与各国竞争力。

4.1.1 专利申请趋势

以第3.4节中的“智能网联汽车”总检索策略在DI数据库中进行检索，共检索到61792条专利记录，按申请号归并为50156件专利，按DWPI同族归并为33576项同族专利。

图4－1－1示出了智能网联汽车2000～2019年的全球专利申请趋势。

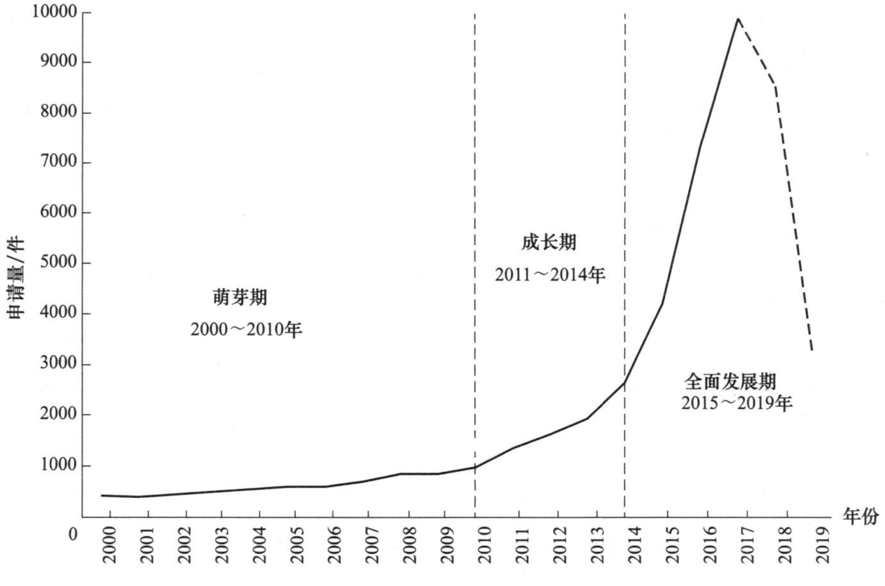

图4－1－1 智能网联汽车全球专利申请趋势

2000年之前，智能网联汽车的专利数量较少。图4－1－1仅对2000年之后的专利申请趋势进行了展示，由图可见：智能网联汽车技术在2011年之前处于起步阶段，专利申请数量在平稳地缓慢增长。2011～2014年为技术成长期，增长速度加快。2015～2019年进入全面发展期，尤其是2016年、2017年、2018年的专利申请量增长迅速——这三年的专利申请量占总申请量的50%以上，其中2017年专利申请量接近1万件，非常巨大。因专利公开的滞后性，2018～2019年的专利申请数据尚不能准确统计。

由此可见，智能网联汽车是汽车领域的研究热点，发展势头良好，预计在未来几年中，该领域的专利申请量仍将保持增长态势。

4.1.2 主要专利权人/申请人

对申请智能网联汽车专利的全球排名前20位的主要专利权人/申请人的母公司进行分析（见图4－1－2），可以发现主要分布在传统汽车企业、电子通信企业、互联网企业。传统汽车企业如丰田、福特、通用、本田、保时捷、现代、日产等；汽车配件供应商如电装、博世、大陆等；电子通信企业如LG电子、华为、中兴、松下、日立、三星电子等；互联网企业如百度、谷歌等。其中传统汽车企业的优势非常明显，丰田、福特申请的专利最多，均在2000件以上。

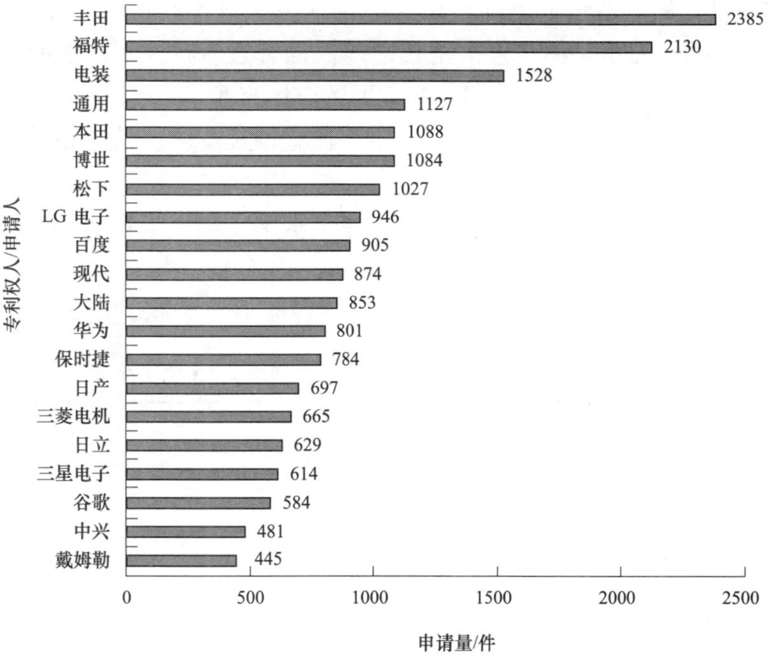

图4－1－2 智能网联汽车领域全球排名前20位的主要专利权人/申请人

图4－1－3为智能网联汽车领域全球排名前十位的重要专利权人/申请人2009～2019年的专利申请趋势。由图4－1－2和图4－1－3可见，福特拥有的智能网联汽车专利数量仅次于丰田，但近年来专利申请量增长非常突出，其2017年、2018年的专利申请量都超过了丰田，说明福特加大了在该领域的科研投入，是值得关注的企业。

表4－1－1为主要专利权人/申请人在不同国家/地区申请专利的情况，可见：

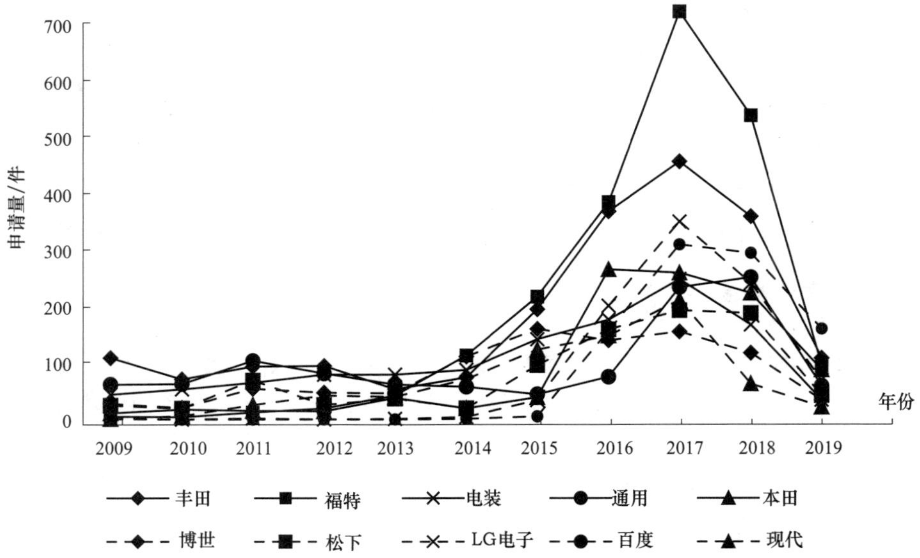

图4-1-3　智能网联汽车领域全球排名前十位的重要专利权人/申请人的专利申请趋势

（1）丰田是专利申请量最大的申请人，在本国（日本）的专利申请量达1000多件；其次是在美国，约600件；再次是在中国，也有近300件。这说明丰田重视在美国、中国的专利布局，将美国、中国作为重要的应用市场。

（2）福特在美国、中国的专利布局最多，在德国、英国、俄罗斯等国的专利布局大致相当，稍次于美国、中国。

（3）日本企业如丰田、电装、松下等，除了本国，第一重视的是美国，第二重视的是中国。

（4）所有公司在中国都有较多的专利布局，说明中国是重要的技术应用国家。

表4-1-1　智能网联汽车领域全球主要专利权人/申请人的专利布局　单位：件

专利权人/申请人	申请国家									
	中国	美国	日本	韩国	德国	英国	印度	加拿大	俄罗斯	澳大利亚
丰田	291	598	1095	34	87	0	24	6	12	1
福特	494	563	0	0	379	255	5	1	209	0
电装	64	256	948	4	73	1	0	3	0	0
通用	385	458	1	1	241	17	0	1	1	0
本田	238	189	459	4	25	2	0	0	0	0
博世	225	169	71	13	257	7	9	1	2	2
松下	122	150	493	10	22	0	5	2	2	2
LG电子	74	235	22	202	0	0	5	2	0	1
百度	534	176	70	32	0	0	0	0	0	0
现代	134	178	16	472	60	0	0	0	0	1
大陆	116	189	35	38	187	2	0	0	1	0

续表

专利权人/申请人	申请国家									
	中国	美国	日本	韩国	德国	英国	印度	加拿大	俄罗斯	澳大利亚
华为	384	78	21	11	0	0	31	2	2	2
保时捷	163	94	12	24	224	1	3	0	6	0
日产	54	85	258	28	3	0	42	21	11	0
三菱电机	69	90	330	9	35	1	4	1	0	0
日立	54	74	306	8	9	0	1	8	0	10
三星电子	118	134	16	159	2	2	29	1	1	0
谷歌	39	318	34	37	2	1	0	13	0	15
中兴	336	18	2	1	0	0	0	0	0	1
戴姆勒	22	31	39	2	262	8	6	0	0	2

4.1.3　技术来源国家/地区

优先权国家能够反映主要技术来源地。图4－1－4展示了智能网联汽车领域全球排名前十位的主要优先权国家/地区的排名情况。

智能网联汽车专利技术来源地呈现出明显的地区差异性，中国、美国、日本的专利数量远远领先其他国家和地区，均超过1万件，三国之和约占总专利量的2/3，德国、韩国次于中国、美国和日本。

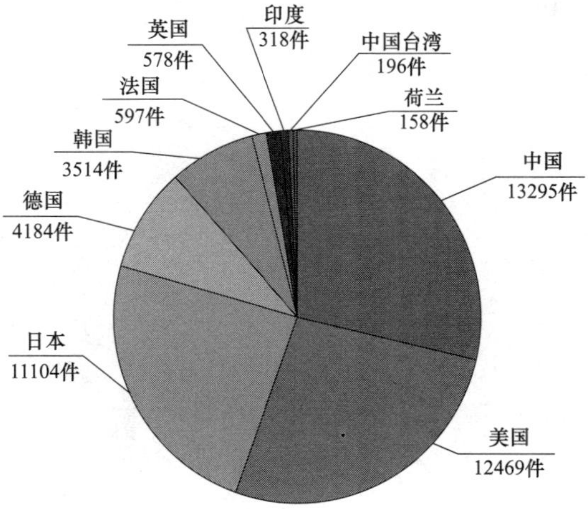

图4－1－4　智能网联汽车领域全球排名前十位的主要优先权国家/地区

4.1.4　技术应用国家/地区

在哪个国家/地区申请专利能够反映技术现在或未来的主要应用市场。

表4－1－2展示了智能网联汽车技术全球专利申请主要应用国家的排名情况，可见：

智能网联汽车专利申请呈现出明显的地区差异性，在中国、美国、日本、韩国、德国的申请占据前五名。其中在中国申请的专利数量远远领先其他国家，为16000多件，约占总申请量的40%，是在日本申请专利数量的2倍多。

对比技术来源地区与应用地区，可以发现：技术主要来源于中国、日本、美国三国，但就技术目标地而言，在中国申请的专利数量远超美国和日本的，说明中国具有重要的市场潜力。

表4-1-2　智能网联汽车领域全球专利申请主要应用国家

目标国家	申请量/件
中国	16643
美国	8879
日本	7897
韩国	2960
德国	2911
英国	619
印度	428
加拿大	344
俄罗斯	337
澳大利亚	283

图4-1-5示出了2000~2019年在中国、美国、日本、韩国和德国五国的智能网联汽车专利申请趋势，由图可见：

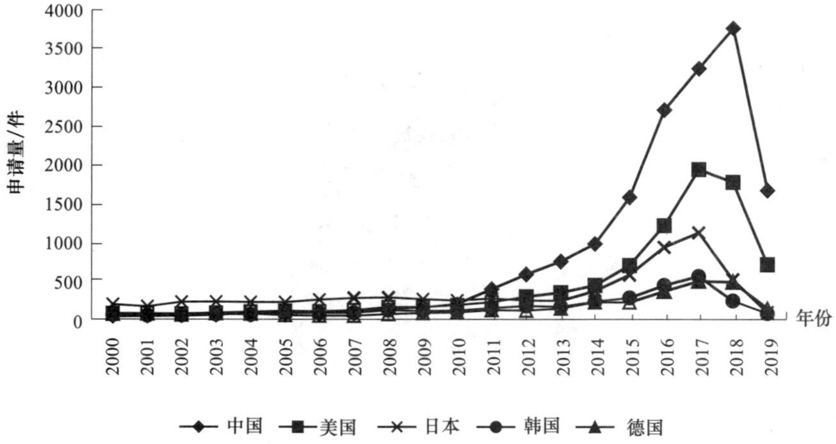

图4-1-5　智能网联汽车领域全球主要专利申请国家/地区的专利申请趋势

（1）2000~2010年，日本在五国中专利申请数量优势明显，每年申请数量变化不大。2011年之后，中国和美国迅速发展；日本发展缓慢，落后于中国和美国。

（2）中国的变化趋势比较明显。2000年之后最初的几年中，中国的年专利申请量较少，从2009年开始慢慢上升，到2011年中国一跃成为年专利申请量最多的国家，而且专利数量呈几何级增长，优势明显。

4.1.5 技术流向

专利的技术流向分析，即对技术来源国与技术目标国进行关联分析，能够从宏观层面把握世界范围内技术和市场的变化，了解各国关注的目标市场的异同。

图4－1－6（见文前彩色插图第1页）展示了智能网联汽车领域全球技术来源和目标市场间的技术流向。从图中可以看出，中国、美国、日本既为智能网联汽车领域的主要技术来源，也同样是智能网联汽车领域的主要目标市场。其中美国市场主要由美国、日本、韩国、德国占据；美国、日本、韩国、德国等国家都对中国市场较为看重。日本市场较封闭，主要由本国技术占领。从专利的布局广度来看，美国、日本、德国布局的国家数量较多，其中美国在28个国家布局，日本和德国分别在25个国家布局。中国专利布局的国家数量相对较少，仅在14个国家有布局。

4.1.6 主要技术领域

IPC能够反映技术分布领域。基于国际专利分类，对智能网联汽车各技术方向申请的专利数量进行IPC小类分析，如表4－1－3所示。

表4－1－3 智能网联汽车专利的IPC分类汇总

IPC（小类）	申请量/件	中文释义
G08G	11065	交通控制系统
B60W	8932	不同类型或不同功能的车辆子系统的联合控制；专门适用于混合动力车辆的控制系统；不与某一特定子系统的控制相关联的道路车辆驾驶控制系统
H04W	7312	无线通信网络
G05D	7237	非电变量的控制或调节系统
H04L	6918	数字信息的传输，例如电报通信
B60R	6442	不包含在其他类目中的车辆、车辆配件或车辆部件
G01C	4337	测量距离、水准或者方位；勘测；导航；陀螺仪；摄影测量学或视频测量学
G06F	2953	电数字数据处理
G01S	2750	无线电定向；无线电导航；采用无线电波测距或测速；采用无线电波的反射或再辐射的定位或存在检测；采用其他波的类似装置
B62D	2525	机动车；挂车

由表4－1－3可见，智能网联汽车的控制系统是研究重点，无线通信、导航、数据处理领域研究也很多。

4.2 智能网联汽车中国专利总体状况分析

国家知识产权局发布的《全球专利创新活动研究报告2016》指出，中国已成为仅次于美国的专利布局目标市场。❶ 日本、美国高度关注中国市场，两国在华授权发明专利份额约占整个中国市场授权量的1/5。因此，对智能网联汽车专利在中国的布局进行分析显得尤为重要。

本小节将针对智能网联汽车领域在中国申请的专利整体情况，从申请态势、技术原创国家/地区、国内申请区域、不同技术类别、重要申请人及授权率和权利要求计数这几方面进行分析。

4.2.1 专利申请态势

由图4-2-1可知，在中国范围内，在智能网联汽车领域，2000~2010年是技术的萌芽期，这一时期的年专利申请数量很少，维持在一个相对较低的水平，表明我国智能网联汽车尚处于起步阶段。

2011年起，这一情况开始发生转变，该领域的年专利申请量呈现增长的态势，从2010年的175件增加到2014年的1000件，4年内增长了约4.7倍。2011~2014年是我国智能网联汽车技术的快速成长期。

从2015年开始，智能网联汽车国内申请量出现井喷式增长，2015~2017年的专利申请量依次是1576件、2732件、3281件，尤其是2016年，比2015年递增1156件。2018年的专利申请尚未全部公开，但已公开的专利申请量也高达3814件。

可见，智能网联汽车技术领域的发展势头良好，预计在未来的几年中，该领域的专利申请量仍将保持增长的态势。

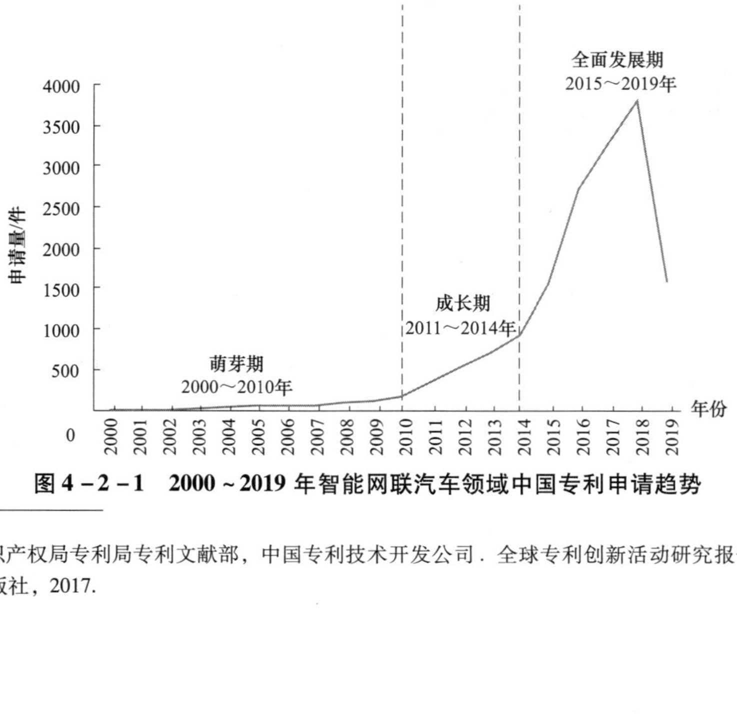

图4-2-1　2000~2019年智能网联汽车领域中国专利申请趋势

---

❶ 国家知识产权局专利局专利文献部，中国专利技术开发公司．全球专利创新活动研究报告2016［M］．北京：知识产权出版社，2017.

4.2.2 技术原创国家/地区分析

2009～2019年，在智能网联汽车技术领域，共有15个国家/地区在中国进行专利布局。

由图4－2－2可知，在智能网联汽车技术领域，中国的专利申请以国内研发主体的原创申请为主，占比超过了3/4。而来自国外申请人的专利申请中，美国占比最高，占总量的9.71%，其次是日本、德国和韩国，分别占总量的5.39%、3.72%和1.77%，虽然总量并不是很多，但也不能忽视它们在中国的专利布局；其他国家和地区的占比较少，总和占总量的1.55%。

从专利申请量可知，在智能网联汽车技术领域，国内本土的原创专利申请已经在数量上取得了较大的领先优势，这说明中国的高校、科研院所和企业十分重视智能网联汽车技术在中国的发展，在技术上已经有一定的积累，申请了较多的专利保护自己的原创技术。在该领域中，虽然美国、日本、德国、韩国及其他国家/地区在中国申请的专利数量只有22.14%，但考虑到这些专利大多是由跨国公司所申请的，很可能形成相关领域的专利壁垒。

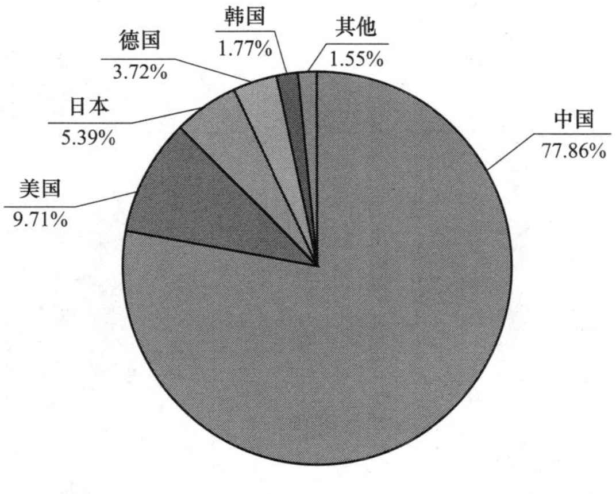

图4－2－2 智能网联汽车技术领域中国专利申请原创国家/地区

表4－2－1所示的是历年智能网联汽车技术领域中国专利申请技术来源地份额分析，图4－2－3是智能网联汽车技术领域主要来华布局国家历年专利申请量分析。可以看到，中国本土申请的份额在2009～2013年间稳步提升，从57.98%增加到80.74%，后稳定在80%附近。在中国份额的挤压下，其他国家的份额对应降低。来华申请中，德国、法国的份额降幅较大。德国的份额由最高点2010年的12.35%降低到2017年的3.32%；法国的份额由最高点2009年的1.68%降低到2017年的0.34%。相反的是，韩国来华申请逐渐增加，份额不降反升，由2009年的0提升到2015年的3.26%，2017年的份额是2.41%。

表4-2-1　智能网联汽车技术领域历年中国专利申请技术来源地份额

年份	2009	2010	2011	2012	2013	2014	2015	2016	2017	2018	2019
中国	57.98%	65.88%	65.90%	75.70%	80.74%	78.56%	78.44%	81.20%	74.37%	79.37%	85.88%
美国	24.37%	15.29%	13.18%	10.02%	5.56%	7.55%	7.85%	8.14%	12.36%	10.94%	7.00%
日本	8.40%	4.71%	8.88%	2.60%	3.71%	1.86%	4.32%	4.94%	6.88%	5.95%	6.05%
德国	6.72%	12.35%	9.46%	7.42%	6.42%	8.21%	5.26%	3.52%	3.32%	1.78%	0.82%
韩国	0	0.59%	0.57%	2.23%	2.14%	2.84%	3.26%	1.54%	2.41%	1.35%	0.13%
法国	1.68%	1.18%	1.15%	1.48%	0.86%	0.55%	0.47%	0.43%	0.34%	0.35%	0
英国	0.84%	0	0	0.19%	0.29%	0.33%	0.27%	0.12%	0.16%	0.11%	0.13%
印度	0	0	0.29%	0	0.14%	0	0.07%	0	0.03%	0.16%	0
澳大利亚	0	0	0	0	0.14%	0	0	0.12%	0	0	0
意大利	0	0	0	0.19%	0	0	0	0	0.03%	0	0
荷兰	0	0	0.29%	0	0	0.11%	4.00%	0	0	0	0
芬兰	0	0	0.29%	0	0	0	0	0	0	0	0
瑞典	0	0	0	0	0	0	0	0	0.06%	0	0
葡萄牙	0	0	0	0	0	0	0.07%	0	0	0	0
俄罗斯	0	0	0	0.19%	0	0	0	0	0	0	0
新加坡	0	0	0	0	0	0	0	0	0.03%	0	0

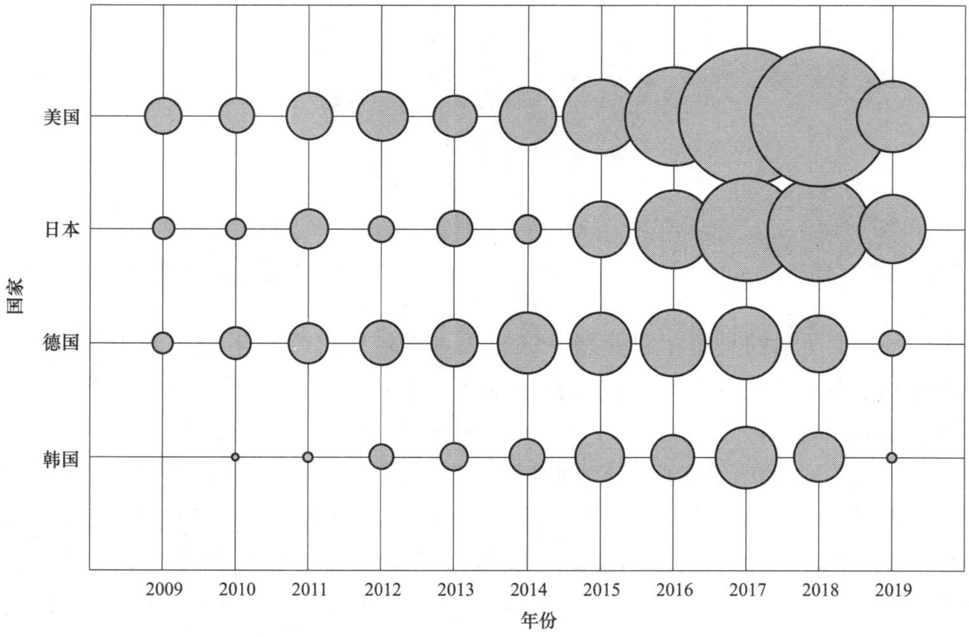

图4-2-3　智能网联汽车技术领域主要来华布局国家历年专利申请量

注：图中圆圈大小表示申请量多少。

4.2.3 国内申请区域分析

图4-2-4所示的是智能网联汽车技术领域的中国专利申请国内各省份占比。从国内各省份分布统计可以看出，在该领域的中国专利申请中，北京在国内各省份中排名第一位，占总量的20.90%，远高于其他省份，优势较为明显；广东和江苏紧随其后，排在第二位和第三位，占比分别为16.01%、11.74%；上海排在第四位，占比为7.73%；浙江、安徽、四川也有一定数量的申请，占比分别为5.42%、5.23%和3.77%。北京、广东、江苏和上海占据了该领域总量的56.38%，地域分布集中度较高，这说明该领域国内各省份之间发展差异较大。北京、广东、江苏和上海是中国经济最发达的地区，拥有大量的高校、科研院所和高科技企业，技术基础和人才资源相对充足，能够敏锐地把握新技术的发展方向，对于国内外优秀人才和资金也有较强的吸引力，在智能网联汽车技术领域具有较强的技术竞争力。

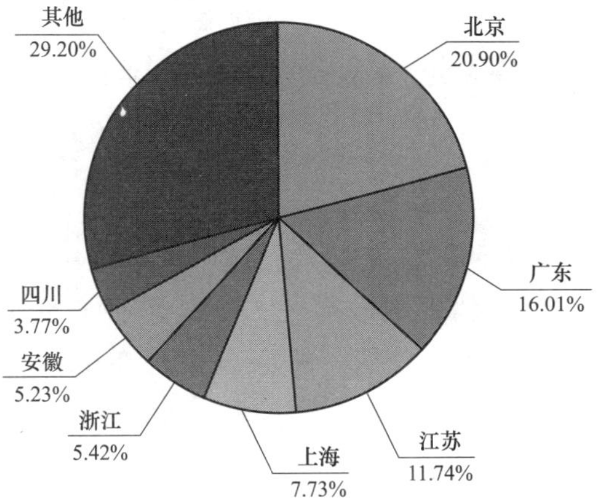

图4-2-4 智能网联汽车技术领域中国专利申请国内各省份占比

4.2.4 不同技术类别分析

基于国际专利分类（IPC），2009~2019年，智能网联汽车技术领域中国专利各技术方向申请的专利数量排名前十位的IPC组级别如图4-2-5（见文前彩色插图第1页）所示。G08G 01（道路车辆的交通控制系统）和H04L 29（H04L 1/00至H04L 27/00单个组中不包含的装置、设备、电路和系统）的专利申请量远高于其他IPC分类，均超过2000件。

从图4-2-6的历年智能网联汽车技术领域中国专利主要IPC分布变化趋势可以看出，2017~2018年G05D 01（陆地、水上、空中或太空中的运载工具的位置、航道、高度或姿态的控制）和H04W 04（专门适用于无线通信网络的业务）的申请量增加较快，尤其是H04W 04，虽然2018年专利申请尚未完全公开，但从目前的申请量来看，已达到447件，仅次于H04L 29的465件。专利申请量的多少在一定程度上可以反映出相应技术领域的市场关注度，需要重视，以免错过发展机遇。

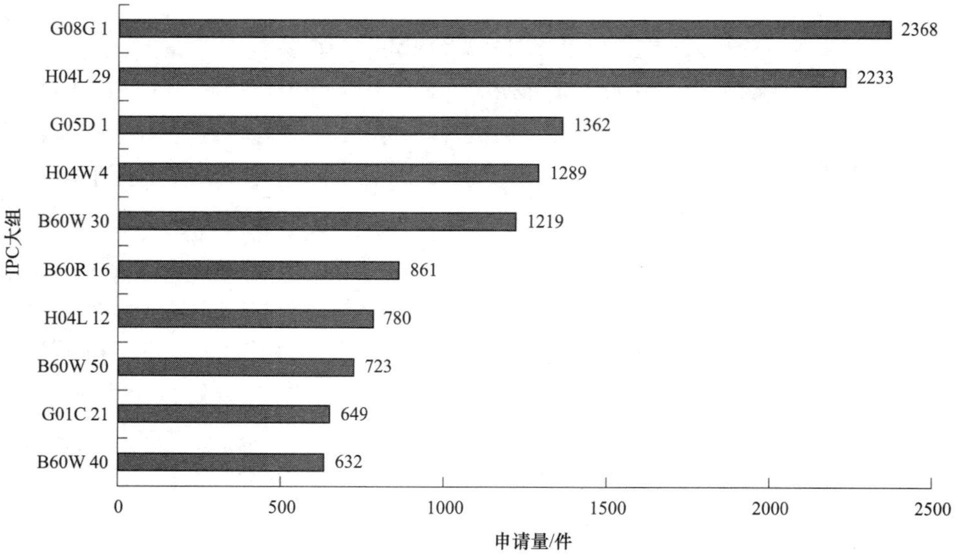

图4-2-6　历年智能网联汽车技术领域中国专利主要IPC分布变化趋势

4.2.5　重要申请人分析

图4-2-7所示的是智能网联汽车技术领域中国专利申请量排名前20位的重要申请人的申请量。其中，百度的申请量最大，总量超过了500件。其次是福特，也有超过400件的专利申请。通用、华为、中兴分别排在第三位至第五位，申请量均超过300件。从申请人所在国家/地区来看，排名前20位的申请人中，来自中国国内的有10位，其中包括百度、华为、中兴、楼兰科技和国家电网5家高科技公司；同济大学、吉林大学和江苏大学3所高校；吉利和奇瑞2家传统车企。另外，来自德国的有博世、保时捷和大陆；日本的有丰田、本田和松下；美国的有福特和通用；韩国的有现代和三星电子。

在前20位的申请人中，国内申请人在专利申请数量上有较大优势，超过了国外申请人的申请量，但是传统车企仅有2家，而进入排名前20位的国外申请人基本均为传统车企或者零部件公司。我国传统车企在智能网联汽车技术领域的技术创新能力还有待提高。不过，国内申请人中百度、华为、中兴等高科技公司表现突出，呈现后来居上的优势。国内高科技公司对智能网联汽车非常重视，研发力度很高。

图4-2-8（见文前彩色插图第2页）所示的是历年智能网联汽车技术领域中国专利排名前十位的申请人的申请量。通用、丰田、博世一开始就看重中国的市场，抢先布局；华为、中兴、吉利的入局也较早——中兴在2011年开始加大专利布局，华为和吉利大批量进入是在2012年；百度和丰田入局较晚，在2016年大批量进入。百度后来居上，在中国智能网联汽车技术领域专利申请量已达到第一位。

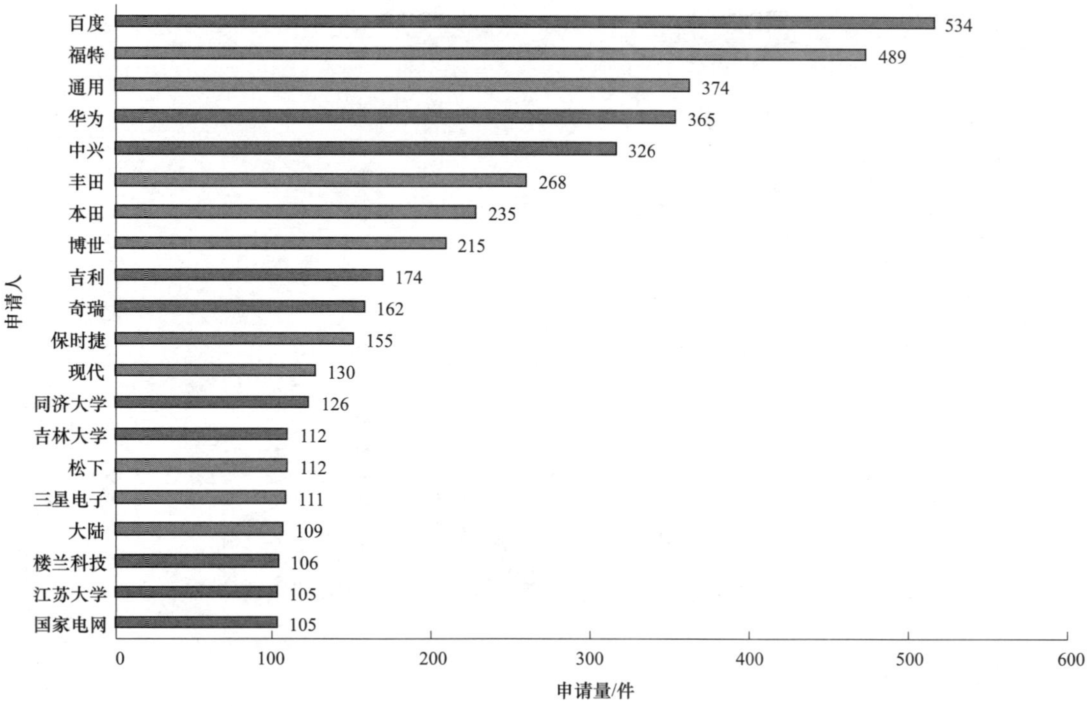

图 4 -2 -7　智能网联汽车技术领域中国专利重要申请人申请量

4.2.6　授权率和权利要求计数

授权率的高低和权利要求计数的多少可以从一个侧面展现专利申请的质量。图 4 -2 -9 是历年智能网联汽车技术领域中国专利主要申请国家授权率。由于专利从申请到授权一般要 3 ~5 年的时间，2009 ~2014 年的授权率可以基本反映授权率的真实水平。中国本土的授权率最低，基本维持在 20% ~30%，不过授权率在稳步提升。日本、美国、韩国和德国的授权率均较高，基本维持在 50% 以上。尤其是日本，2013 年、2014 年的授权率在 70% 以上。我国本土的专利数量与质量不协调的难题亟待解决，需要坚持政策扶持和战略引领，提升我国技术创新质量。

图 4 -2 -10 是历年智能网联汽车技术领域中国专利主要申请国家的权利要求计数。以图中数据做计算，美国平均权利要求计数最高，达到 17. 90 条；其下依次是韩国 16. 02 条、德国 12. 52 条、日本 9. 78 条等；中国最低，仅有 8. 18 条。不过，从历年的发展趋势来看，美国、德国和日本的权利要求计数基本稳定，而韩国、中国的权利要求计数稳步增加，一定程度上表明中国本土专利的质量在缓慢提升。

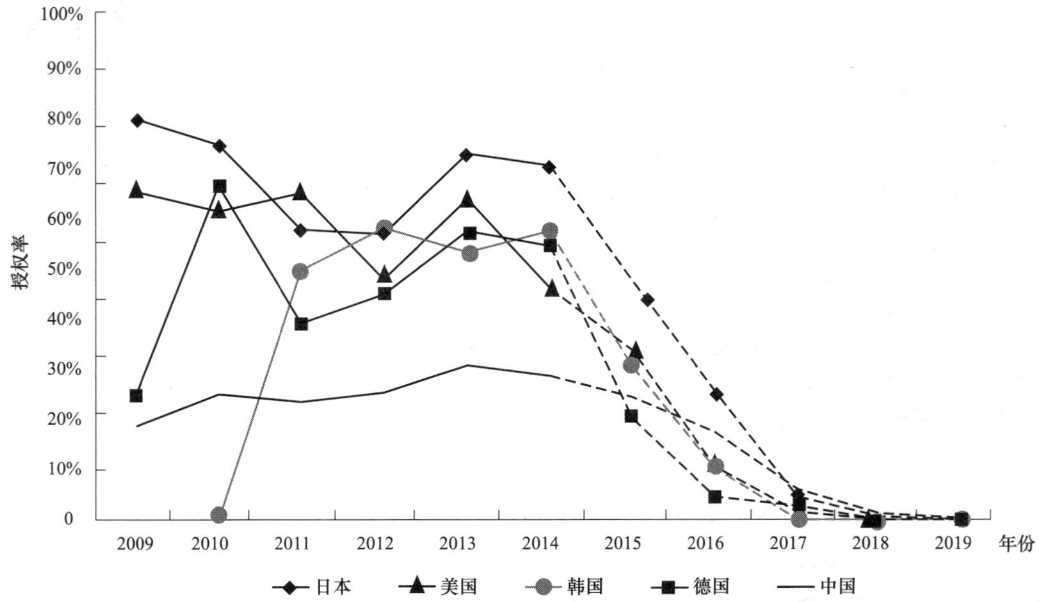

图4-2-9　历年智能网联汽车技术领域中国专利主要申请国家授权率

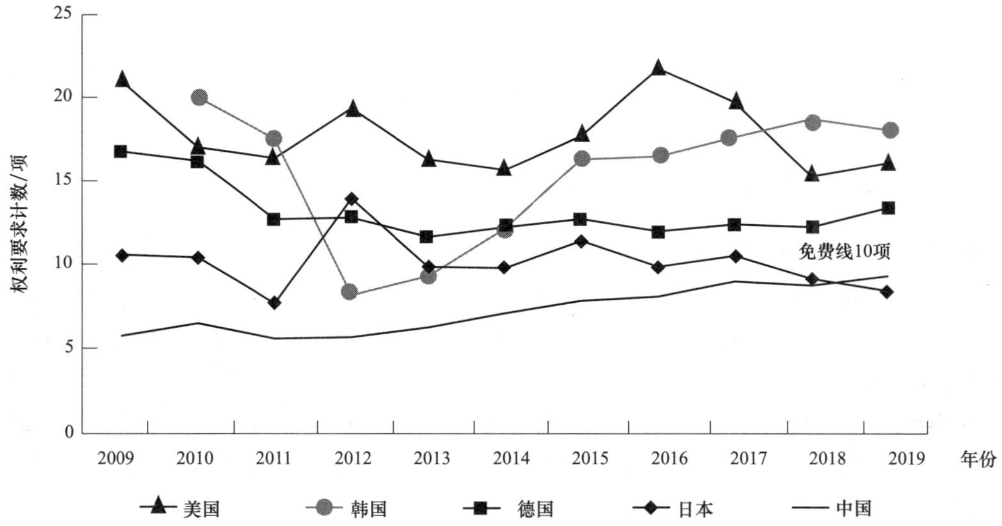

图4-2-10　历年智能网联汽车技术领域中国专利主要申请国家权利要求计数

第 5 章　关键技术专利分析

智能网联汽车需要传感器、智能硬件、通信技术的支撑。本章将从智能网联汽车行业内公认的先进传感器、环境感知、高精度地图、云平台、车载计算平台、车联网、决策规划等角度，分析全球智能网联汽车的关键技术布局情况以及中国专利的状况。

从技术的角度，激光雷达和毫米波雷达是公认的智能网联汽车关键传感器，其硬件生产工艺及技术具有相当的技术壁垒。对这两种传感器的专利分析能够从一定程度上反映国家间的战略布局。随着智能网联汽车逐步从研究阶段发展到产业化落地，车载计算平台、云平台与数据交互标准等成为影响其落地场景的主要瓶颈之一，高动态、高不确定性复杂场景对车载计算平台提出了超高算力要求。本章将分析车载计算平台技术的全球专利布局与中国专利状况。自动驾驶高精度地图是高级别智能网联汽车公认的必要信息来源。

5.1　先进传感器关键技术

5.1.1　全球专利状况分析

激光雷达 LiDAR 的主要优势为测距精度高、分辨率高，同时不受光照程度影响，目前高级别自动驾驶（L4，L5）大部分研究机构都选择了基于激光雷达的解决方案。毫米波雷达（Millimeter Wave Radar）是一款具有探测距离远、抗干扰能力强、可全天候工作等优势的感知传感器。目前毫米波雷达不仅广泛应用于低级别自动驾驶功能（如 ADAS）中，同时在众多高级别自动驾驶方案中亦成为非常重要的一环。

采用“先进传感器”检索策略，检索到 2383 条记录，按照申请号归并后为 2040 件专利，以此为基础进行专利分析。

5.1.1.1　先进传感器关键技术专利申请趋势

图 5－1－1 展示了先进传感器关键技术全球专利申请的按年份分布。由图 5－1－1 可见，先进传感器关键技术的专利数量趋势是与智能网联汽车技术发展同步的，从 2015 年开始进入高速发展期，2017 年和 2018 年的专利申请量大幅增加。2015 年以来，全球智能网联汽车技术研究及产业投资达到高潮，促进了激光雷达等先进传感器的产业化技术的不断进步，行业仍然重视激光雷达的作用。同时，由于是固态激光雷达，多激光雷达信号互干扰抑制等关键技术仍然存在技术难点，可以预见先进传感器关键技术的专利数量在未来几年仍然会有所上升。因专利公开的滞后性，2018～2019 年的专利申请数据尚不能准确统计。

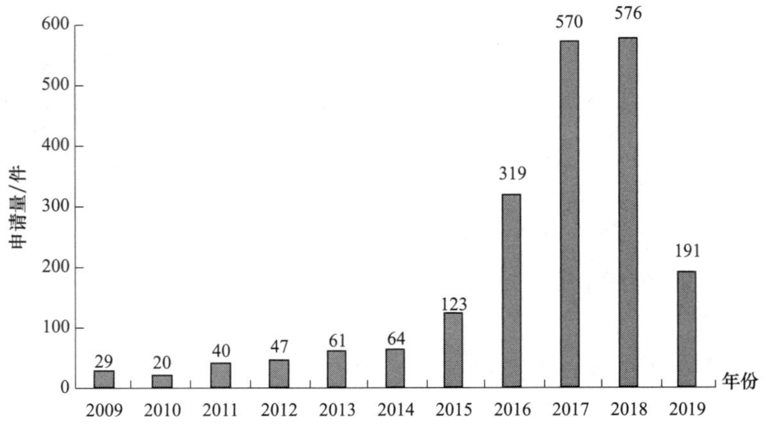

图5－1－1　先进传感器关键技术全球专利申请按年份分布

5.1.1.2　先进传感器关键技术主要专利权人/申请人

对全球申请先进传感器关键技术专利主要专利权人/申请人进行分析（见图5－1－2），可以发现它们主要是汽车企业、信息科技公司等，如福特、谷歌、通用、丰田、百度、现代、博世、优步、大陆、ZOOX等。其中，福特汽车申请的专利的数量遥遥领先于其他公司。一些无人车初创公司，如ZOOX，也表现不俗——其为美国硅谷的神秘无人车初创公司，是唯一一家获准在加州公路上试驾无人车的初创公司。2019年10月21日，胡润研究院发布“2019胡润全球独角兽榜”，ZOOX排名第84位。❶

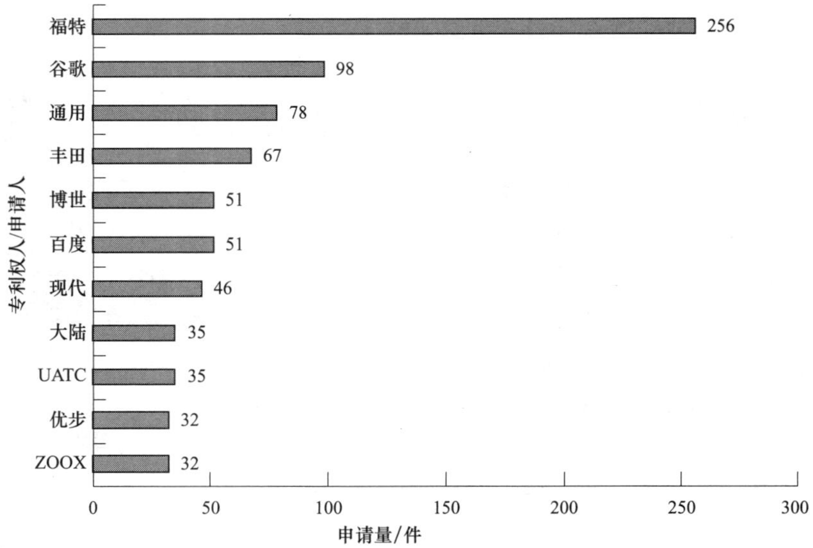

图5－1－2　先进传感器关键技术全球主要专利权人/申请人专利申请量排名

图5－1－3为先进传感器关键技术全球主要专利权人/申请人的专利申请趋势。由图

❶ ZOOX［EB/OL］.（2019－10－22）［2019－11－10］. https：//baike.baidu.com/item/Zoox/19698359？fr＝aladdin.

5－1－3可见，福特作为拥有专利数量最多、最重要的申请人，从2015年开始，在众多机构中优势非常明显，尤其是在2016年、2017年，其专利申请量接近当年总申请量的一半。

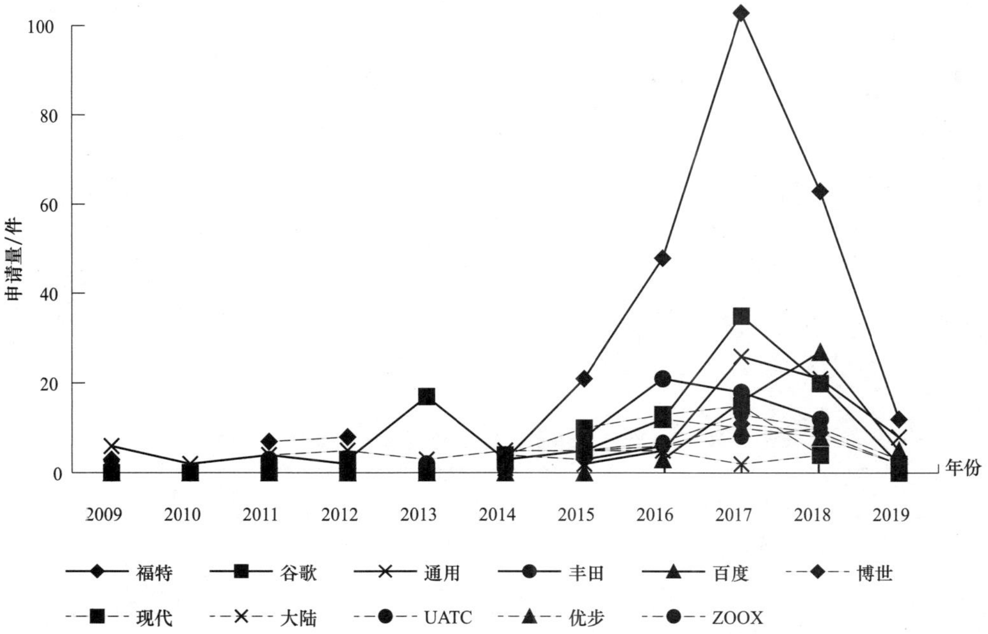

图5－1－3　先进传感器关键技术全球主要专利权人/申请人申请趋势

表5－1－1为先进传感器关键技术主要专利权人在不同国家申请专利的分布。由表5－1－1可见，福特在美国申请专利最多，在中国、德国、英国布局量也较多，但在韩国、日本没有布局。另外，除百度把中国作为首要布局国家、现代把韩国作为首要布局国家外，其他公司都把美国作为最重要的布局国家。

表5－1－1　先进传感器关键技术主要专利权人/申请人全球专利布局　　单位：件

专利权人/申请人	申请国家									
	美国	中国	韩国	德国	日本	英国	俄罗斯	印度	加拿大	澳大利亚
福特	71	40	0	43	0	43	29	0	0	0
谷歌	50	6	7	1	2	0	0	0	3	3
通用	45	16	0	14	0	2	0	0	0	0
丰田	38	2	0	1	22	0	0	0	0	0
百度	15	28	1	0	3	0	0	0	0	0
博世	14	7	0	12	3	0	0	1	0	0
现代	11	10	23	2	0	0	0	0	0	0
大陆	13	4	4	3	2	0	0	0	0	0
UATC	35	0	0	0	0	0	0	0	0	0

续表

专利权人/申请人	申请国家									
	美国	中国	韩国	德国	日本	英国	俄罗斯	印度	加拿大	澳大利亚
优步	7	1	1	0	0	0	1	0	5	3
ZOOX	22	1	0	0	0	0	0	0	0	0

5.1.1.3 技术来源国家

优先权国家能够反映主要技术来源地。表5－1－2展示了全球先进传感器关键技术主要优先权国家的申请量情况。由表5－1－2可见：全球先进传感器关键技术呈现出明显的地区差异性，美国、中国、韩国、德国、日本专利数量占据前五。其中美国的技术优势非常明显，专利数量1000件以上，占总量的50%以上，遥遥领先于其他国家。

表5－1－2 全球先进传感器关键技术的主要优先权国家

优先权国家	申请量/件
美国	1063
中国	381
韩国	149
德国	141
日本	89

5.1.1.4 技术应用国家

申请人在哪个国家/地区申请专利，能够反映技术现在或未来的主要应用市场。

表5－1－3展示了先进传感器关键技术全球主要应用国家的专利申请量情况。由表5－1－3可见，美国、中国、德国、韩国、日本专利数量占据前五。其中美国依然排名第一，中国紧随其后，说明中国虽然技术优势不太突出，但中国市场是各国都非常重视的。

表5－1－3 全球先进传感器关键技术全球专利申请主要应用国家

申请国家	申请量/件
美国	678
中国	523
韩国	114
德国	112
日本	71

图5－1－4为先进传感器关键技术主要专利申请国家专利申请趋势。由图5－1－4可见，美国一直优势明显，中国一直紧随其后，但还有一定差距。

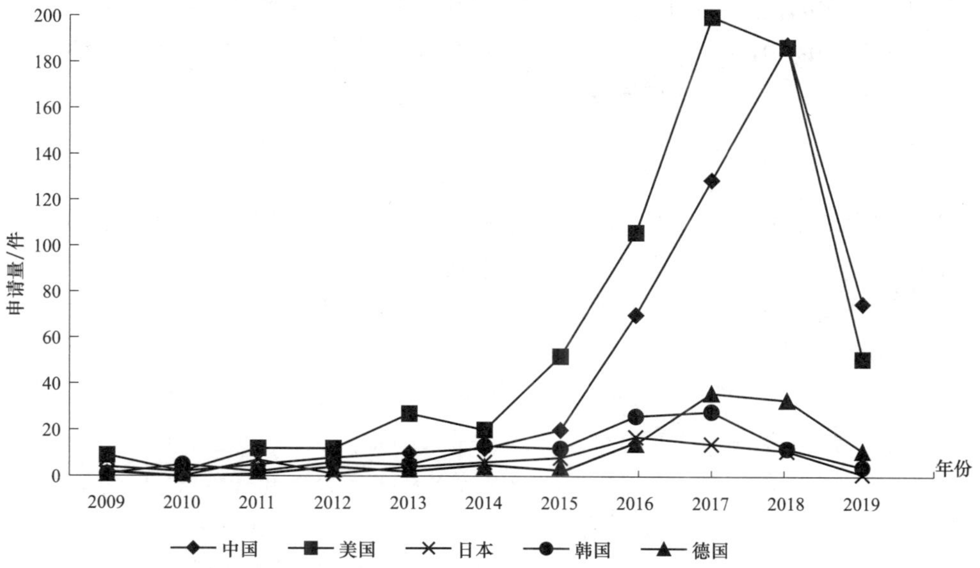

图5-1-4 先进传感器关键技术主要专利申请国家专利申请趋势

5.1.1.5 技术流向

图5-1-5展示了先进传感器关键技术全球技术来源和目标市场的流向。从图5-1-5中可以看出，美国和中国是先进传感器关键技术的主要技术来源国，同时也是最大的目标市场国。其中，中国市场除本土技术外，主要被美国技术占领。同时，美国技术也大量布局在其他国家。中国在其他国家布局相对较少。

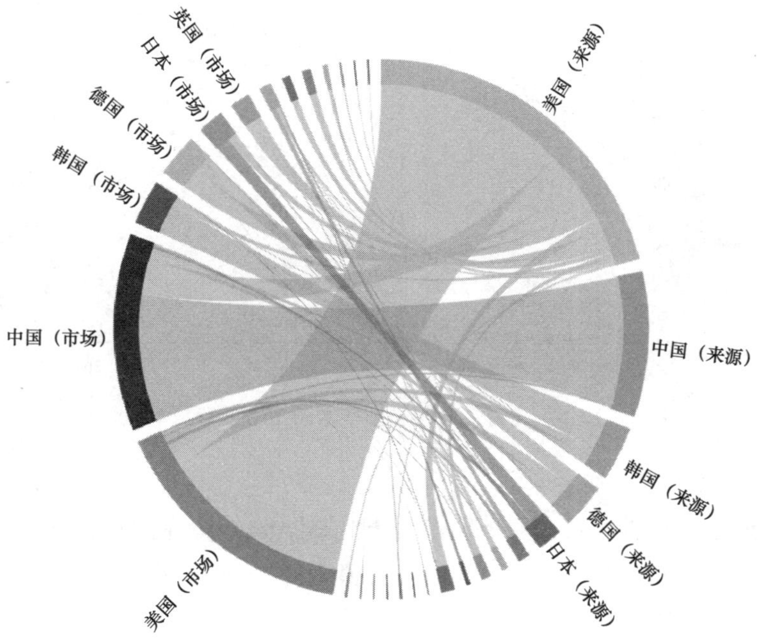

图5-1-5 先进传感器关键技术全球技术来源和目标市场流向

注：图中较少份额市场未列出，下同。

从技术来源的角度，可以看出美国的先进传感器关键技术专利申请量最大。

从技术布局的角度，可以推断先进传感器关键技术在各个国家的市场布局情况。美国依然占据第一位，中国占据第二位。

5.1.2 中国专利状况分析

为了解中国先进传感器关键技术的发展现状，有必要对其中国专利状况进行分析。本小节将对先进传感器关键技术中国专利申请，从申请态势、技术原创国家、国内申请区域、不同技术类别及重要申请人这五个方面进行分析。

5.1.2.1 中国申请态势分析

由图 5－1－6 可知，在先进传感器关键技术领域，2009～2012 年中国专利申请的数量很少，申请量维持在一个相对较低的水平。2009～2012 年是技术的萌芽期，这一时期的专利申请量情况表明我国先进传感器关键技术尚处于起步阶段。

从 2013 年起，这一情况开始发生转变。该领域的专利申请量呈现加速增长的态势，从 2012 年的 8 件增加到 2015 年的 20 件，3 年内增长了 1.5 倍。2013～2015 年是我国先进传感器关键技术的成长期。

从 2016 年开始，先进传感器专利国内申请量出现井喷式发展，2016～2017 年的专利申请量依次是 72 件、129 件，呈直线上升趋势。因专利公开的滞后性，2018～2019 年的专利申请数据尚不能准确统计。

可见，先进传感器关键技术领域的发展势头良好，预计在未来的几年中，该领域的专利申请量仍将保持增长的态势。

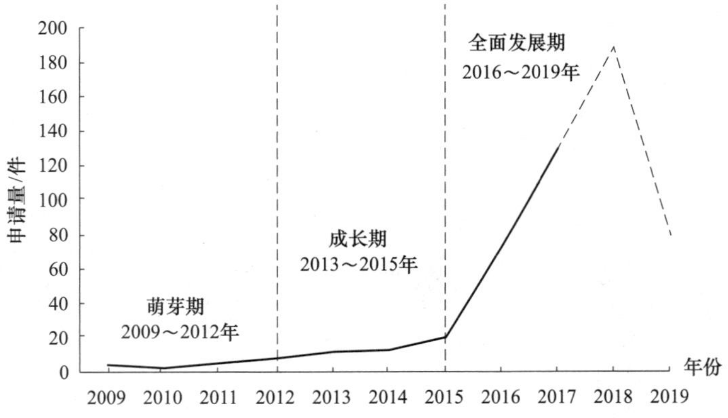

图 5－1－6　先进传感器关键技术领域中国专利申请趋势

5.1.2.2 技术原创国家分析

2009～2019 年，在先进传感器关键技术领域，除中国外，共计有 6 个国家在中国进行了专利布局，分别是：美国 103 件，德国 18 件，韩国 15 件，日本 10 件，印度 3 件，英国 2 件。

由图 5－1－7 可知，在先进传感器关键技术领域，中国的专利申请以中国的原创申请为主，占了 70.51%。而来自国外申请人的专利申请中，美国的占比最高，占总量的 20. 12%；其次是德国、韩国和日本的，分别占总量的 3. 52%、2. 93% 和 1. 95%，虽然总量并不是很多，但也不能忽视它们在中国的专利布局；其他国家的占比较少，总和占总量的 0. 97%。

从专利申请量可知，在先进传感器关键技术领域，中国的原创专利申请已经在数量上取得了较大的领先优势，中国的高校、科研院所和企业都十分重视先进传感器关键技术在中国的发展，在技术上已经有一定的积累，申请了较多的专利保护自己的原创技术。在该领域中，虽然美国、德国、韩国、日本及其他国家在中国申请的专利数量只有 29. 49%，但考虑到这些专利申请大多是由跨国公司所申请的，很可能形成相关领域的专利壁垒。

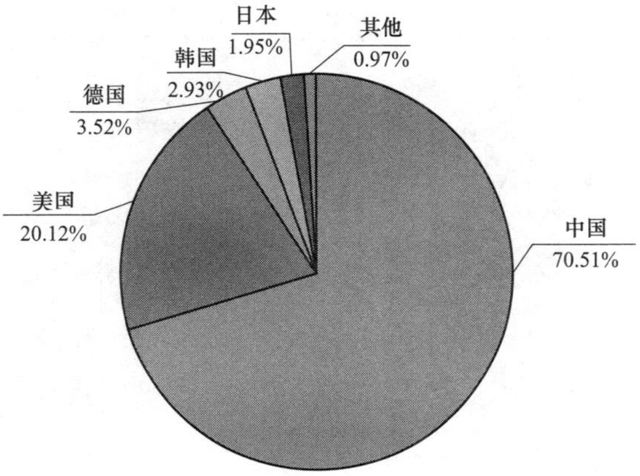

图 5 –1 –7　先进传感器关键技术领域中国专利申请技术来源国家

表 5 –1 –4 所示的是先进传感器关键技术领域历年中国专利申请技术来源国家份额分析。图 5 –1 –8（见文前彩色插图第 2 页）是先进传感器关键技术领域主要来华布局国家历年专利申请量。可以看到，中国本土申请 2011 年开始出现，后稳步提升至 70% 左右。在中国份额的挤压下，其他国家的份额对应降低。来华申请中，德国、韩国的份额降幅较大。

表 5 –1 –4　先进传感器关键技术领域历年中国专利申请技术来源国家份额

年份	2009	2010	2011	2012	2013	2014	2015	2016	2017	2018	2019
中国	0	0	25. 00%	57. 14%	57. 14%	91. 67%	65. 00%	76. 19%	63. 78%	73. 40%	78. 21%
美国	100%	100%	25. 00%	14. 29%	28. 57%	0	10. 00%	12. 70%	24. 41%	20. 74%	16. 67%
德国	0	0	50. 00%	28. 57%	14. 29%	0	5. 00%	3. 17%	3. 94%	1. 60%	2. 56%
韩国	0	0	0	0	0	8. 33%	15. 00%	4. 76%	4. 72%	1. 06%	0
日本	0	0	0	0	0	0	0	3. 17%	3. 15%	1. 60%	1. 28%
印度	0	0	0	0	0	0	0	0	0	1. 60%	0
英国	0	0	0	0	0	0	5. 00%	0	0	0	1. 28%

5. 1. 2. 3　国内申请区域分析

图 5 –1 –9 所示的是先进传感器关键技术领域中国专利申请国内各省份占比。从

国内各省份分布统计可以看出，在该领域的中国专利申请中，北京在国内各省份中排名第一位，占总量的20.11%，远高于其他省份，优势较为明显；江苏和广东紧随其后，排在第二位和第三位，占比分别为16.53%、15.15%；上海排在第四位，占比为7.16%。湖北、陕西、四川也有一定数量的申请，占比分别为5.51%、4.96%和4.41%。北京、江苏、广东和上海占据了该领域总量的58.95%，地域分布集中度较高，先进传感器技术领域国内各省份之间发展差异较大。

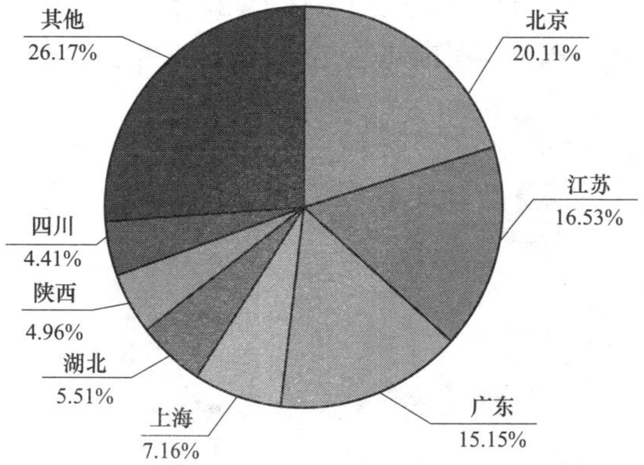

图5-1-9　先进传感器关键技术领域中国专利申请国内各省份占比

5.1.2.4　不同技术类别分析

基于国际专利分类（IPC），2009~2019年，先进传感器关键技术领域中国专利各技术方向申请的专利数量排名前十的IPC组如图5-1-10所示。G05D 1（陆地、水上、空中或太空中的运载工具的位置、航道、高度或姿态的控制）的专利申请量远高于其他IPC分类，超过120件。

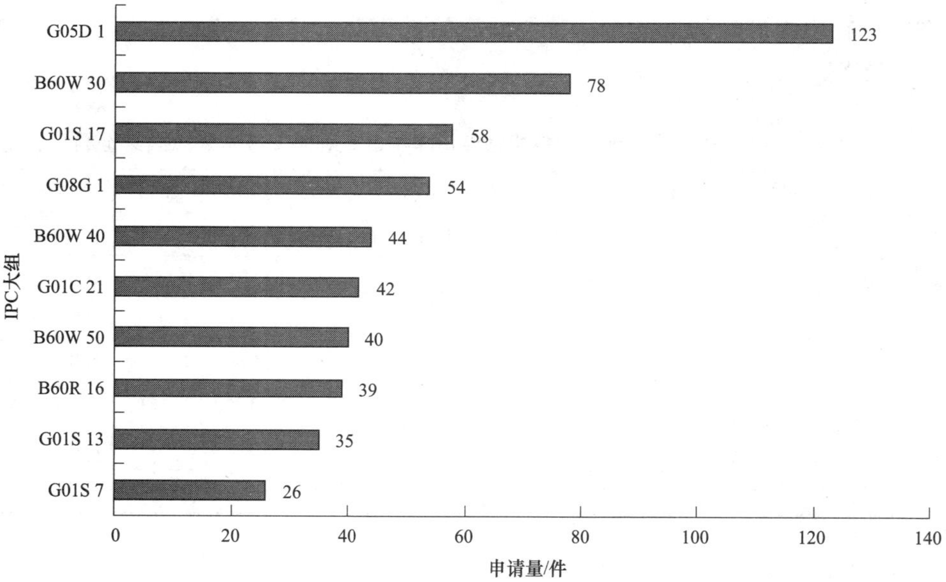

图5-1-10　先进传感器关键技术领域中国专利相关的各类IPC汇总

从图5－1－11的先进传感器关键技术领域历年中国专利主要IPC分布按年份变化趋势可以看出，2017开始，G01S 17（应用除无线电波外的电磁波的反射或再辐射系统）的申请量增加较快。专利申请量的多少在一定程度上可以反映出相应技术领域的市场关注度，须要重视，以免错过发展的机遇。

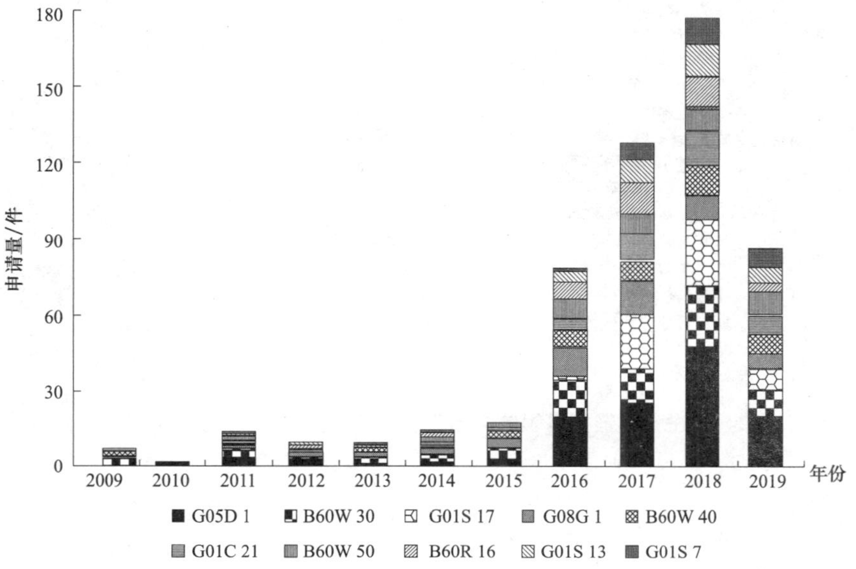

图5－1－11 先进传感器关键技术领域历年中国专利主要IPC分布按年份变化趋势

5.1.2.5 重要申请人分析

图5－1－12所示的是先进传感器关键技术领域中国专利申请量排名前20位的重要申请人的申请量。其中，福特的申请量最大，总量为40件。其次是百度，有28件相关专利申请。通用、长安、现代分别排在第三位至第五位。从申请人所在国家来看，排名前20位的申请人中，来自中国的有13位，其中包括百度、华为、德赛西威、楼兰科技4家高科技公司；吉林大学、长安大学和南京航空航天大学3所高校；长安、奇瑞和吉利3家传统车企；智行者、视莱尔和成都育芽3家初创公司。来自美国的有福特、通用、德尔福、谷歌。来自韩国的有现代和起亚，来自德国的有博世。

在排名前20位的申请人中，国内申请人在数量上有较大的优势，超过了国外申请人，但是传统车企仅有3家，而进入排名前20位的国外申请人除谷歌外基本是传统车企或者零部件公司，我国传统车企在先进传感器关键技术领域的技术创新能力还有待提高。不过，国内申请人中的高科技公司和初创公司表现突出，呈现后来居上的趋势。国内高科技公司和初创公司对先进传感器关键技术非常重视，研发力度很高。

图5－1－13所示的是先进传感器关键技术领域历年中国专利排名前十的申请人的申请量。福特、通用一开始就看重中国的市场，抢先布局；百度、长安、奇瑞2016年开始大批量进入；智行者2018年开始进入。

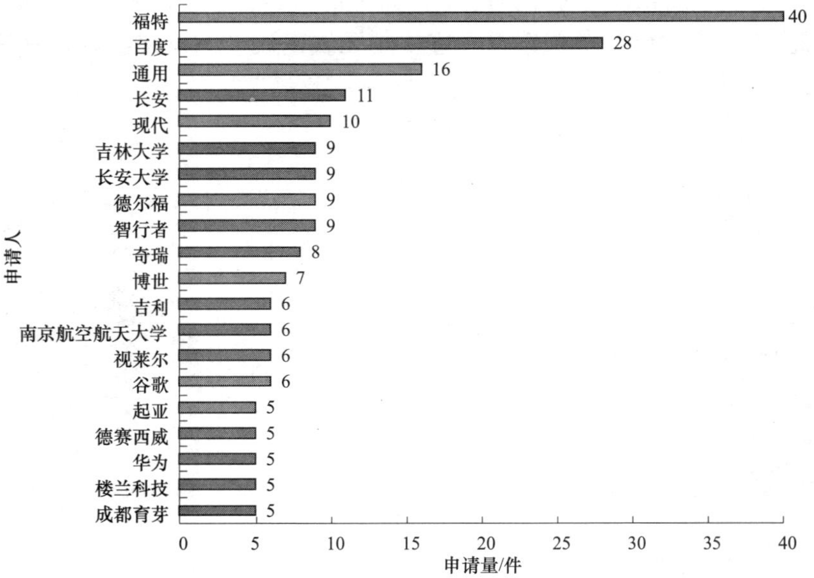

图5-1-12　先进传感器技术领域中国专利申请量排名前20位的重要申请人申请量

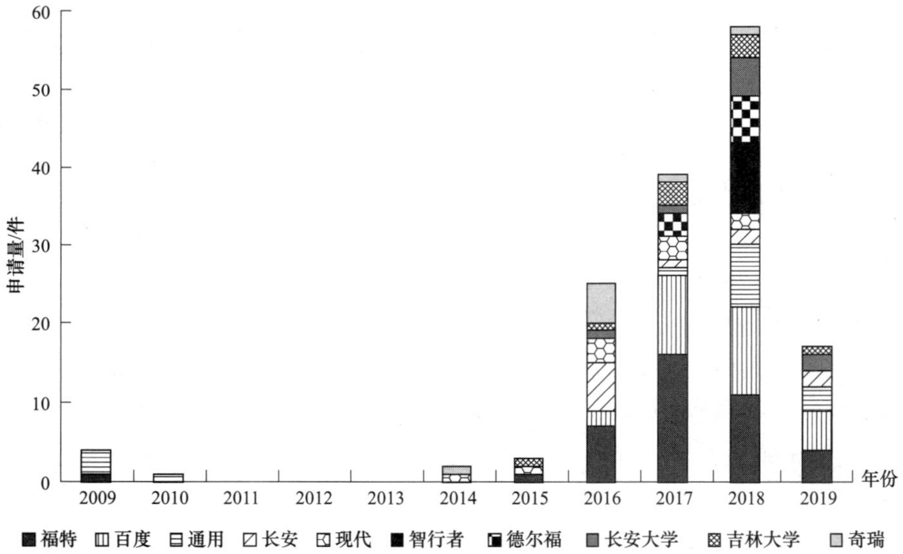

图5-1-13　先进传感器关键技术领域历年中国专利排名前十的申请人申请量

5.2　环境感知关键技术

5.2.1　全球专利状况分析

采用“环境感知”检索策略，检索到10021条记录，按照申请号归并后为8384件专利，以此为基础进行专利分析。

5.2.1.1 环境感知关键技术专利申请趋势

图5-2-1展示了环境感知关键技术全球专利申请的按年份分布。由图5-2-1可见，环境感知关键技术的专利数量趋势是与智能网联汽车技术发展同步的，从2015年开始进入快速发展期，2016年、2017年和2018年的专利申请量大幅增加——这三年的专利申请量占总申请量的60%，说明环境感知关键技术将是智能网联汽车的重要研究方向。

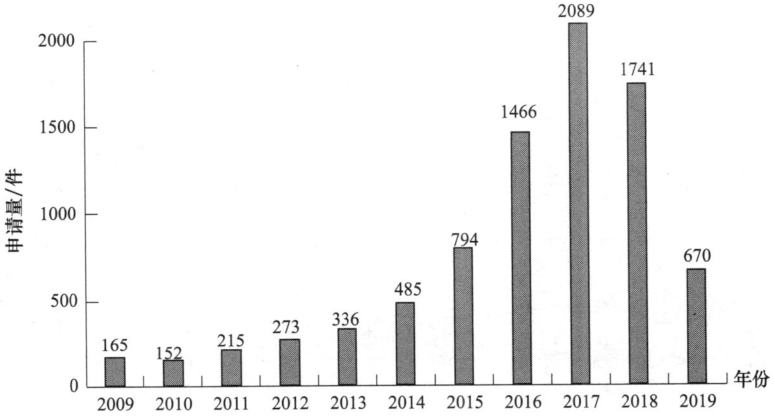

图5-2-1 环境感知关键技术全球专利申请按年份分布

5.2.1.2 环境感知关键技术主要专利权人/申请人

对申请环境感知关键技术专利全球主要专利权人/申请人进行分析（见图5-2-2），可以发现它们主要为福特、丰田、通用、日产、现代等汽车企业以及谷歌、百度、英特尔等信息科技公司。其中，福特、丰田申请专利的数量遥遥领先于其他公司。

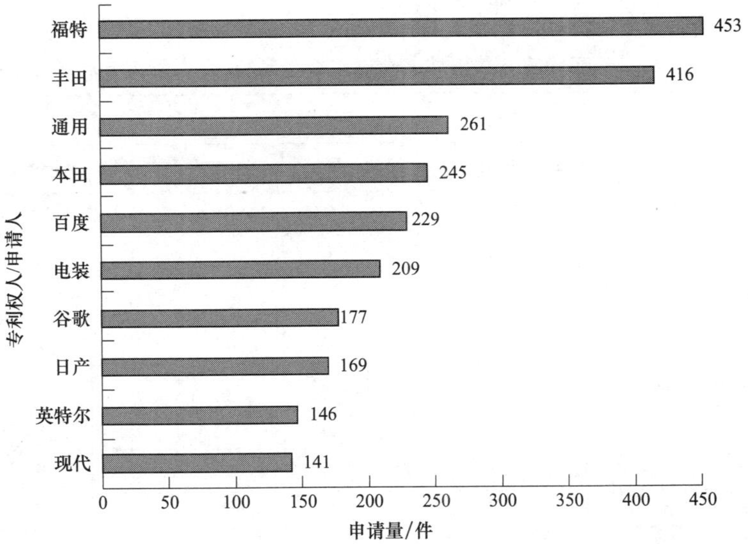

图5-2-2 环境感知关键技术全球主要专利权人/申请人专利申请量排名

图5－2－3为环境感知关键技术全球主要专利权人/申请人的专利申请趋势。由图5－2－3可见，福特在发展初期的优势不明显，但从2015年开始进入快速发展期，专利申请量成倍增长，遥遥领先于其他机构。丰田在2014年之前一直平稳发展，2015年开始也快速发展，仅次于福特。百度虽然起步较晚，但发展势头强劲。

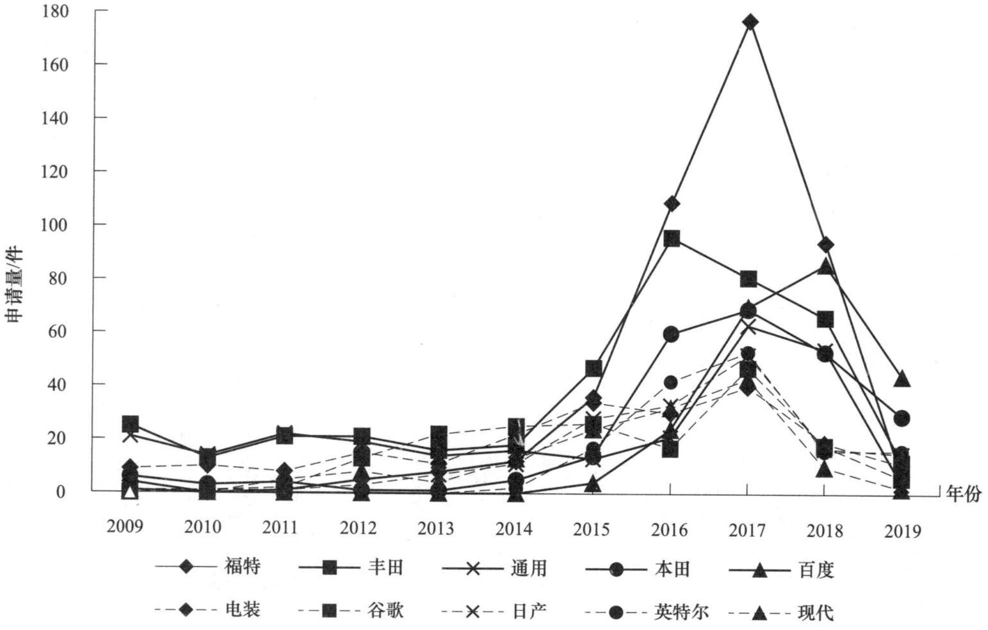

图5－2－3　环境感知关键技术全球主要专利权人/申请人申请趋势

表5－2－1为环境感知关键技术全球主要专利权人/申请人在不同国家申请专利的分布。由表5－2－1可见，这些企业大多将中国、美国作为最重要的专利布局国家。其中，福特和通用在日本、韩国都没有布局。

表5－2－1　环境感知关键技术全球主要专利权人/申请人专利布局　　单位：件

专利权人/申请人	申请国家								
	中国	美国	日本	韩国	德国	英国	印度	俄罗斯	加拿大	墨西哥
福特	105	116	0	0	50	67	0	53	0	40
丰田	57	134	170	6	7	0	4	3	2	0
通用	103	117	0	0	34	6	0	0	0	0
本田	64	46	92	0	5	0	0	0	0	0
百度	137	42	16	12	0	0	0	0	0	0
电装	11	35	133	0	5	0	0	0	0	0
谷歌	13	109	12	9	0	0	0	0	2	0
日产	18	27	36	13	0	0	13	2	10	4
英特尔	19	73	2	5	2	0	2	0	2	1
现代	34	33	2	65	6	0	0	0	0	0

5.2.1.3　技术来源国家

优先权国家能够反映主要技术来源地。表5－2－2展示了全球环境感知关键技术领域专利主要优先权国家的申请量情况。由表5－2－2可见，在环境感知关键技术领域，中国、美国、日本三国遥遥领先，韩国、德国次之。其中中国技术优势比较明显，位居第一；中国和美国专利量均超过2000件。

表5－2－2　环境感知关键技术全球主要优先权国家

优先权国家	申请量/件
中国	2702
美国	2352
日本	1533
韩国	621
德国	441

5.2.1.4　技术应用国家

申请人在各个国家/地区申请专利的情况能够反映技术现在或未来的主要应用市场。

表5－2－3展示了环境感知关键技术全球主要应用国家的申请量情况。由表5－2－3可见，中国是最大的技术布局国家，各申请人在中国的申请量远远超过在其他国家的申请量，达到3000多件，是第二位的美国的约2倍。各申请人在日本布局也较多，在韩国、德国则稍微少些。

表5－2－3　环境感知关键技术全球专利申请应用国家

申请国家	申请量/件
中国	3421
美国	1732
日本	1008
韩国	483
德国	276

对比发现，中国既是最大的环境感知关键技术来源国，又是最大的市场布局国家。

图5－2－4为环境感知关键技术主要专利申请国家专利申请趋势。由图5－2－4可见，2012年之前，五国差别不大；从2013起，中国和美国发展迅速，尤其是中国，优势明显。

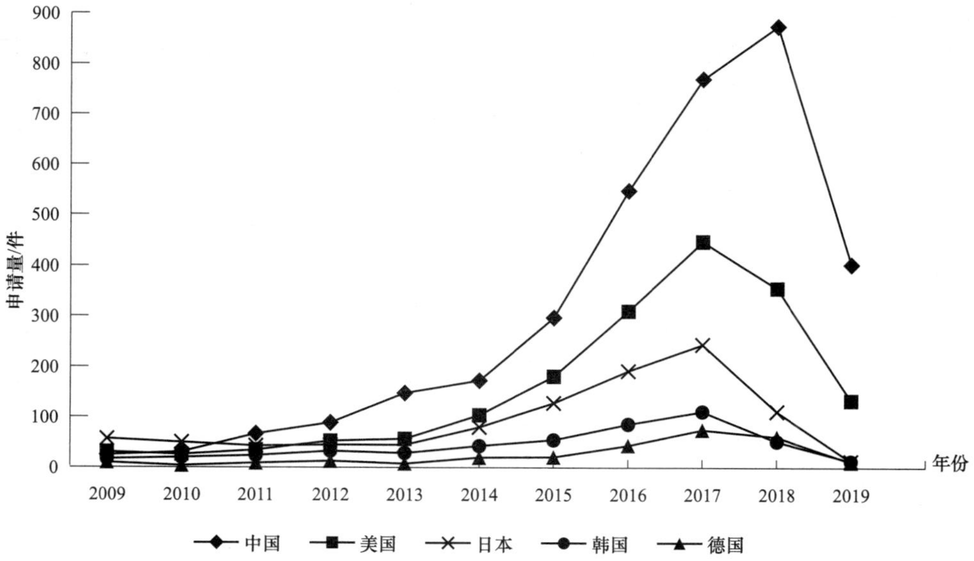

图5-2-4　环境感知关键技术主要专利申请国家专利申请趋势

5.2.1.5　技术流向

图5-2-5展示了环境感知关键技术全球技术来源和目标市场的流向。中国、美国、日本是主要的技术来源国，同时也是主要的目标市场国。中国市场除大量的本土布局外，主要有来自美国、日本、韩国、德国等国的技术布局。

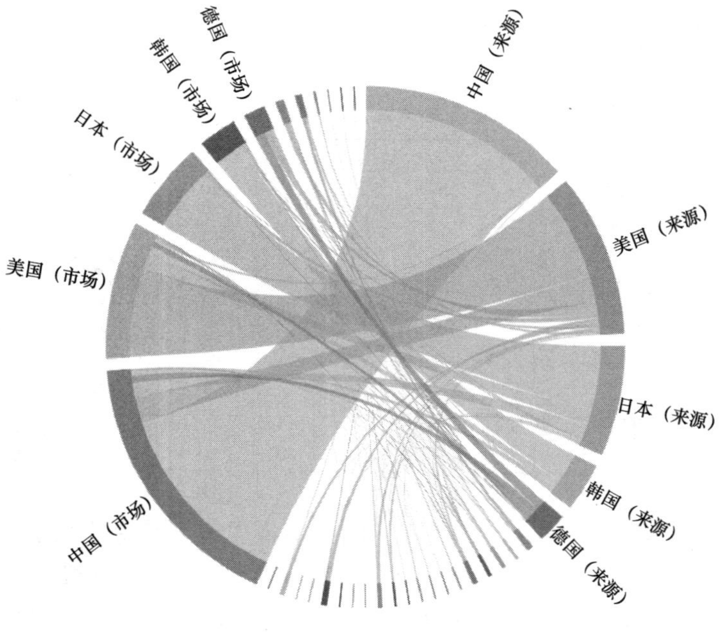

图5-2-5　环境感知关键技术全球技术来源和目标市场流向

5.2.2　中国专利状况分析

为了解中国环境感知关键技术的发展现状，有必要对其中国专利状况进行分析。本小节将从申请态势、技术原创国家、国内申请区域、不同技术类别及重要申请人这五个方面对环境感知关键技术中国专利申请进行分析。

5.2.2.1　中国申请态势分析

由图 5-2-6 可知，在中国范围内，在环境感知关键技术领域，2009 ~ 2012 年专利申请的数量很少，专利申请量维持在一个相对较低的水平。2009 ~ 2012 年是技术的萌芽期，这一时期的专利申请量情况表明我国环境感知关键技术尚处于起步阶段。

自 2013 年起，这一情况开始发生转变。该领域的专利申请量呈现增长的态势，从 2012 年的 91 件增加到 2015 年的 302 件，3 年内增长了约 2.32 倍。2013 ~ 2015 年是我国环境感知技术的成长期。

2016 年开始，环境感知关键技术专利国内申请量出现井喷式发展，2016 年、2017 年的专利申请量依次是 556 件、775 件，年专利申请量以 200 件左右的速度递增。因专利公开的滞后性，2018 ~ 2019 年的专利申请数据尚不能准确统计。

可见，环境感知关键技术领域的发展势头良好。预计在未来的几年中，该领域的专利申请量仍将保持增长的态势。

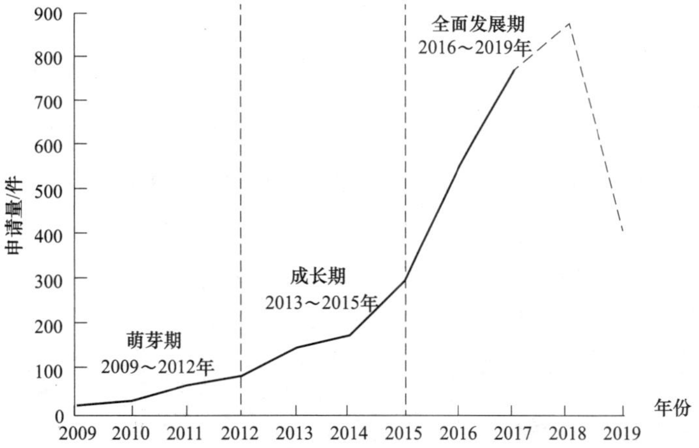

图 5-2-6　环境感知关键技术领域中国申请趋势

5.2.2.2　技术原创国家分析

2009 ~ 2019 年，在环境感知关键技术领域，除中国外，共计有 9 个国家在中国进行了专利布局，分别是：美国 358 件，日本 199 件，德国 102 件，韩国 71 件，法国 6 件，印度 4 件，澳大利亚、芬兰、英国各 1 件。

由图 5-2-7 可知，在环境感知关键技术领域，中国的专利申请以中国的原创申请为主，占比超过了 75%。而来自国外申请人的专利申请中，美国占比最高，占总量的 10.65%，其次是日本、德国和韩国，分别占总量的 5.92%、3.03% 和 2.11%，虽然总量并不是很多，但也不能忽视它们在中国的专利布局；其他国家的占比较少，总和占总量的0.39%。

从图5-2-7可知，在环境感知关键技术领域，中国国内的原创专利申请已经在数量上取得了较大的领先优势，国内的高校、科研院所和企业十分重视环境感知关键技术在中国的发展，在技术上已经有一定的积累，申请了较多的专利保护自己的原创技术。在该领域中，虽然美国、日本、德国、韩国及其他国家在中国申请的专利数量只有22.10%，但考虑到这些专利申请大多是由跨国公司所申请的，其很可能形成相关领域的专利壁垒。

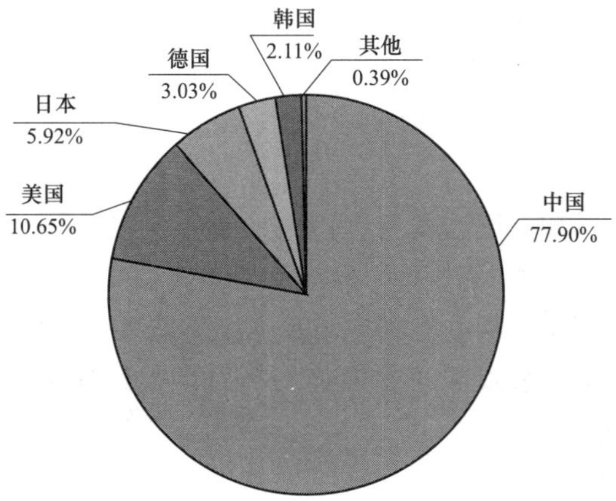

图5-2-7 环境感知关键技术领域中国专利申请技术来源国家

表5-2-4所示的是环境感知关键技术领域历年中国专利申请技术来源国家份额。图5-2-8是环境感知关键技术领域主要来华布局国家历年专利申请量。可以看到，中国申请的份额在2009~2013年稳步提升，从40.91%增加到79.45%，后保持在74%以上。在中国份额的挤压下，其他国家的份额相应降低。来华申请中，德国的份额降幅较大，德国的份额由最高点2012年的10.47%降低到2017年的2.78%。相反的是，日本的份额在2012年1.16%触底后反弹至2017年的7.15%。

表5-2-4 环境感知关键技术领域历年中国专利申请技术来源国家份额

年份	2009	2010	2011	2012	2013	2014	2015	2016	2017	2018	2019
中国	40.91%	54.55%	65.63%	70.93%	79.45%	78.95%	77.32%	79.03%	74.17%	79.45%	86.76%
美国	0.50%	21.21%	15.63%	15.12%	8.90%	7.60%	8.25%	9.71%	12.98%	10.33%	7.11%
日本	9.09%	18.18%	6.25%	1.16%	2.74%	1.75%	6.53%	6.02%	7.15%	5.97%	5.64%
德国	0	6.06%	9.38%	10.47%	6.85%	5.26%	3.78%	3.30%	2.78%	1.84%	0.25%
韩国	0	0	1.56%	2.33%	1.37%	5.85%	3.78%	1.75%	2.52%	1.84%	0.25%

续表

年份	2009	2010	2011	2012	2013	2014	2015	2016	2017	2018	2019
法国	0	0	0	0	0	0.58%	0	0	0.40%	0.23%	0
印度	0	0	0	0	0.68%	0	0	0	0	0.34%	0
澳大利亚	0	0	0	0	0	0	0	0.19%	0	0	0
芬兰	0	0	1.56%	0	0	0	0	0	0	0	0
英国	0	0	0	0	0	0	0.34%	0	0	0	0

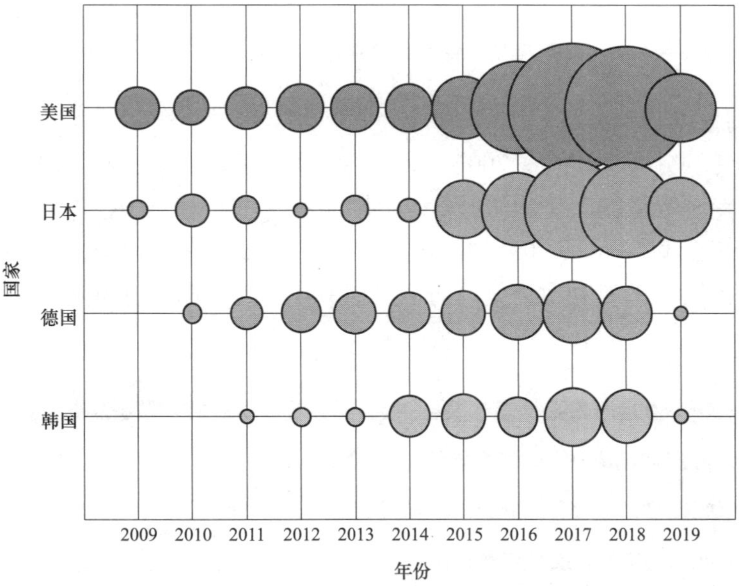

图5-2-8 环境感知关键技术领域主要来华布局国家历年专利申请量

注：图中圆圈大小表示申请量多少。

5.2.2.3 国内申请区域分析

图5-2-9所示的是环境感知关键技术领域中国专利申请国内各省份占比。从国内各省份分布统计可以看出，在该领域的中国专利申请中，北京在国内各省份中排名第一位，占总量的21.94%，远高于其他省份，优势较为明显；广东和江苏紧随其后，排在第二位和第三位，占比分别为15.11%、13.81%；上海排在第四位，占比为7.63%；安徽、浙江、四川也有一定数量的申请，占比分别为5.49%、5.10%和3.84%。北京、广东、江苏和上海占据了该领域总量的58.49%，地域分布集中度较高，这说明该领域国内各省份之间发展差异较大。

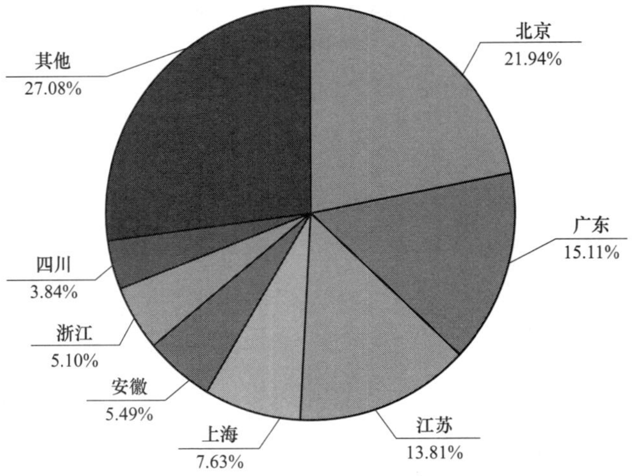

图5-2-9　环境感知关键技术领域中国专利申请国内各省份占比

5.2.2.4　不同技术类别分析

基于国际专利分类（IPC），2009~2019年，环境感知关键技术领域中国专利各技术方向申请的专利数量排名前十的IPC组级别如图5-2-10所示。G08G 1（道路车辆的交通控制系统）和G05D 1（陆地、水上、空中或太空中的运载工具的位置、航道、高度或姿态的控制）的专利申请量远高于其他IPC分类，都超过500件。

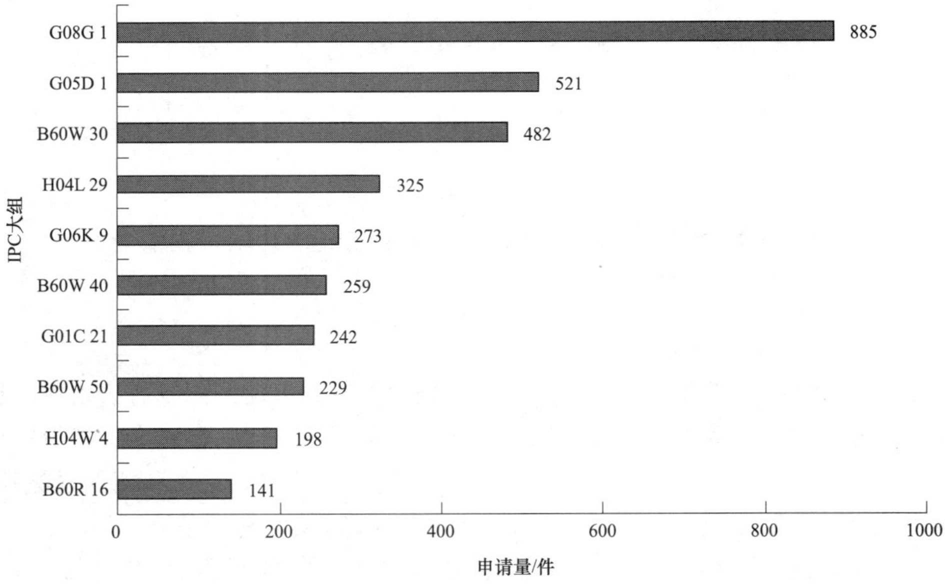

图5-2-10　环境感知关键技术领域中国专利相关的各类IPC汇总

从图5－2－11的环境感知关键技术领域历年中国专利主要IPC分布年份变化趋势可以看出，2016～2018年G05D 1（陆地、水上、空中或太空中的运载工具的位置、航道、高度或姿态的控制）的申请量增加较快。

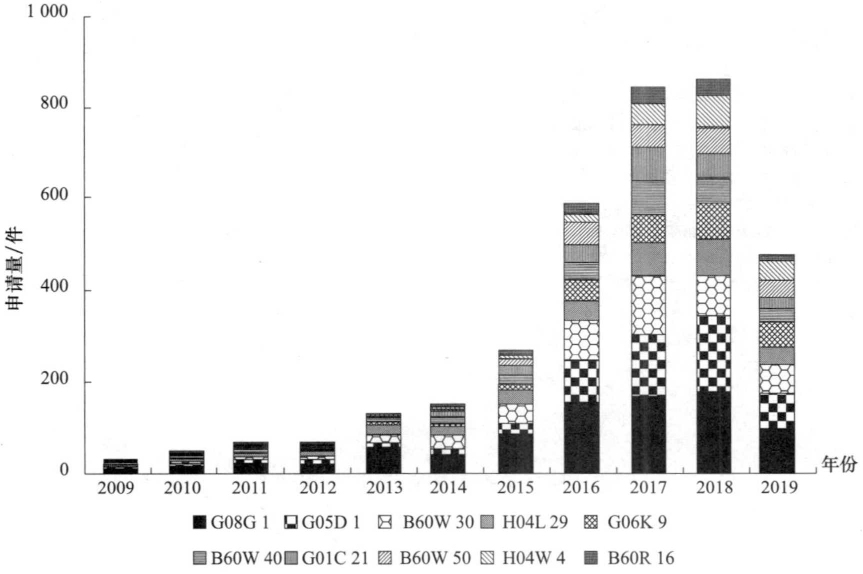

图5－2－11 环境感知关键技术领域历年中国专利主要IPC分布年份变化趋势

5.2.2.5 重要申请人分析

图5－2－12所示的是环境感知关键技术领域中国专利申请量排名前20位的重要申请人。其中，百度的申请量最大，专利申请总量为138件。其次是美国的福特和通用，也分别有超过100件的专利申请。日本的本田、丰田分别排在第四位、第五位。从申请人所在国家来看，排名前20位的申请人中，来自中国的有13位，其中包括百度、中兴、华为3家高科技公司；长安大学、吉林大学、江苏大学、同济大学、常熟理工学院、武汉理工大学6所高校；奇瑞和吉利2家传统车企；智行者和视莱尔2家初创公司。来自美国的有福特和通用，来自日本的有丰田和本田，来自德国的有保时捷和博世，来自韩国的有现代。

在前20位的申请人中，国内申请人在数量上有较大的优势，超过了国外申请人，但是传统车企仅有2家，而进入排名前20位的国外申请人基本是传统车企或者零部件公司，我国传统车企在环境感知关键技术领域的技术创新能力还有待提高。不过，国内申请人中的高科技公司表现突出，呈现后来居上的优势，说明国内高科技公司对环境感知关键技术非常重视，研发力度很大。

图5－2－13所示的是环境感知关键技术领域历年中国专利排名前十的申请人的申请量。通用、丰田一开始就看重中国的市场，抢先布局；国内的奇瑞、中兴、华为、长安大学以及吉利入局均较早，在2011年在环境感知关键技术领域就已经有专利布局；百度入局较晚，在2016年才开始大批量进入。

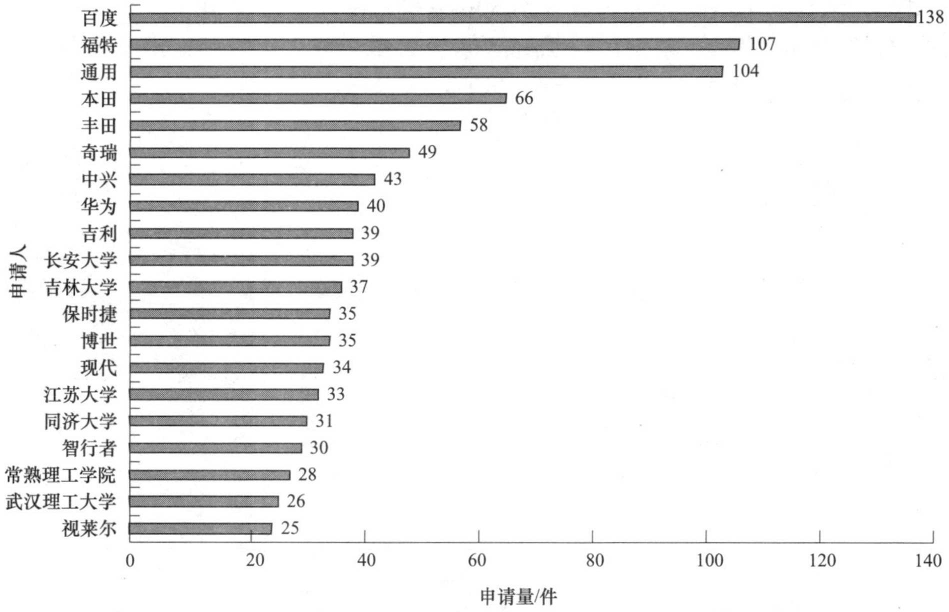

图5-2-12　环境感知关键技术领域中国专利重要申请人申请量

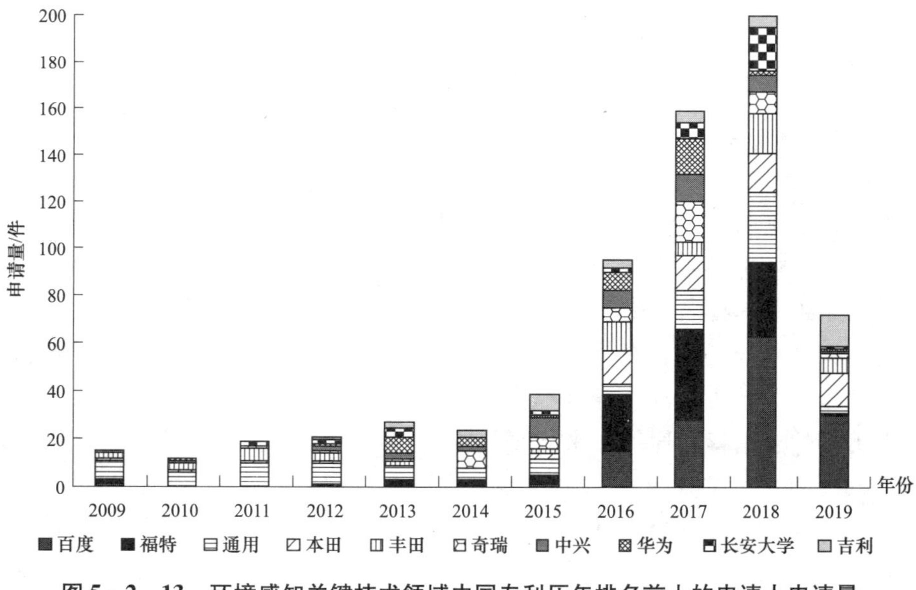

图5-2-13　环境感知关键技术领域中国专利历年排名前十的申请人申请量

5.3　车联网关键技术

5.3.1　全球专利状况分析

采用“车联网”检索策略，检索到8510条记录，按照申请号归并后为7067件专利，在此基础上进行专利分析。

5.3.1.1 车联网关键技术专利申请趋势

图5－3－1展示了车联网关键技术全球专利的按年份分布，可见：

车联网关键技术的专利数量趋势是与智能网联汽车技术发展同步的：从2015年开始进入快速发展期，2016年、2017年和2018年的专利申请量大幅增加，每年申请量超过1000件——这三年的专利申请量超过总申请量的60%，说明车联网关键技术将是智能网联汽车的重要研究方向。

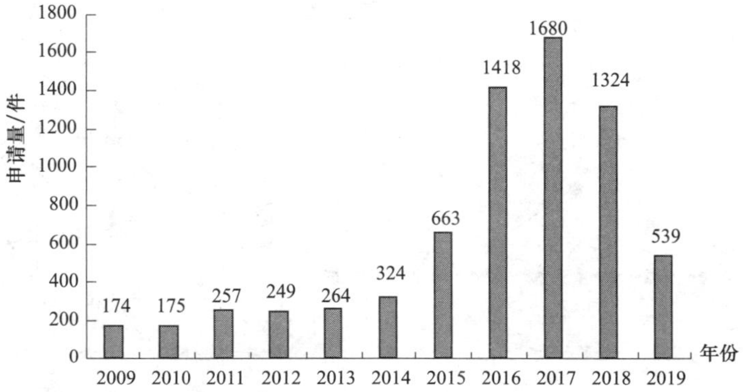

图5－3－1 车联网关键技术全球专利申请按年份分布

5.3.1.2 车联网关键技术全球主要专利权人/申请人

对车联网关键技术全球专利权人/申请人进行分析（见图5－3－2），可以发现它们主要为信息科技公司和车企，如LG电子、华为、高通、松下、三星电子、电装、大陆、中兴、福特、通用等。其中，车企优势不明显，信息科技公司优势较大。

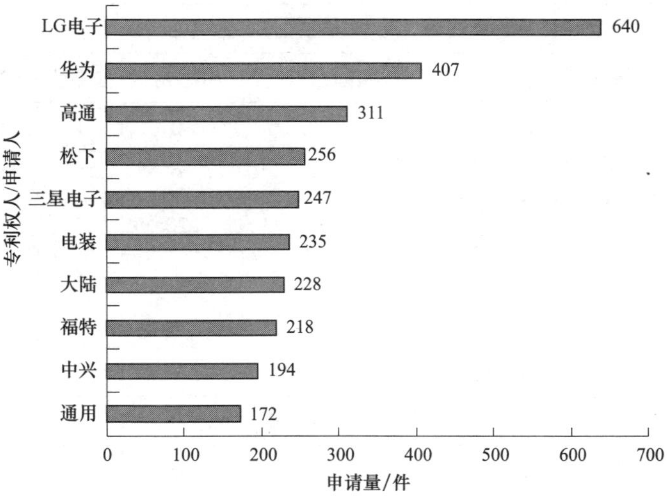

图5－3－2 车联网关键技术全球主要专利权人/申请人专利申请量排名

图5－3－3为车联网关键技术全球主要专利权人/申请人的专利申请趋势。由

图5－3－3可见，LG电子在2015年之前专利申请表现不突出，自2016年起异军突起，发展迅猛。而华为则一直相对平稳地发展。

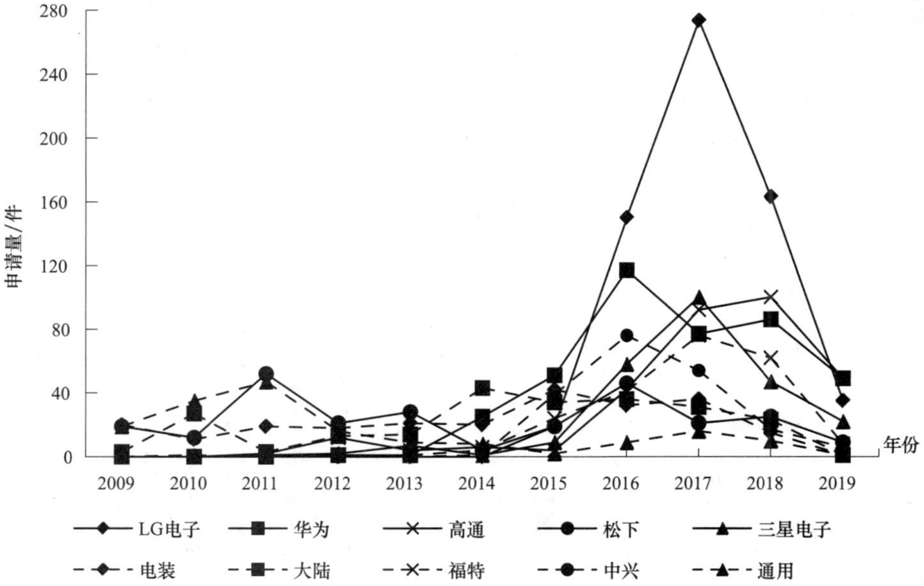

图5－3－3　车联网关键技术全球主要专利权人/申请人申请趋势

表5－3－1为车联网关键技术全球主要专利权人/申请人在不同国家/地区申请专利的分布。由表5－3－1可见，除本土外，中国和美国一般是这些企业最重要的布局国家；每个企业都在多个国家或地区进行专利布局。

表5－3－1　车联网关键技术全球主要专利权人/申请人专利布局　　单位：件

专利权人/申请人	申请国家/地区									
	中国	美国	日本	韩国	德国	印度	中国台湾	加拿大	英国	澳大利亚
LG电子	43	163	19	58	0	5	0	1	0	1
华为	102	56	14	10	0	27	0	2	0	2
高通	24	89	7	10	0	22	20	7	0	6
松下	21	32	123	5	1	5	1	1	0	1
三星电子	41	51	0	42	0	21	1	0	2	0
电装	14	54	107	0	17	0	1	2	0	0
大陆	36	51	5	8	55	0	0	0	0	0
福特	47	70	0	0	33	3	0	0	26	0
中兴	78	18	2	1	0	0	0	0	0	1
通用	65	72	0	1	25	0	0	0	6	0

5.3.1.3 技术来源国家

优先权国家能够反映主要技术来源地。表5－3－2展示了全球车联网关键技术领域专利主要优先权国家的申请量情况。由表5－3－2可见，美国、中国两国遥遥领先，专利量均在2000件左右，日本次之，有1000多件专利申请，韩国、德国紧随其后。

表5－3－2 全球车联网关键技术主要优先权国家

优先权国家	申请量/件
美国	2222
中国	1997
日本	1033
韩国	484
德国	342

5.3.1.4 技术应用国家

申请人在各个国家/地区申请专利的情况能够反映技术现在或未来的主要应用市场。

表5－3－3展示了全球车联网关键技术主要应用国家的申请量情况。由表5－2－3可见，中国、美国、日本、韩国、德国依然是布局最多的国家。其中，中国是最大的技术布局国家，各申请人在中国的专利申请量达到2000多件，远超过在其他国家的。

表5－3－3 全球车联网关键技术应用国家

申请国家	申请量/件
中国	2182
美国	1361
日本	637
韩国	395
德国	208

对比发现，美国和中国同是最大的车联网关键技术来源国，但中国是最大的市场布局国家。

图5－3－4为车联网关键技术主要专利申请国家专利申请趋势。由图5－3－4可见，日本早期的专利数量领先，此后每年的申请量变化不大；中国从2013年开始快速发展，远超其他四国。

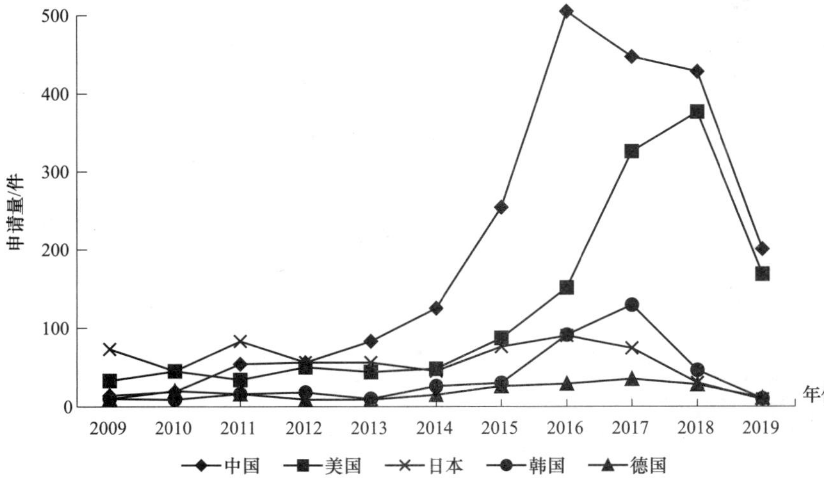

图5-3-4　车联网关键技术主要专利申请国家专利申请趋势

5.3.1.5　技术流向

图5-3-5展示了车联网关键技术全球技术来源和目标市场的流向。中国、美国是主要的技术来源国及目标市场国。中国除了在本国的大量布局外，主要在美国进行布局。美国除了本国市场外，更加重视中国市场。

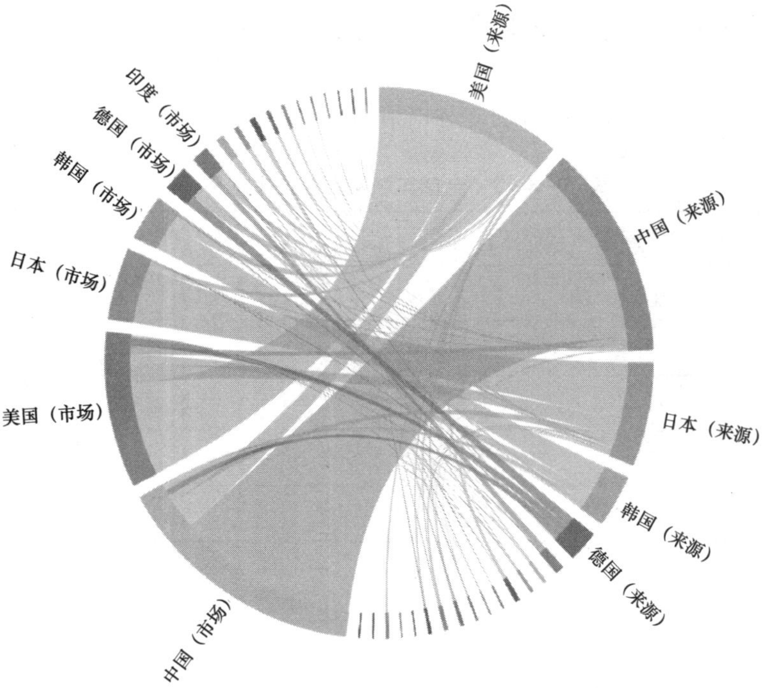

图5-3-5　车联网关键技术全球技术来源和目标市场流向

注：图中较少份额市场未列出，下同。

5.3.2 中国专利状况分析

为了解中国车联网（V2X）关键技术的发展现状，有必要对其中国专利状况进行分析。本小节将从申请态势、技术原创国家、国内申请区域、不同技术类别及重要申请人这五个方面对车联网关键技术的中国专利申请进行分析。

5.3.2.1 中国申请态势分析

由图5－3－6可知，在中国范围内，车联网关键技术领域2009～2012年专利申请量都维持在一个相对较低的水平，处于技术的萌芽期，这一时期的专利申请量情况表明我国车联网关键技术尚处于起步阶段。

自2013年起，这一情况开始发生转变。该领域的专利申请量呈现增长的态势，从2012年的56件增加到2014年的124件，2年内增长了约1.21倍。2013～2014年是我国车联网技术的成长期。

2015年开始，车联网关键技术国内申请量出现井喷式发展，2015～2016年的专利申请量依次是254件、504件，年增幅接近100%。不过，与其他关键技术类别相比，车联网关键技术申请量在2017年的增速放缓，申请量是447件，技术一定程度上已趋成熟。因专利公开的滞后性，2018～2019年的专利申请数据尚不能准确统计。

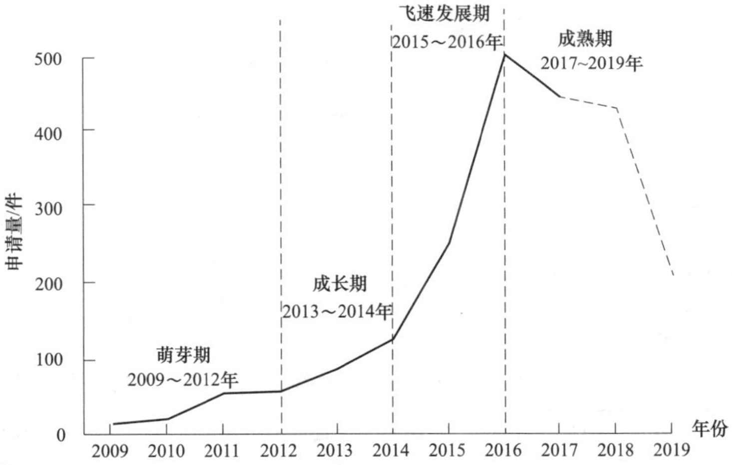

图5－3－6　车联网领域中国专利申请趋势

5.3.2.2 技术原创国家分析

2009～2019年，在车联网技术领域，除中国外，共计有8个国家在中国进行了专利布局，分别是：美国252件，日本71件，德国56件，韩国39件，澳大利亚、英国、印度各2件，葡萄牙1件。

由图5－3－7可知，在车联网技术领域，中国的专利申请以国内原创申请为主，占比超过了3/4。而来自国外申请人的专利申请中，美国占比最高，占总量的12.27%，其次是日本、德国和韩国，分别占总量的3.46%、2.73%和1.90%，虽然总量并不是很多，但也不能忽视它们在中国的专利布局；其他国家的占比较少，总和占总量的0.34%。

从图5－3－7可知，在车联网关键技术领域，中国的原创专利申请已经在数量上取得了较大的领先优势，这说明中国的高校、科研院所和企业十分重视车联网关键技术在中国的发展，在技术上已经有一定的积累，申请了较多的专利保护自己的原创技术。在该领域中，虽然美国、日本、德国、韩国及其他国家在中国申请的专利数量只有20.70%，但考虑到这些专利申请大多是由跨国公司所申请的，专利申请的质量很高，中国企业及研究机构将来可能会遇到的专利壁垒也不容忽视。

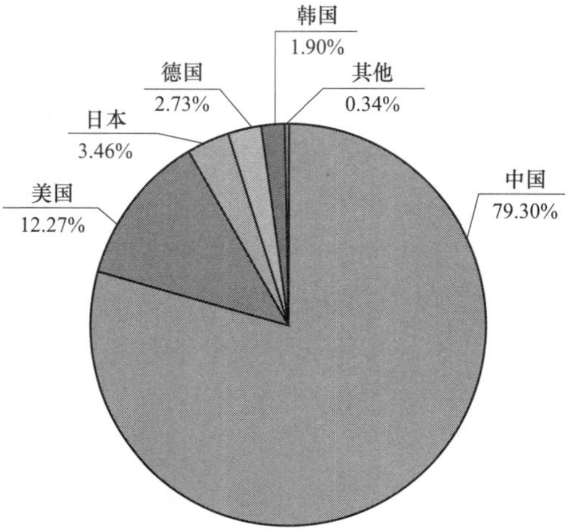

图5－3－7　车联网关键技术领域中国专利申请技术来源国家

表5－3－4所示的是车联网关键技术领域历年中国专利申请技术来源国家份额。图5－3－8是车联网关键技术领域主要来华布局国家历年专利申请量。可见，中国本土申请的份额在2009～2013年稳步提升，从15.38%增加到78.57%，之后稳定在74%以上。在中国份额的挤压下，其他国家的份额对应降低。

表5－3－4　车联网关键技术领域历年中国专利申请技术来源国家份额

年份	2009	2010	2011	2012	2013	2014	2015	2016	2017	2018	2019
中国	15.38%	27.78%	31.37%	56.86%	78.57%	75.65%	83.69%	82.96%	74.13%	84.52%	94.69%
美国	46.15%	50.00%	33.33%	21.57%	4.29%	7.83%	6.01%	10.76%	17.02%	12.62%	4.35%
日本	38.46%	5.56%	23.53%	3.92%	5.71%	3.48%	4.29%	2.69%	3.03%	1.43%	0.97%
德国	0	16.67%	11.76%	11.76%	5.71%	7.83%	3.00%	1.79%	2.10%	0.95%	0
韩国	0	0	0	5.88%	4.29%	5.22%	2.58%	1.12%	3.26%	0.48%	0
澳大利亚	0	0	0	0	0	0	0	0.45%	0	0	0
英国	0	0	0	0	0	0	0	0.22%	0.23%	0	0
印度	0	0	0	0	1.43%	0	0	0	0.23%	0	0
葡萄牙	0	0	0	0	0	0	0.43%	0	0	0	0

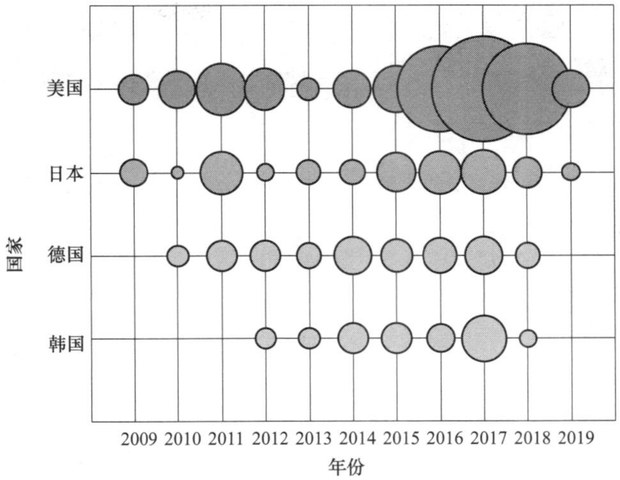

图5－3－8　车联网关键技术领域主要来华布局国家历年专利申请量

注：图中圆圈大小表示申请量多少。

5.3.2.3　国内申请区域分析

图5－3－9所示的是车联网关键技术领域中国专利申请国内各省份占比。从国内各省份分布统计可以看出，在该领域的中国专利申请中，北京在国内各省份中排名第一位，占总量的26.70%，高于其他省份，优势较为明显；广东和江苏紧随其后，排在第二位和第三位，占比分别为22.45%、9.57%；上海排在第四位，占比为7.44%；四川、重庆、安徽也有一定数量的申请，占比分别为4.43%、4.08%和4.02%。北京、广东、江苏和上海占据了该领域申请量总量的66.16%，地域分布集中度较高，这说明车联网关键技术领域在国内各省份之间发展差异较大。

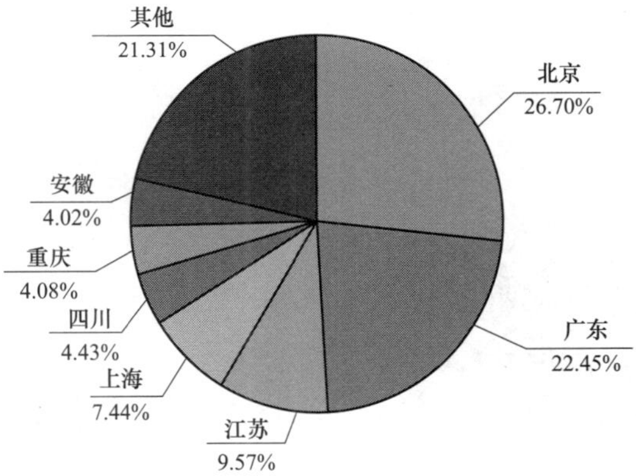

图5－3－9　车联网关键技术领域中国专利申请国内各省份占比

5.3.2.4　不同技术类别分析

基于国际专利分类（IPC），2009～2019年，车联网关键技术领域中国各技术方向申请的专利数量排名前十的IPC组级别如图5－3－10所示。H04L 29（H04L 1/00至H04L 27/00单个组中不包含的装置、设备、电路和系统）和H04W 4（专门适用于无线通信网络的业务；其设施）的专利申请量远高于其他IPC分类，都超过700件。

从图5－3－11的车联网技术领域历年中国专利主要IPC分布年份变化趋势可以看出，从2017年开始，H04L 29（H04L 1/00至H04L 27/00单个组中不包含的装置、设备、电路和系统）的申请量开始逐年递减，而H04W 4（专门适用于无线通信网络的业务；其设施）的申请量增速明显。

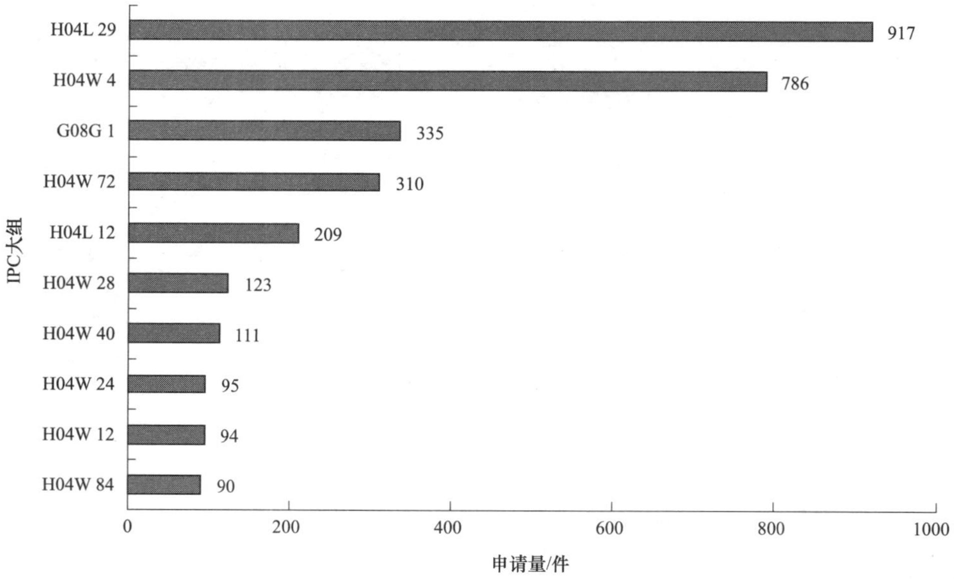

图5－3－10　车联网关键技术领域中国专利相关的各类IPC汇总

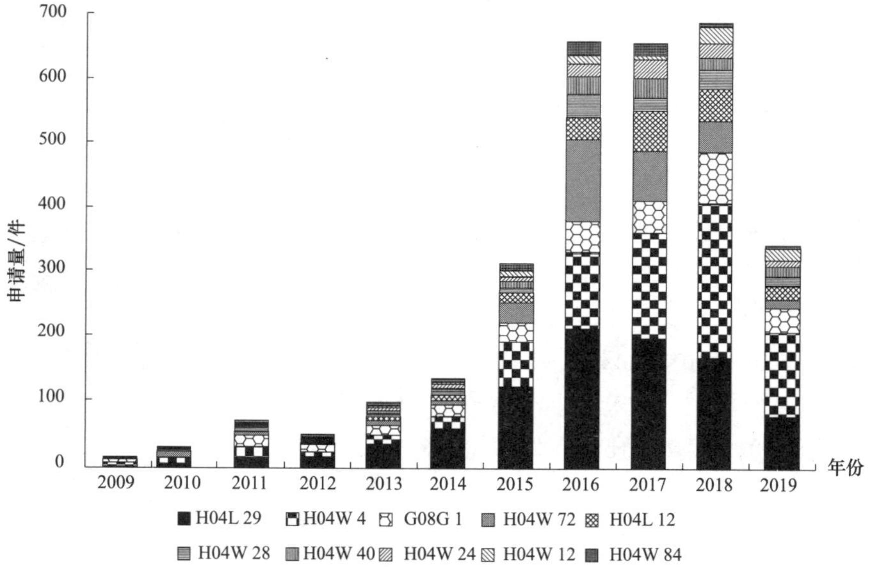

图5－3－11　车联网关键技术领域历年中国专利主要IPC分布年份变化趋势

5.3.2.5　重要申请人分析

图5－3－12所示的是车联网关键技术领域中国专利申请量排名前20位的重要申请人。其中，华为的申请量最大，专利申请总量超过了100件。其次是中兴，通用、大唐电信和福特，分别排在第二位至第五位。从申请人所在国家来看，排名前20位的申请人中，来自中国的有12位，其中包括华为、中兴、大唐电信、楼兰科技、普天科技、中国移动、秦川物联网、北京信威8家高科技公司；重庆邮电大学、同济大学和长安大学3所高校；乐卡汽车1家初创公司。来自美国的有通用、福特、高通，来自

德国的有大陆，来自韩国的有LG电子和三星电子，来自日本的有松下。

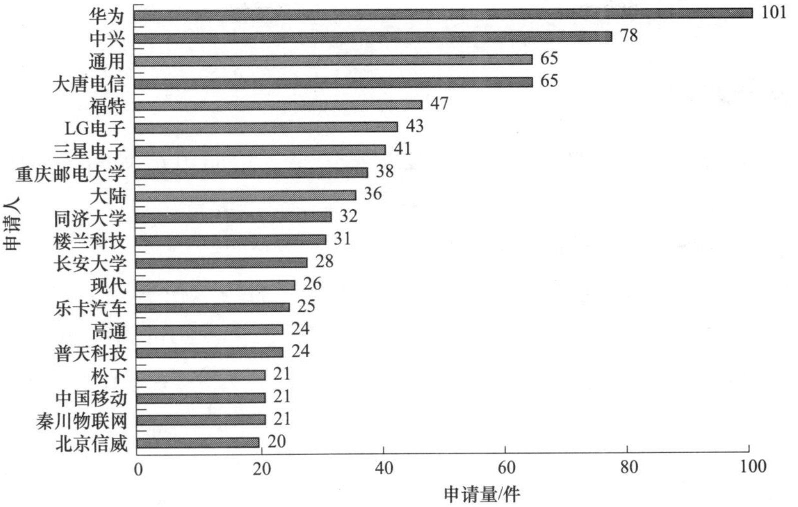

图5-3-12 车联网关键技术领域中国专利重要申请人申请量

在前20位的申请人中，国内申请人在数量上有较大的优势，超过了国外申请人，但是传统车企缺席，究其原因，可能跟我国的产业发展布局有关：传统车企在此领域主要采取和相关企业合作的方式，而不是单独研发。

图5-3-13所示的是车联网技术领域历年中国专利排名前十的申请人的申请量。可以看出，通用、大陆2009年就已经有专利布局，而华为、中兴、大唐电信、LG电子、三星电子等传统通信设备厂商于2014年开始大批进入——尤其是国内的华为、中兴，申请量都已超过通用，占据前两名的位置。

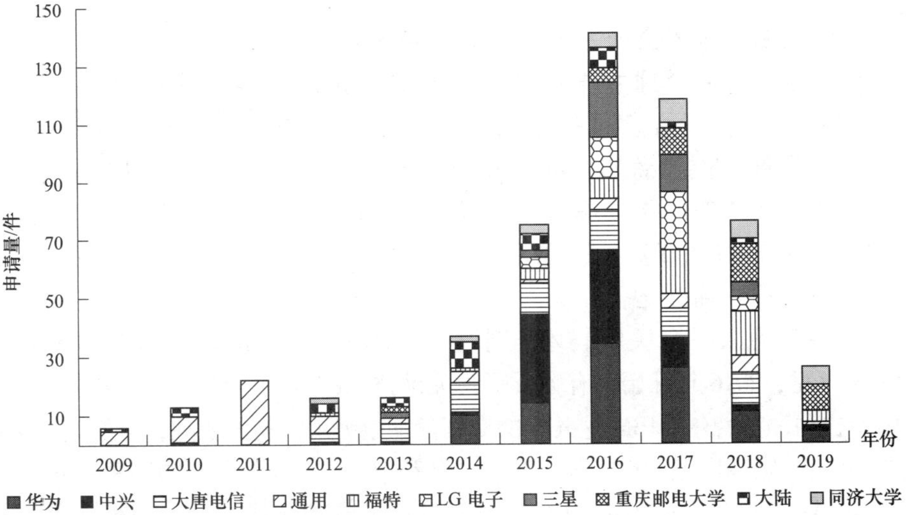

图5-3-13 历年车联网关键技术领域中国专利排名前十的申请人申请量

5.4 云平台关键技术

5.4.1 全球专利状况分析

采用“云平台”检索策略，检索到1859条记录，按照申请号归并后为1628件专利，以此为基础进行专利分析。

5.4.1.1 云平台关键技术专利申请趋势

图5－4－1展示了云平台关键技术全球专利申请的按年份分布。由图5－4－1可见，云平台关键技术从2015年开始进入发展期，2016年、2017年、2018年的年专利申请量分别为297件、358件、423件，数量很多，说明云平台技术将是智能网联汽车的重要研究方向。

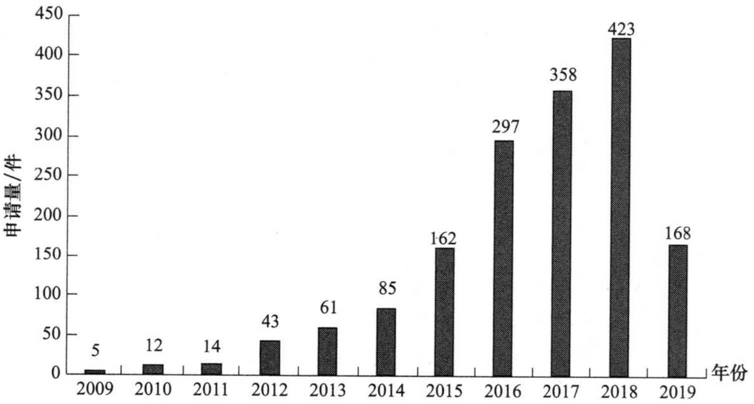

图5－4－1 云平台技术全球专利申请按年份分布

5.4.1.2 云平台关键技术全球主要专利权人/申请人

对申请云平台专利全球主要专利权人/申请人进行分析（见图5－4－2），可以发现它们主要为车企、信息科技公司、高校：车企如福特、丰田、通用、吉利、现代等；汽车零部件供应商如博世、大陆、电装等；信息科技公司如华为、百度、英特尔、中兴、IBM等。中国高校表现突出，如清华大学、重庆邮电大学、同济大学、常熟理工学院、江苏大学等。中国高新企业如楼兰科技、上海博泰悦臻、启迪云控等也占据一席之地。

图5－4－3为云平台关键技术全球主要专利权人/申请人的专利申请趋势。由图5－4－3可见，2016年开始，有关云平台关键技术的专利申请量迅速增多，福特、华为、百度、吉利、英特尔、IBM这几年的专利量都很突出，竞争激烈，需要多加关注。

表5－4－1为云平台关键技术全球主要专利权人/申请人在不同国家申请专利的分布。由表5－4－1可见，这些企业都在中国进行了专利布局；除中国外，美国是最重要的布局国家。其中：福特在中国、美国、德国进行了专利布局，但在日本、韩国没有布局；百度在多个国家进行了布局；楼兰科技和中兴则只在中国申请了专利。

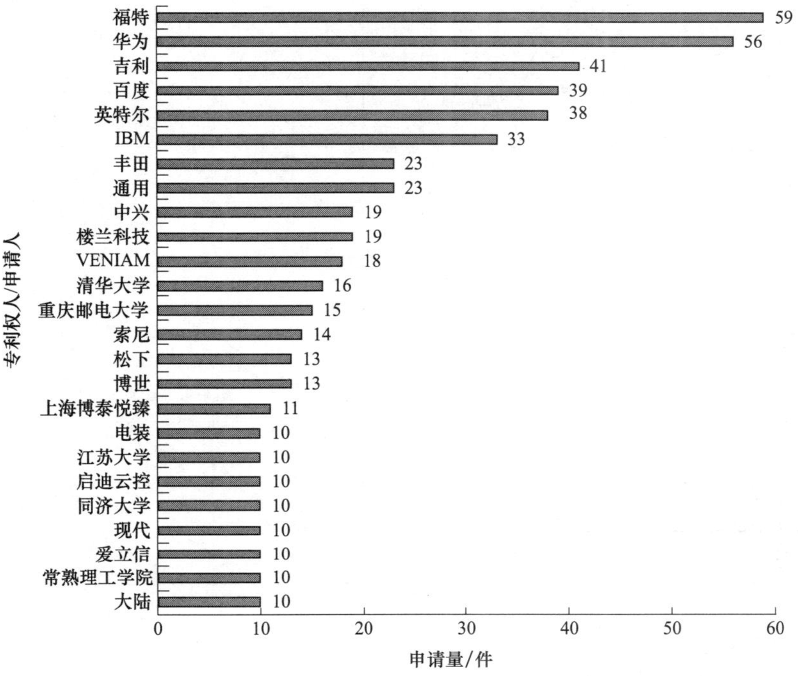

图5－4－2　云平台关键技术全球主要专利权人/申请人申请量排名

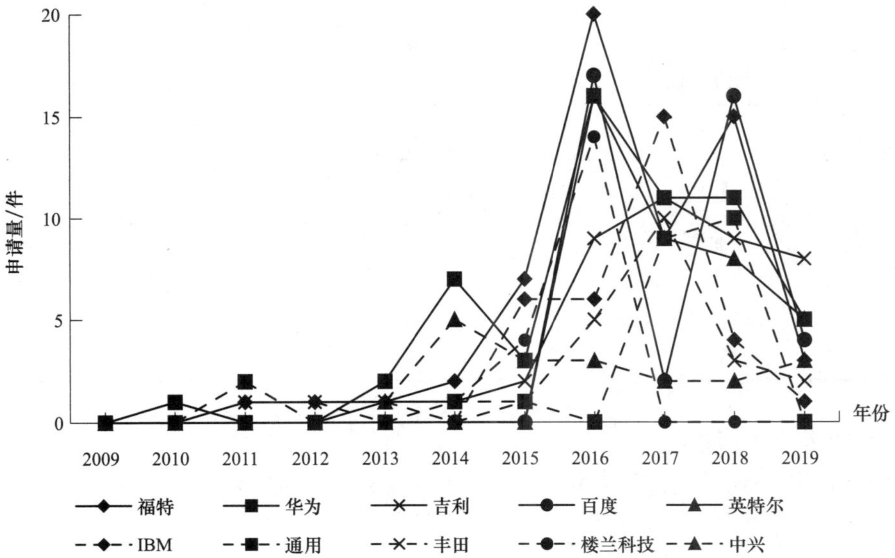

图5－4－3　云平台关键技术全球主要专利权人/申请人申请趋势

表5-4-1 云平台关键技术全球主要专利权人/申请人专利布局 单位：件

专利权人/申请人	申请国家				
	中国	美国	韩国	日本	德国
福特	17	21	0	0	9
华为	30	4	1	0	0
吉利	20	9	0	0	0
百度	22	6	3	5	0
英特尔	2	14	1	0	4
IBM	1	31	0	0	0
通用	7	11	0	0	4
丰田	1	17	0	5	0
楼兰科技	19	0	0	0	0
中兴	17	0	0	0	0

5.4.1.3 技术来源国家

优先权国家能够反映主要技术来源地。表5-4-2展示了云平台关键技术领域全球专利主要优先权国家的申请量情况。由表5-4-2可见，中国作为技术来源国具有绝对优势，专利申请量遥遥领先于其他国家的；美国位于第二；日本、韩国、德国次之。

表5-4-2 云平台技术全球主要优先权国家

优先权国家	申请量/件
中国	1037
美国	373
日本	44
韩国	42
德国	27

5.4.1.4 技术应用国家

申请人在各个国家/地区申请专利的情况能够反映技术现在或未来的主要应用市场。

表5-4-3展示了云平台技术全球主要应用国家的专利申请量情况。由表5-4-3可见，中国、美国、韩国、日本、德国依然是布局最多的国家。其中，中国是最大的技术布局国家，专利申请量超过1000件，远高于其他国家的。

表5-4-3　云平台技术全球专利申请主要应用国家

申请国家	申请量/件
中国	1084
美国	250
韩国	46
日本	45
德国	25

对比发现，中国是占绝对优势的云平台关键技术来源国和市场布局国家。

图5-4-4为云平台关键技术专利申请国家专利申请趋势。

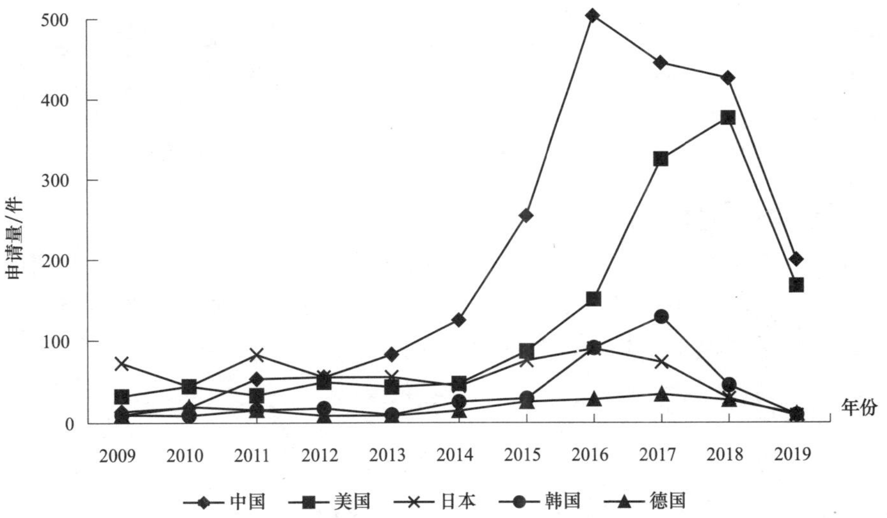

图5-4-4　云平台关键技术主要专利申请国家专利申请趋势

5.4.1.5　技术流向

图5-4-5展示了云平台关键技术全球技术来源和目标市场的流向。中国是最大的技术来源国，同时也是最大的目标市场国。中国市场除本国技术外，主要有美国在此布局。

5.4.2　中国专利状况分析

为了解中国云平台技术的发展现状，有必要对其中国专利状况进行分析。本小节将从申请态势、技术原创国家、国内申请区域、不同技术类别及重要申请人这五个方面对云平台关键技术中国专利申请进行分析。

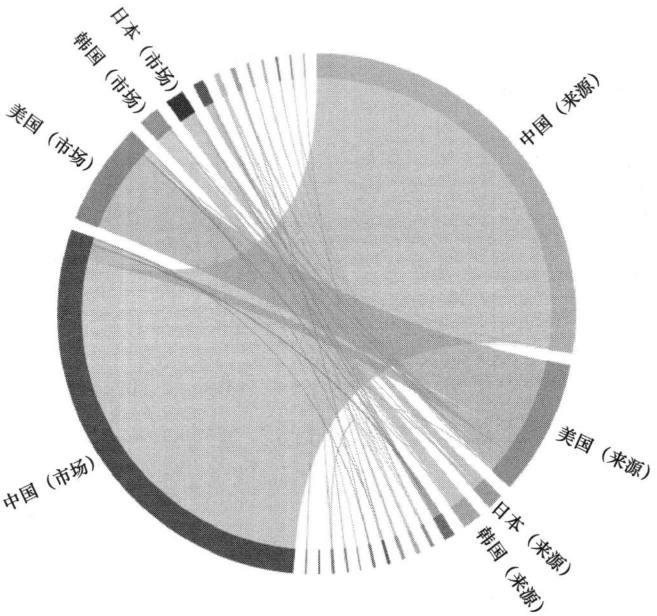

图5-4-5　云平台关键技术全球技术来源和目标市场流向

5.4.2.1　中国申请态势分析

由图5-4-6可知，在中国范围内，云平台关键技术2009~2011年专利申请的数量很少，基本维持在一个相对较低的水平。2009~2011年是技术的萌芽期，这一时期的专利申请量情况表明我国云平台关键技术尚处于起步阶段。

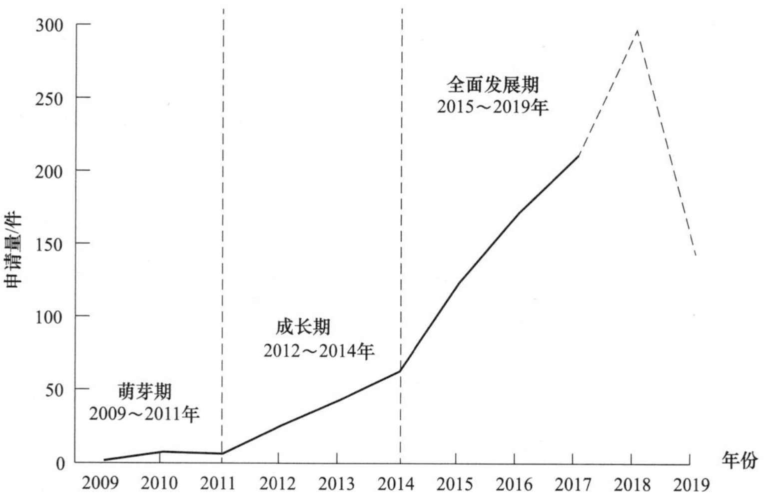

图5-4-6　云平台关键技术领域中国专利申请趋势

2012年之后，这一情况开始发生转变。该领域的专利申请量呈现增长的态势，从2011年的6件增加到2014年的63件，3年内增长了9.50倍。2011～2014年是我国云平台技术的成长期。

从2015年开始，云平台关键技术国内申请量出现井喷式增长，2015～2017年的专利申请量依次是124件、172件、211件。2018年的专利申请尚未全部公开，但已公开的专利申请量也高达297件。

可见，云平台关键技术领域的发展势头良好。预计在未来的几年中，该领域的专利申请量仍将保持增长的态势。

5.4.2.2 技术原创国家分析

2009～2019年，在云平台关键技术领域，除中国外，共计有6个国家在中国进行了专利布局，申请量都不大，分别是：美国39件，德国8件，日本5件，韩国3件，英国、新加坡各1件。

由图5－4－7可知，在云平台关键技术领域，中国的专利申请中，国内申请量占绝对优势，占比高达94.71%。而来自国外申请人的专利申请中，美国占比最高，占总量的3.62%，其次是德国、日本和韩国，分别占总量的0.74%、0.46%和0.28%，虽然总量并不是很多，但也不能忽视它们在中国的专利布局；其他国家的占比较少，总和占总量的0.19%。

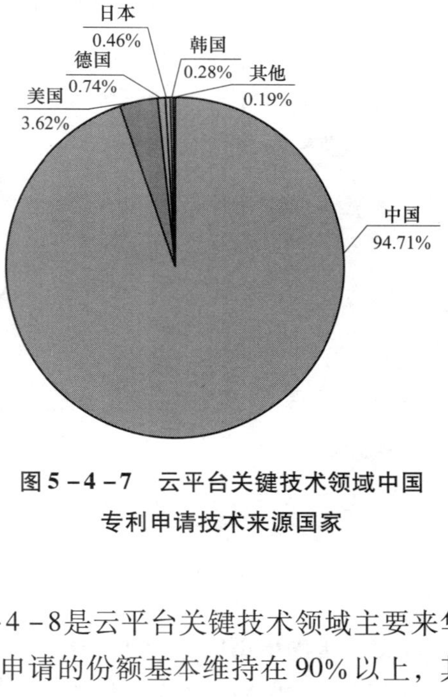

图5－4－7 云平台关键技术领域中国专利申请技术来源国家

从图5－4－7可知，在云平台关键技术领域，中国的原创专利申请已经在数量上取得了较大的领先优势，这说明中国的高校、科研院所和企业十分重视云平台关键技术在中国的发展，在技术上已经有一定的积累，申请了较多的专利保护自己的原创技术。

表5－4－4所示的是云平台关键技术领域历年中国专利申请技术来源国家份额分析。图5－4－8是云平台关键技术领域主要来华布局国家历年专利申请量。可以看到，中国本土申请的份额基本维持在90%以上，其他国家进入中国较晚。美国在2011年开始有在华专利布局，其他国家在2015年甚至更晚才开始进入，且所占份额都很低。

表5－4－4 云平台关键技术领域历年中国专利申请技术来源国家份额

年份	2009	2010	2011	2012	2013	2014	2015	2016	2017	2018	2019
中国	100%	100%	83.33%	96.15%	97.62%	96.77%	94.31%	92.22%	92.75%	95.25%	97.86%
美国	0	0	16.67%	3.85%	2.38%	3.23%	1.63%	5.99%	4.35%	3.39%	2.14%

续表

年份	2009	2010	2011	2012	2013	2014	2015	2016	2017	2018	2019
德国	0	0	0	0	0	0	1.63%	1.20%	0.97%	0.68%	0
日本	0	0	0	0	0	0	0.81%	0.60%	0.97%	0.34%	0
韩国	0	0	0	0	0	0	1.63%	0	0	0.34%	0
英国	0	0	0	0	0	0	0	0	0.48%	0	0
新加坡	0	0	0	0	0	0	0	0	0.48%	0	0

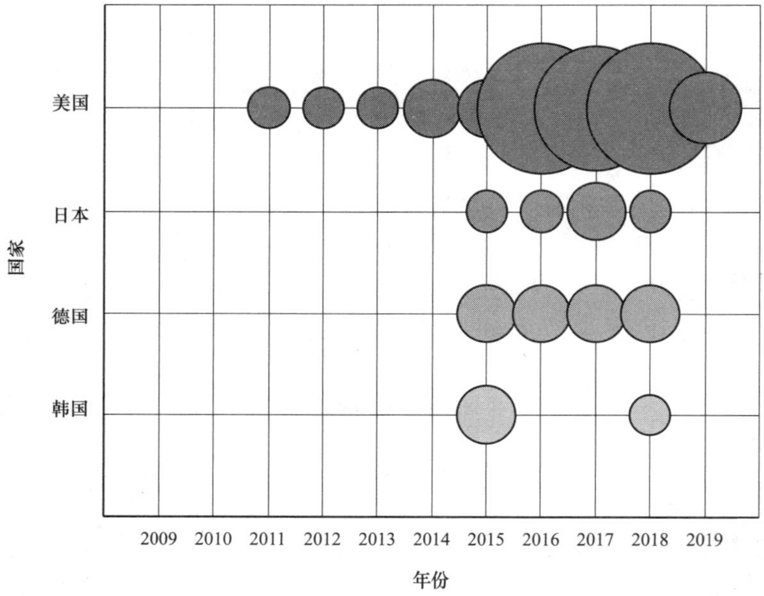

图5-4-8　云平台关键技术领域主要来华布局国家历年专利申请量

注：图中圆圈大小表示申请量多少。

5.4.2.3　国内申请区域分析

图5-4-9所示的是云平台关键技术领域中国专利申请国内各省份占比。从国内各省份分布统计可以看出，在该领域的中国专利申请中，北京在中国各省份中排名第一位，占总量的17.66%；广东和江苏紧随其后，排在第二位和第三位，占比分别为17.17%、12.76%；上海排在第四位，占比为9.13%；四川、浙江、重庆也有一定数量的申请，占比分别为5.50%、5.40%和4.61%。北京、广东、江苏和上海占据了该领域总量的56.72%，地域分布集中度较高，这说明该领域在国内各省份之间发展差异较大。

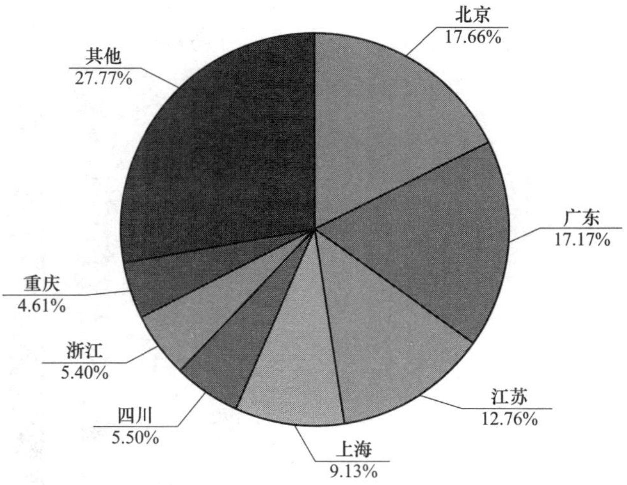

图5-4-9 云平台关键技术领域中国专利申请国内各省份占比

5.4.2.4 不同技术类别分析

基于国际专利分类（IPC），2009~2019年，云平台关键技术领域中国专利各技术方向申请的专利数量排名前十的IPC组级别如图5-4-10所示。H04L 29（H04L 1/00至H04L 27/00单个组中不包含的装置、设备、电路和系统）最多，超过500件；其次为G08G 1（道路车辆的交通控制系统），专利数超过300件。

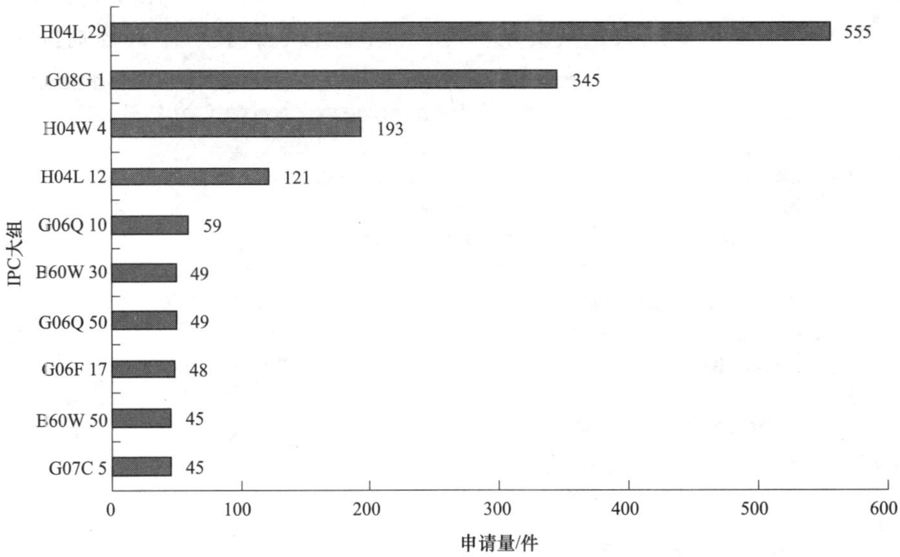

图5-4-10 云平台关键技术领域中国专利相关的各类IPC汇总

从图5-4-11云平台关键技术领域历年中国专利主要IPC分布年份变化趋势可以看出，2017~2018年H04L 29（H04L 1/00至H04L 27/00单个组中不包含的装置、设备、电路和系统）、G08G 1（道路车辆的交通控制系统）以及H04W 4（专门适用于无线通信网络的业务）的申请量增加较快。

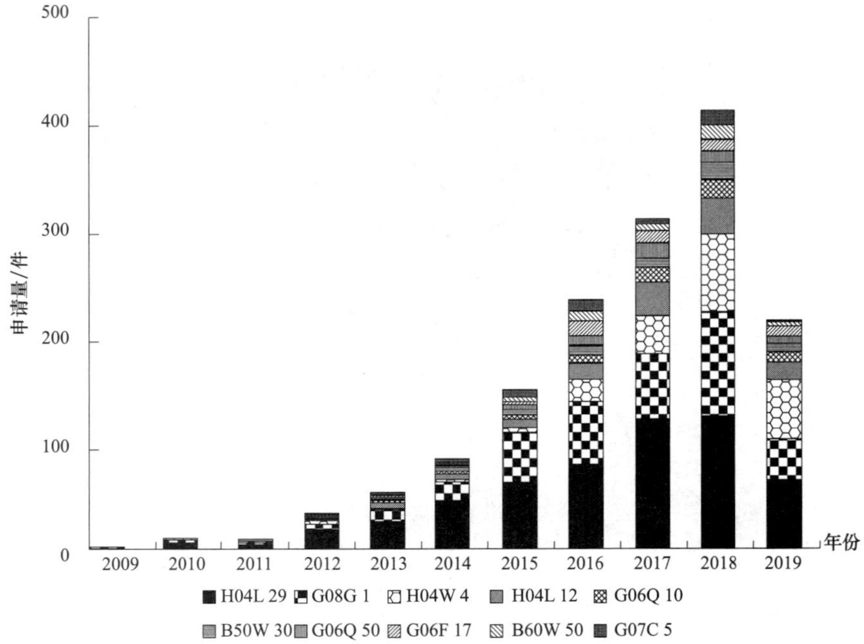

图5-4-11　云平台关键技术领域历年中国专利主要IPC分布年份变化趋势

5.4.2.5　重要申请人分析

图5-4-12所示的是云平台关键技术领域中国专利申请量排名前20位的重要申请人。其中，华为的申请量最大；其次是百度、吉利；楼兰科技、中兴分别排在第四位

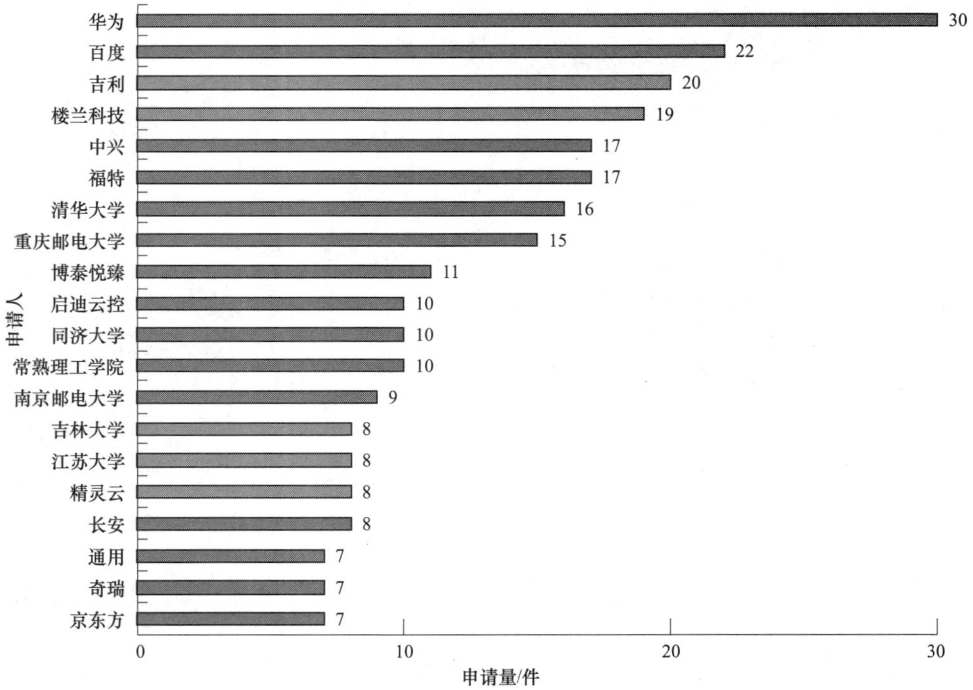

图5-4-12　云平台关键技术领域中国专利重要申请人申请量

和第五位。从申请人所在国家来看，排名前20位的申请人中，来自中国的有18位，其中包括华为、百度、楼兰科技、中兴、博泰悦臻、京东方6家高科技公司，吉利、长安、奇瑞3家传统车企，清华大学、重庆邮电大学、同济大学、常熟理工学院、南京邮电大学、吉林大学、江苏大学7所高校，启迪云控、精灵云2家初创公司；另外2位分别是来自美国的福特和通用。

在前20位的申请人中，国内申请人在专利申请数量上占绝对优势，但相对分散，即便是申请量最高的华为也只有30件。

图5-4-13所示的是云平台关键技术领域历年中国专利排名前十的申请人的申请量。华为、博泰悦臻早早入局；福特和清华大学也紧随其后；百度入局时间较晚，不过后来居上，申请量已跃居第二位，仅次于华为。

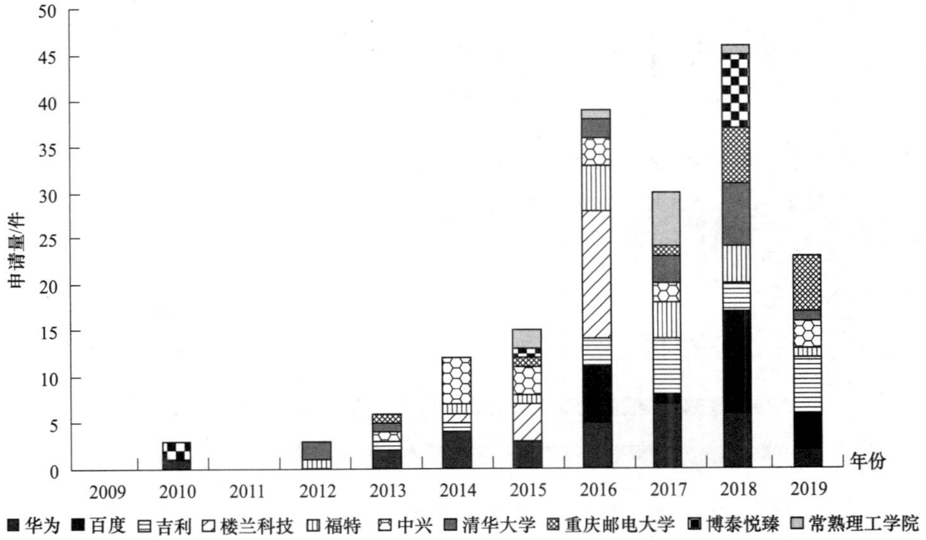

图5-4-13 云平台关键技术领域历年中国专利排名前十的申请人申请量

5.5 车载计算平台关键技术

5.5.1 全球专利状况分析

采用“车载计算平台”检索策略，检索到5149条记录，按照申请号归并后为4230件专利，在此基础上进行专利分析。

5.5.1.1 车载计算平台关键技术专利申请趋势

图5-5-1展示了车载计算平台关键技术全球专利申请的按年份分布，可见：

车载计算平台关键技术从2011年进入发展期，从2015年开始进入快速发展期，2017年专利申请量超过1000件，说明车载计算平台关键技术将是智能网联汽车的重要研究方向。

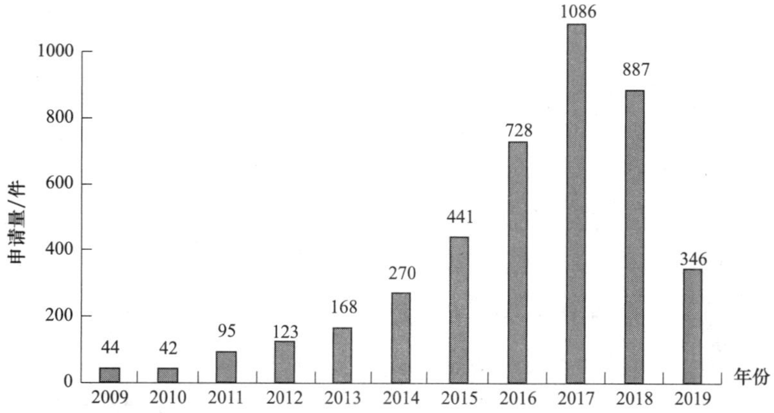

图5－5－1　车载计算平台关键技术全球专利申请按年份分布

5.5.1.2　车载计算平台关键技术主要专利权人/申请人

对车载计算平台全球主要专利权人/申请人进行分析（见图5－5－2），可以发现它们主要为车企及信息科技公司，如福特、谷歌、丰田、优步、通用、博世、百度、IBM等。

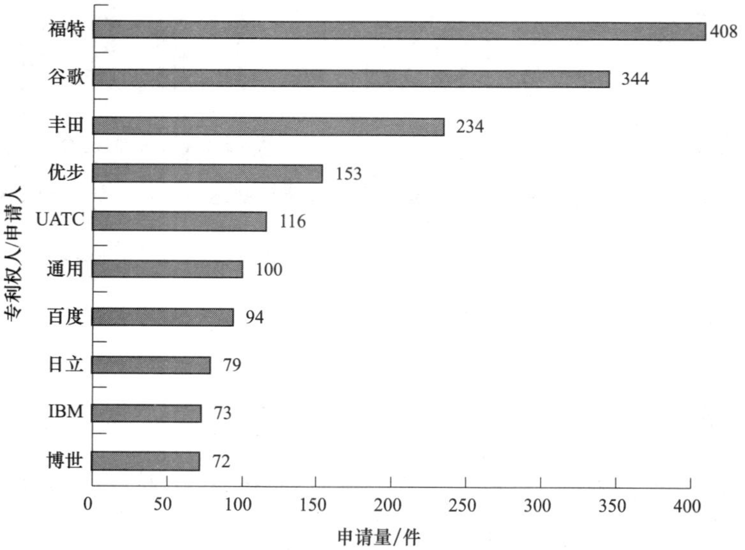

图5－5－2　车载计算平台关键技术全球主要专利权人/申请人

图5－5－3为车载计算平台关键技术全球主要专利权人/申请人的历年专利申请趋势。由图5－5－3可见，多数专利权人/申请人在2013年进入技术发展期，其中，福特与谷歌优势明显，2017年福特的年专利申请量超越了谷歌的。

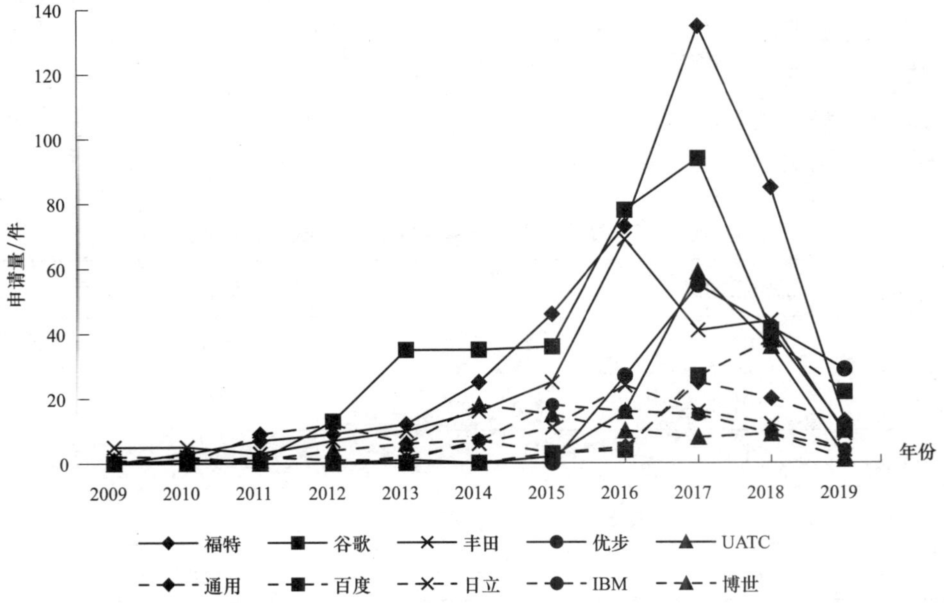

图5-5-3　车载计算平台关键技术主要专利权人/申请人申请趋势

表5-5-1为车载计算平台关键技术全球主要专利权人/申请人在不同国家申请专利的分布。由表5-5-1可见，中国、美国是最重要的专利布局国家。其中，福特在日本、韩国没有布局；UATC则仅在美国进行了布局。

表5-5-1　车载计算平台关键技术全球主要专利权人/申请人专利布局　　单位：件

专利权人/申请人	申请国家									
	美国	中国	日本	韩国	德国	英国	加拿大	俄罗斯	澳大利亚	墨西哥
福特	93	106	0	0	55	57	0	47	0	40
谷歌	167	26	26	25	0	1	10	0	11	0
丰田	101	32	63	2	9	0	1	2	0	0
优步	42	7	1	2	0	0	12	0	12	0
UATC	116	0	0	0	0	0	0	0	0	0
通用	43	39	0	0	14	3	0	0	0	0
百度	14	76	0	1	0	0	0	0	0	0
日立	14	6	24	2	1	0	3	0	4	0
IBM	65	4	1	0	1	0	0	0	0	0
博世	10	27	3	1	11	2	0	0	0	0

5.5.1.3 技术来源国家/地区

优先权国家能够反映主要技术来源地。表5－5－2展示了全球车载计算平台关键技术领域专利主要优先权国家的申请量情况。由表5－5－2可见，美国作为技术来源国具有绝对优势，其申请量遥遥领先于其他国家，超过2000件；中国位于第二位；日本、德国、韩国次之。

表5－5－2 车载计算平台关键技术全球主要优先权国家

优先权国家	申请量/件
美国	2251
中国	721
日本	482
德国	218
韩国	151

5.5.1.4 技术应用国家

申请人在各个国家/地区申请专利的情况能够反映技术现在或未来的主要应用市场。

表5－5－3展示了车载计算平台关键技术全球主要应用国家的排名情况。由表5－5－3可见，美国、中国、日本、韩国、德国依然是布局最多的国家。其中，美国和中国是最大的技术布局国家，申请量远高于其他国家的，说明这两个国家是重要的应用市场。

表5－5－3 车载计算平台关键技术全球专利申请主要应用国家

申请国家	申请量/件
美国	1398
中国	1112
日本	330
韩国	163
德国	162

对比发现，美国是占绝对优势的车载计算平台关键技术来源国，中国也在努力发展中，且中国是仅次于美国的市场布局国家。

图5－5－4为车载计算平台关键技术主要专利申请国家专利申请趋势，可见，从2014年起，中国和美国发展迅速。

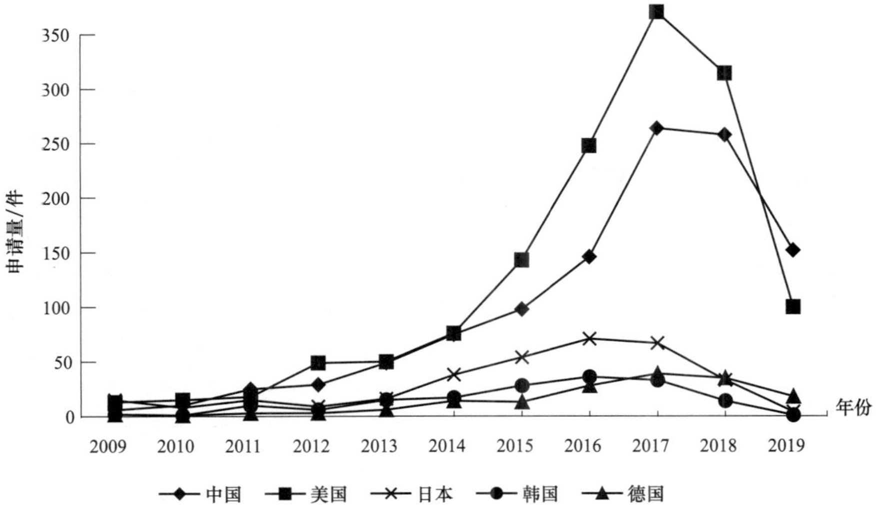

图5-5-4 车载计算平台关键技术主要专利申请国家专利申请趋势

5.5.1.5 技术流向

图5-5-5展示了车载计算平台关键技术全球技术来源和目标市场的流向。从图5-5-5可以看出，美国和中国为主要的技术来源国和目标市场国；美国在其他国家大量布局，尤其注重中国市场。

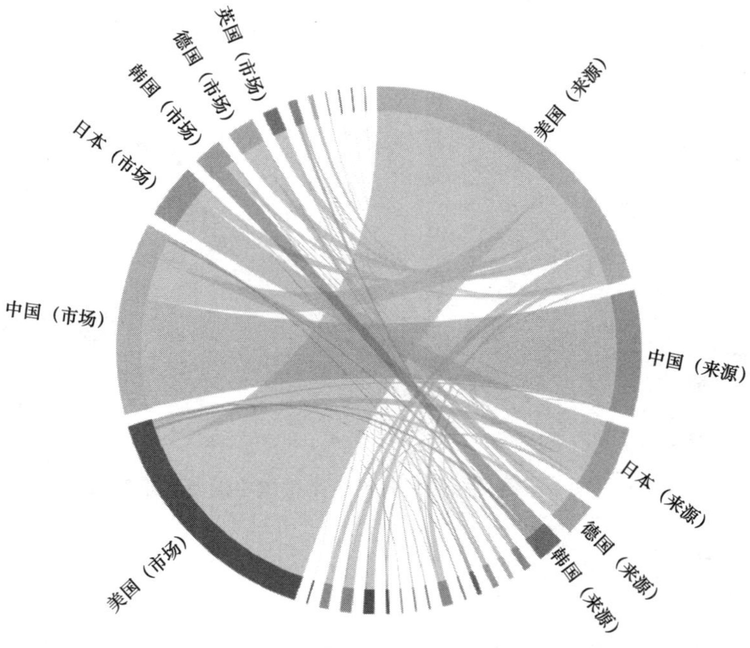

图5-5-5 车载计算平台关键技术全球技术来源和目标市场流向

注：图中较少份额市场未列出，下同。

5.5.2 中国专利状况分析

为了解中国车载计算平台关键技术的发展现状，有必要对其中国专利状况进行分析。本小节将从申请态势、技术原创国家、国内申请区域、不同技术类别及重要申请人这五个方面对车载计算平台关键技术中国专利申请进行分析。

5.5.2.1 中国申请态势分析

由图5－5－6可知，在中国范围内，车载计算平台关键技术是一个新兴技术领域，2009～2012年专利申请的数量很少，专利申请量维持在一个相对较低的水平。2009～2012年是技术的萌芽期，这一时期的专利申请量表明我国车载计算平台关键技术尚处于起步阶段。

自2013年起，这一情况开始发生转变。该领域的专利申请量呈现增长的态势，从2012年的31件增加到2015年的98件，3年内增长了约2.16倍。2013～2015年是我国车载计算平台关键技术的成长期。

2016年开始，车载计算平台关键技术国内申请量出现井喷式增长，2016年、2017年的专利申请量分别是145件、262件，尤其是2017年，比2016年递增117件。2018年的专利申请尚未全部公开，但已公开的专利申请量也高达257件。

可见，车载计算平台关键技术领域的发展势头良好。预计在未来的几年中，该领域的专利申请量仍将保持增长的态势。

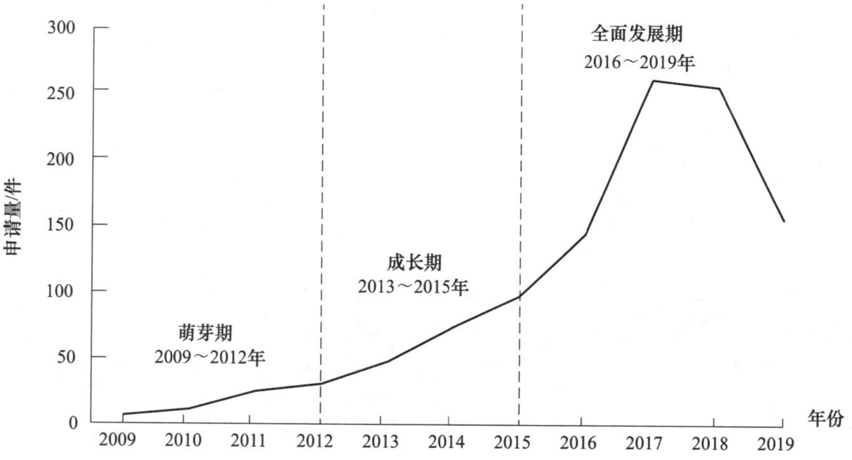

图5－5－6 车载计算平台关键技术领域中国专利申请趋势

5.5.2.2 技术原创国家分析

2009～2019年，在车载计算平台关键技术领域，除中国外，共计有8个国家在中国进行了专利布局，分别是：美国234件，德国66件，日本63件，韩国16件，法国7件，英国4件，印度、葡萄牙各1件。

由图5－5－7可知，在车载计算平台关键技术领域，中国的专利申请以国内研发主体的原创申请为主，占比为63.09%，相比于中国在其他关键技术领域占比来说较低。来自国外申请人的专利申请中，美国占比最高，占总量的22.03%，美国在车载计算平台关键技术领域的技术实力雄厚；其次是德国、日本和韩国，分别占总量的6.21%、5.93%和1.51%；其他国家的占比较少，总和占总量的1.23%。

从图5-5-7可知，与其他关键技术领域相比，在车载计算平台关键技术领域中国国内研发主体的原创专利申请占比不高，国外来华布局占比相对较高，美国、德国、日本、韩国等国家在中国申请的专利数量高达36.91%。同时考虑到这些国外来华专利申请大多是由跨国公司所申请的，专利申请的质量很高，中国企业及研究机构将来可能会遇到的专利壁垒不容忽视。

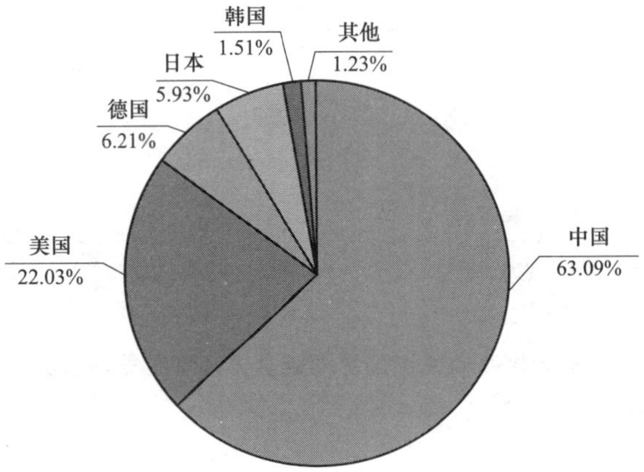

图5-5-7 车载计算平台关键技术领域中国专利申请技术来源区域

表5-5-4所示的是车载计算平台关键技术领域历年中国专利申请技术来源国家份额。图5-5-8是车载计算平台关键技术领域主要来华布局国家历年专利申请量。与其他关键技术领域相比，中国申请的份额相对较低，基本维持在40%~60%。国外来华申请中，2011年以来德国的份额降幅较大，由2011年的25.00%降低到2017年的4.69%；日本的份额大体上不降反升，2017年的份额是6.64%。

表5-5-4 车载计算平台关键技术领域历年中国专利申请技术来源国家份额

年份	2009	2010	2011	2012	2013	2014	2015	2016	2017	2018	2019
中国	60.00%	70.00%	33.33%	42.86%	55.56%	42.25%	55.68%	48.82%	63.67%	73.33%	81.05%
美国	40.00%	0	25.00%	35.71%	24.44%	22.54%	22.73%	30.71%	23.44%	18.04%	15.69%
德国	0	20.00%	25.00%	21.43%	13.33%	23.94%	7.95%	5.51%	4.69%	0.78%	0.65%
日本	0	10.00%	4.17%	0	2.22%	4.23%	6.82%	11.81%	6.64%	5.88%	2.61%
韩国	0	0	4.17%	0	2.22%	5.63%	3.41%	2.36%	0.78%	0.78%	0
法国	0	0	8.33%	0	0	1.41%	1.14%	0	0.39%	0.78%	0
英国	0	0	0	0	2.22%	0	1.14%	0.79%	0.39%	0	0
印度	0	0	0	0	0	0	0	0	0	0.39%	0
葡萄牙	0	0	0	0	0	0	1.14%	0	0	0	0

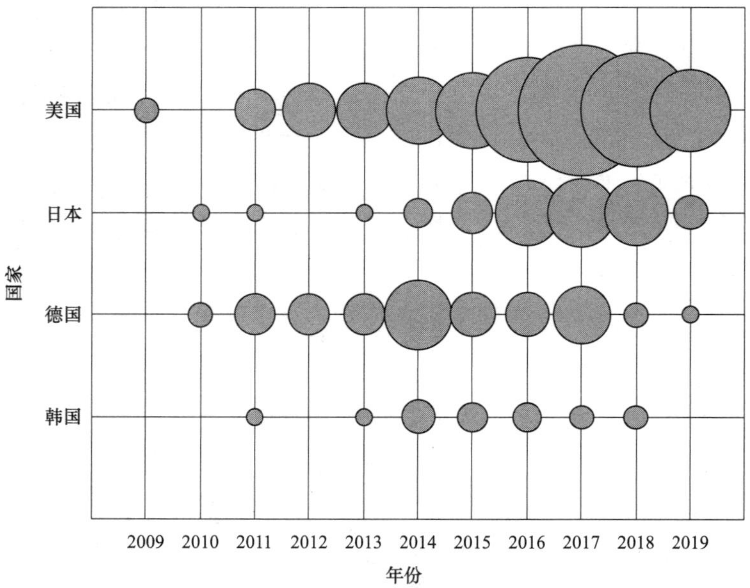

图5-5-8　车载计算平台关键技术领域主要来华布局国家历年专利申请量

注：图中圆圈大小表示申请量多少。

5.5.2.3　国内申请区域分析

图5-5-9所示的是车载计算平台关键技术领域中国专利申请国内各省份占比。从国内各省份分布统计可以看出，在该领域的中国专利申请中，北京在国内各省份中排名第一位，占总量的25.00%，远高于其他省份，优势较为明显；广东和江苏紧随其后，排在第二位和第三位，占比分别为15.57%、14.07%；上海排在第四位，占比为7.93%；湖北、四川、山东也有一定数量的申请，占比分别为4.34%、3.89%和3.89%。北京、广东、江苏和上海占据了该领域总量的62.57%，地域分布集中度较高，这说明车载计算平台关键技术领域在国内各省份之间发展差异较大。

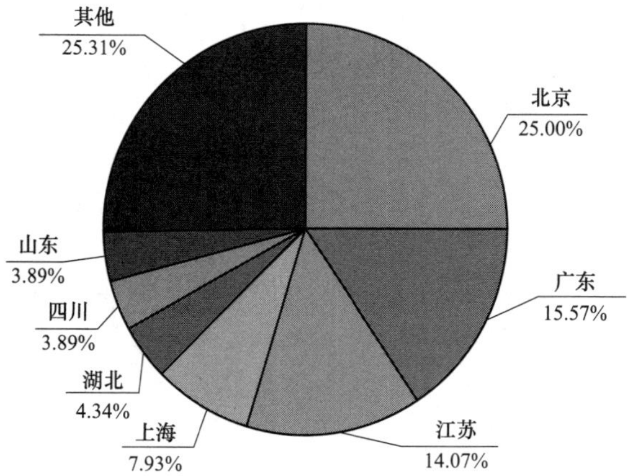

图5-5-9　车载计算平台关键技术领域中国专利申请国内各省份占比

5.5.2.4 不同技术类别分析

基于国际专利分类（IPC），2009～2019年，车载计算平台关键技术领域中国各技术方向申请的专利数量排名前十的IPC组级别如图5-5-10所示。G08G 01（道路车辆的交通控制系统）和G05D 1（陆地、水上、空中或太空中的运载工具的位置、航道、高度或姿态的控制）的专利申请量最高，都超过200件。

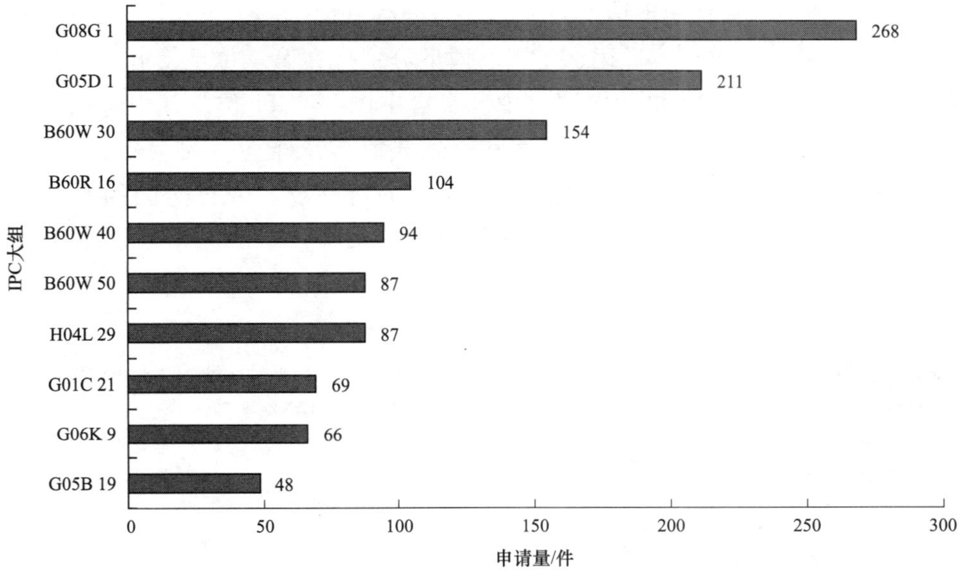

图5-5-10 车载计算平台关键技术领域中国专利相关的各类IPC汇总

从图5-5-11的车载计算平台关键技术领域历年中国专利主要IPC分布年份变

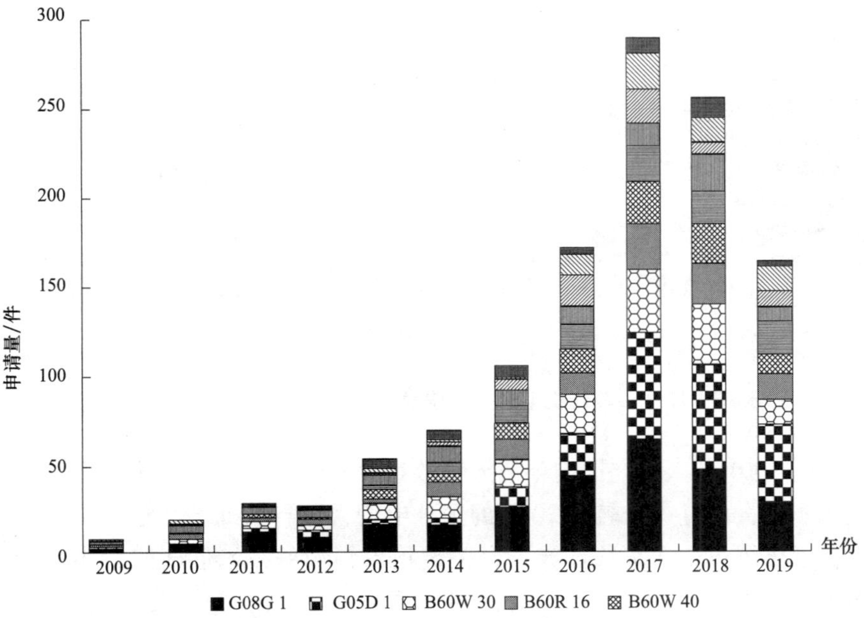

图5-5-11 车载计算平台关键技术领域历年中国专利主要IPC分布年份变化趋势

化趋势可以看出，2017 开始 G05D 1（陆地、水上、空中或太空中的运载工具的位置、航道、高度或姿态的控制）的申请量大幅增加，并于 2018 年超过 G08G 1 的，跃居首位。

5.5.2.5 重要申请人分析

图 5－5－12 所示的是车载计算平台关键技术领域中国专利申请量排名前 20 位的重要申请人。其中，福特的申请量最大，专利申请总量超过了 100 件。其次是百度，也有超过 70 件的专利申请。通用、丰田、博世分别排在第三位至第五位。从申请人所在国家来看，排名前 20 位的申请人中，来自中国的有 11 位，其中包括百度、华为、中兴 3 家高科技公司；吉利、广汽和奇瑞 3 家传统车企；视莱尔、育芽科技、天津清智和图森未来 4 家初创公司；吉林大学 1 所高校。来自美国的有福特、通用、谷歌，来自德国的有博世、保时捷和大陆，来自日本的有丰田、本田和三菱电机。

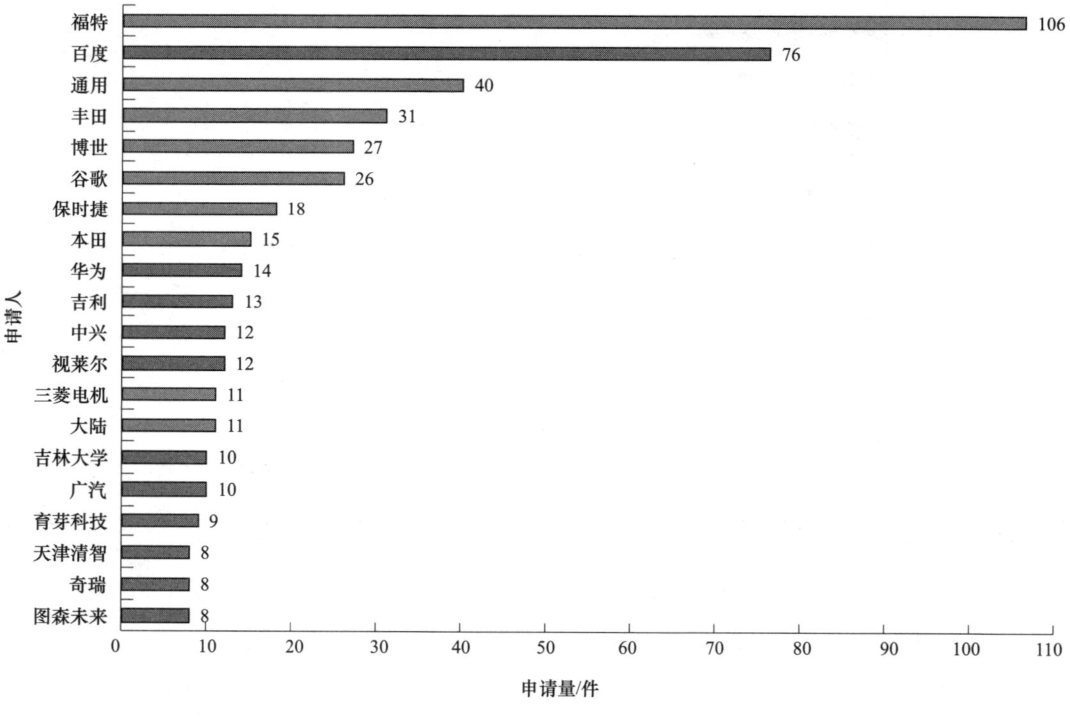

图 5－5－12 车载计算平台关键技术领域中国专利重要申请人申请量

在前 20 位的申请人中，国内申请人在数量上有优势，超过了国外申请人，但是传统车企仅有 3 家，而进入排名前 20 位的国外申请人除谷歌外基本是传统车企或者零部件公司，我国传统车企在车载计算平台关键技术领域的技术创新能力还有待提高。不过，国内申请人中的高科技公司以及初创公司的表现突出，对车载计算平台关键技术非常重视，研发力度很高。

图5-5-13所示的是车载计算平台关键技术领域历年中国专利排名前十的申请人的申请量。福特、通用、丰田等传统车企一开始就看重中国的市场，早早布局；谷歌2013年在该领域进入中国；国内的百度在2016年开始加大专利布局，在该领域专利申请量上居于第二位。

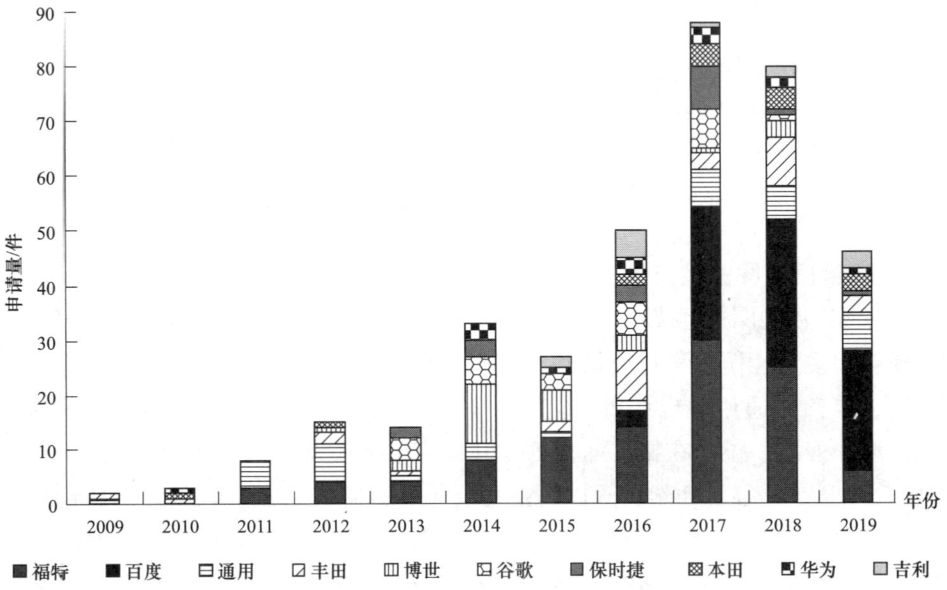

图5-5-13 车载计算平台关键技术领域历年中国专利排名前十的申请人申请量

5.6 高精度地图关键技术

5.6.1 全球专利状况分析

采用“高精度地图”检索策略，检索到852条记录，按照申请号归并后为727件专利，以此为基础进行专利分析。

5.6.1.1 高精度地图专利申请趋势

图5-6-1展示了高精度地图关键技术全球专利申请的按年份分布。由图5-6-1可见高精度地图关键技术的专利数量趋势是与智能网联汽车技术发展同步的，从2016年开始进入快速发展期，2016年、2017年和2018年的专利申请量居于高位——这三年的专利申请量约占总申请量的70%，说明高精度地图是智能网联汽车的重要研究方向。

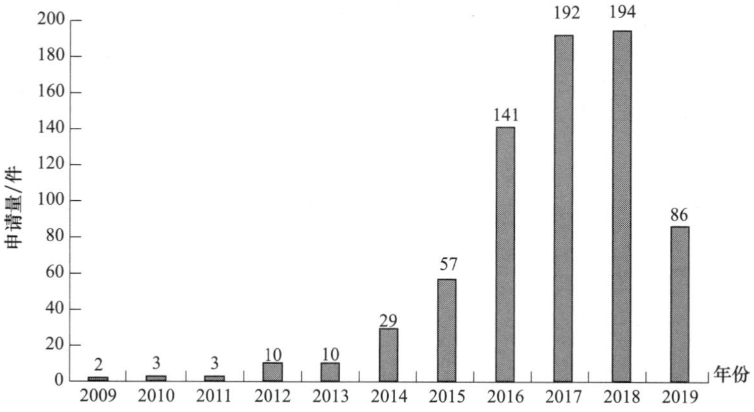

图5－6－1　高精度地图关键技术全球专利申请按年份分布

5.6.1.2　高精度地图关键技术主要专利权人/申请人

对申请高精度地图关键技术专利全球主要专利权人/申请人进行分析（见图5－6－2），可以发现它们主要为信息科技公司和车企，如百度、谷歌、英特尔、电装、三星电子、三菱电机、丰田、通用、现代等。其中，车企优势不明显，信息科技公司优势较大，百度、谷歌并列第一位。在排名前十的专利权人中，还有诸如DEEPMAP这样的初创公司。DEEPMAP是硅谷自动驾驶领域的技术公司，2016年才成立，专注于高精度地图解决方案的研发。DEEPMAP的创始团队由一群谷歌地图、苹果地图等知名地图产品的早期核心成员以及激光雷达领域的技术老将组成——他们都曾在一线为自动驾驶汽车提供技术方案支持，因此DEEPMAP也正在朝着无人驾驶汽车领域前进。[1]

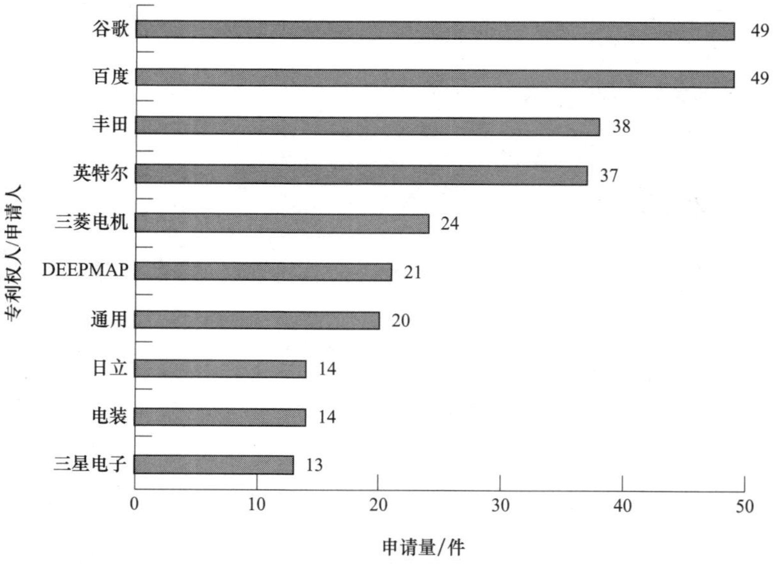

图5－6－2　高精度地图关键技术全球主要专利权人/申请人申请量排名

[1] DEEPMAP［EB/OL］.（2017－05－06）［2019－11－10］. https：//baike.baidu.com/item/DeepMap/20786919？fr = aladdin.

图5-6-3为高精度地图关键技术全球主要专利权人/申请人专利申请趋势。由图5-6-3可见，百度虽然从2016年才开始申请相关专利，但发展迅速，从2017年起一直位居该领域首位。初创企业DEEPMAP虽然也从2017年才开始申请专利，但发展势头较好，要予以关注。

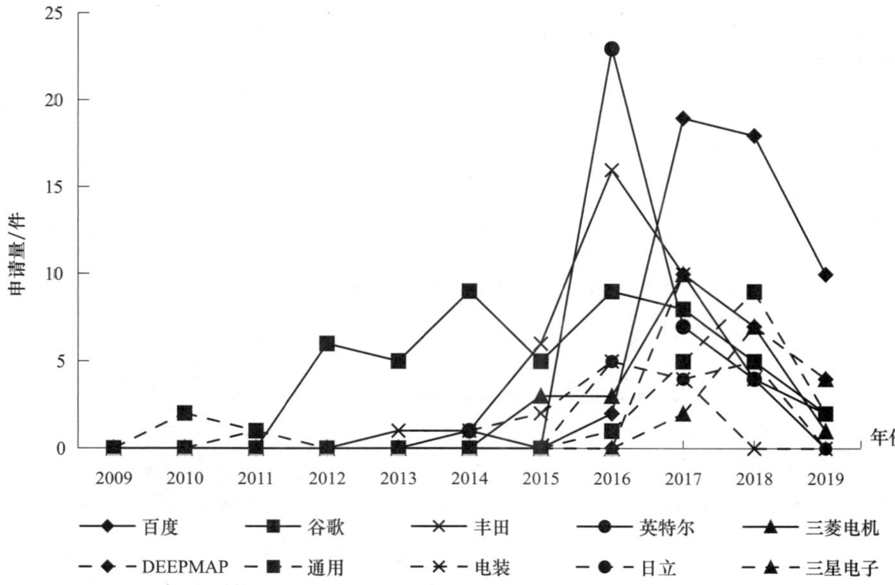

图5-6-3 高精度地图关键技术全球主要专利权人/申请人申请趋势

表5-6-1为高精度地图关键技术主要专利权人在不同国家申请专利的分布。由表5-6-1可见，这些公司都在美国进行了专利布局，多数公司还在中国和日本等国家进行了布局，但DEEPMAP只在美国进行了专利布局。

表5-6-1 高精度地图关键技术全球主要专利权人专利布局 单位：件

专利权人/申请人	申请国家				
	中国	美国	日本	韩国	德国
百度	33	7	5	1	0
谷歌	3	27	4	4	0
丰田	7	7	15	3	1
英特尔	1	29	1	0	0
三菱电机	2	4	8	0	1
DEEPMAP	0	12	0	0	0
通用	6	10	0	0	4
日立	2	1	7	0	0
电装	0	3	9	0	0
三星电子	1	5	0	3	0

5.6.1.3 技术来源国家

优先权国家能够反映主要技术来源地。表5－6－2展示了高精度地图关键技术领域全球专利主要优先权国家的申请量情况。由表5－6－2可见，美国和中国两国遥遥领先，之后为日本、韩国、德国。

表5－6－2 高精度地图关键技术全球主要优先权国家

优先权国家	申请量/件
美国	273
中国	204
日本	109
韩国	60
德国	26

5.6.1.4 技术应用国家

申请人在各个国家申请专利的情况能够反映技术现在或未来的主要应用市场。

表5－6－3展示了高精度地图关键技术全球专利申请主要应用国家的申请量情况。由表5－6－3可见，中国、美国、日本、韩国、德国依然是布局最多的国家。其中，中国是最大的技术布局国家，申请量远高于其他国家，说明中国是重要的应用市场。

表5－6－3 高精度地图关键技术全球专利申请主要应用国家

申请国家	申请量/件
中国	259
美国	186
日本	79
韩国	46
德国	17

对比发现，美国是最大的高精度地图关键技术来源国，但中国是最大的市场布局国家。

图5－6－4为高精度地图关键技术主要专利申请国家专利申请趋势。由图5－6－4可见：2015年之前，五国高精度地图关键技术专利申请量都较少，中国从2013年才开始有相关专利申请；2015年开始，中国、美国快速发展。

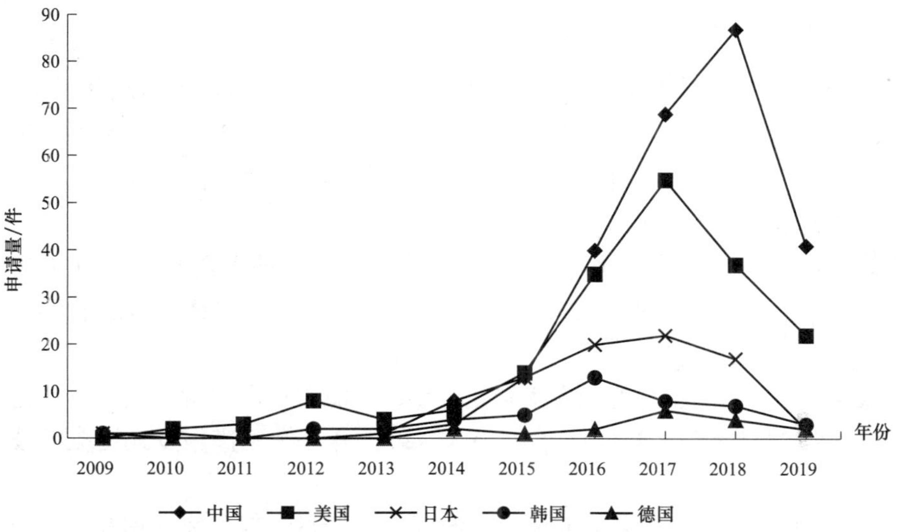

图5-6-4 高精度地图关键技术主要专利申请国家专利申请趋势

5.6.1.5 技术流向

图5-6-5展示了高精度地图关键技术全球技术来源和目标市场的流向。中国、美国和日本为主要的技术来源国，同时也是主要的目标市场国。各国都比较重视美国和中国市场。美国除本国技术外，主要由韩国、日本技术占领；中国除本国技术外，则有大量的美国专利及日本专利的布局。

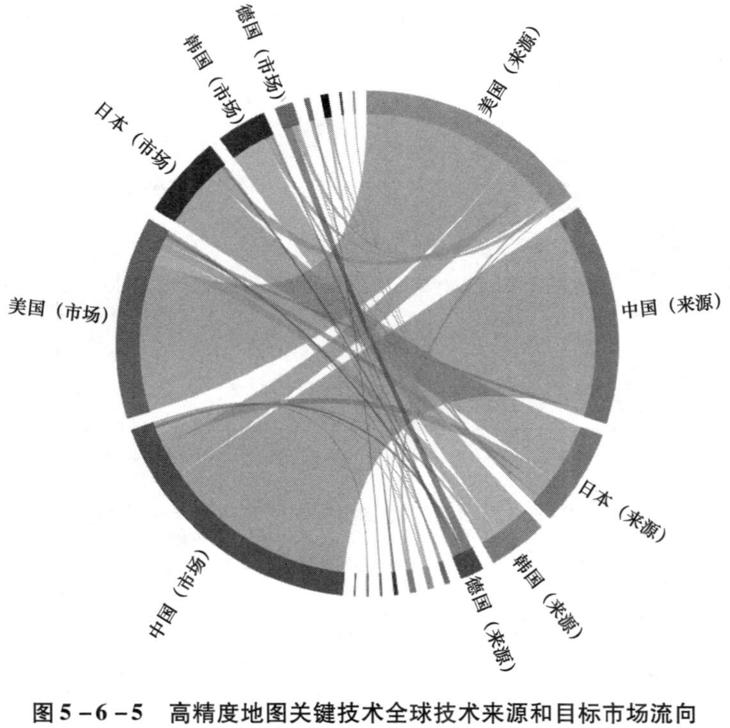

图5-6-5 高精度地图关键技术全球技术来源和目标市场流向

5.6.2 中国专利状况分析

为了解中国高精度地图关键技术的发展现状，有必要对其中国专利状况进行分析。本小节将从申请态势、技术原创国家/地区、国内申请区域、不同技术类别及重要申请人这五个方面对中国高精度地图关键技术中国专利申请进行分析。

5.6.2.1 中国申请态势分析

由图5-6-6可知，在中国范围内，高精度地图关键技术领域2013年才出现1件专利申请。2009~2013年是技术的萌芽期，这一时期的专利申请量情况表明我国高精度地图关键技术尚处于起步阶段。

自2014年起，这一情况开始发生转变。该领域的专利申请量呈现增长的态势，从2013年的1件增加到2015年的13件。2014~2015年是我国高精度地图关键技术的成长期。

2016年开始，高精度地图关键技术领域国内申请量出现井喷式增长，2016~2017年的专利申请量分别是40件、69件。2018年的专利申请尚未全部公开，但已公开的专利申请量也高达88件。

可见，中国高精度地图关键技术领域的发展势头良好。预计在未来的几年中，该领域的专利申请量仍将保持增长的态势。

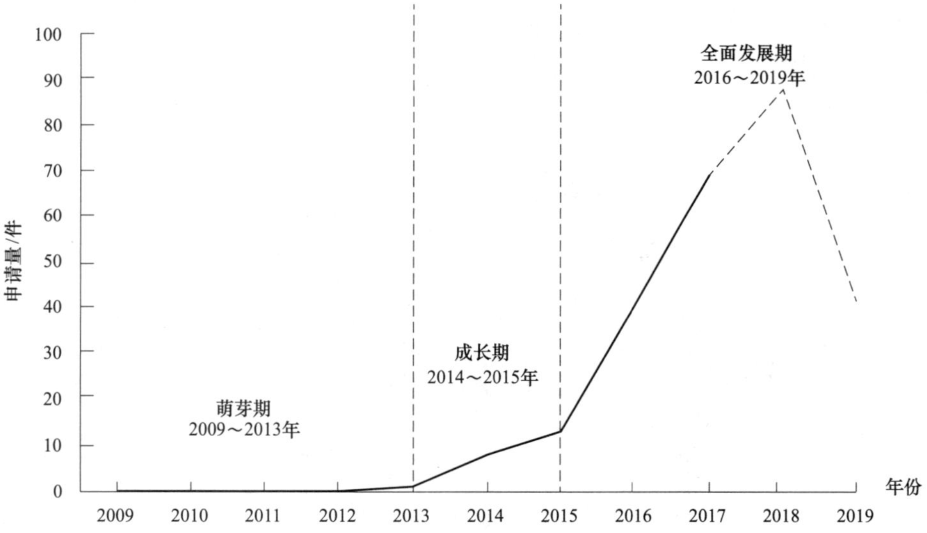

图5-6-6 高精度地图关键技术领域中国申请趋势

5.6.2.2 技术原创国家分析

2009~2019年，在中国高精度地图关键技术领域，除中国外，共计有7个国家在中国进行了专利布局，分别是：美国34件，日本13件，德国5件，韩国4件，法国、英国、印度各1件。

由图5-6-7可知，在中国高精度地图关键技术领域，中国的专利申请以中国的原创申请为主，占比超过了3/4。而来自国外申请人的专利申请中，美国占比最高，占总量的13.49%，其次是日本、德国和韩国，分别占总量的5.16%、1.98%和1.59%，虽然总量并不是很多，但也不能忽视它们在中国的专利布局；其他国家的占比较少，总和占总量的1.19%。

从图5-6-7可知，在中国高精度地图关键技术领域，中国国内研发主体的原创专利申请已经在数量上取得了较大的领先优势，这说明中国的高校、科研院所和企业十分重视高精度地图关键技术在中国的发展，在技术上已经有一定的积累，申请了较多的专利保护自己的原创技术。在该领域中，虽然美国、日本、德国、韩国及其他国家在中国申请的专利数量只有23.41%，但考虑到这些专利申请大多是由跨国公司所申请的，质量很高，中国企业及研究机构将来可能会遇到的专利壁垒也不容忽视。

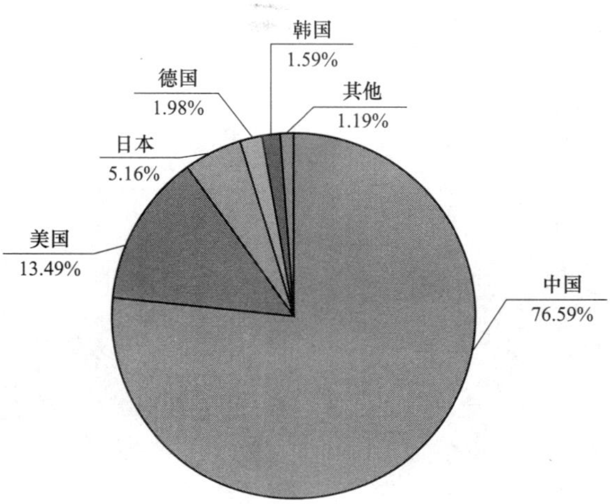

图5-6-7 中国高精度地图关键技术领域中国专利申请技术来源国家

表5-6-4所示的是高精度地图关键技术领域历年中国专利申请技术来源国家份额。图5-6-8是中国高精度地图关键技术领域主要来华布局国家历年专利申请量。可以看到，中国申请的份额自2014年以来多数时候稳定在70%附近，其他国家的份额也基本稳定，全球在同步加大高精度地图关键技术的专利布局。

表5-6-4 高精度地图关键技术领域历年中国专利申请技术来源国家份额

年份	2013	2014	2015	2016	2017	2018	2019
中国	0	71.43%	58.33%	72.50%	76.92%	75.00%	92.31%
美国	100%	28.57%	0	17.50%	7.69%	19.32%	5.13%
日本	0	0	16.67%	5.00%	7.69%	3.41%	2.56%
德国	0	0	8.33%	5.00%	1.54%	1.14%	0
韩国	0	0	8.33%	0	4.62%	0	0
法国	0	0	0	0	1.54%	0	0
英国	0	0	8.33%	0	0	0	0

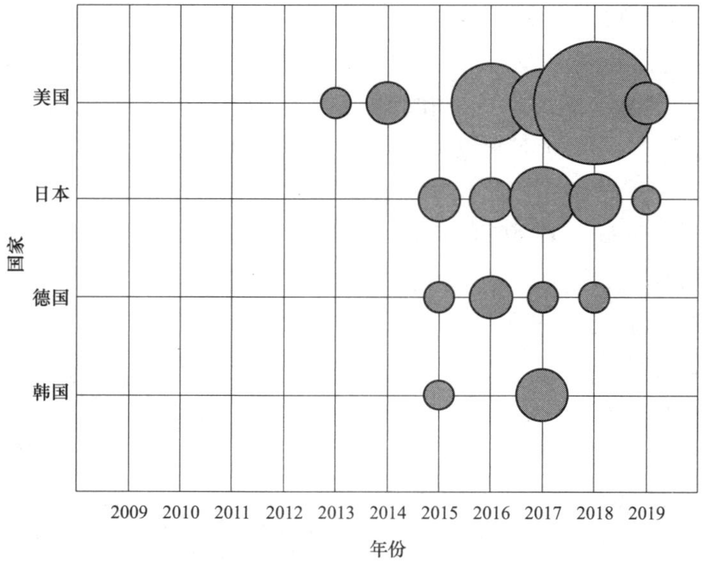

图5-6-8　高精度地图关键技术领域主要来华布局国家历年专利申请量

注：图中圆圈大小表示申请量多少。

5.6.2.3　国内申请区域分析

图5-6-9所示的是中国高精度地图关键技术领域中国专利申请国内各省份占比。从国内各省份分布统计可以看出，在该领域的中国专利申请中，北京在国内各省份中排名第一位，占总量的34.01%，远高于其他省份，优势非常明显；湖北、广东排在第二位和第三位，占比分别为9.14%和8.63%；上海排在第四位，占比为7.61%；江苏、浙江、安徽也有一定数量的申请，占比依次为6.60%、5.08%和4.57%。北京、湖北、广东和上海占据了该领域总量的59.39%，地域分布集中度较高，这说明该领域国内各省份之间发展差异较大。

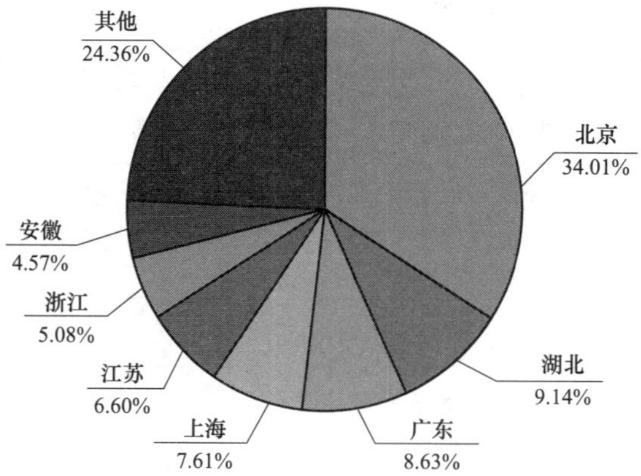

图5-6-9　高精度地图关键技术领域中国专利申请国内各省份占比

5.6.2.4　不同技术类别分析

基于国际专利分类（IPC），2013~2019年，高精度地图关键技术领域中国专利各技术方向申请的专利数量排名前十的 IPC 组级别如图 5-6-10 所示。G01C 21（导航）的专利申请量远高于其他 IPC 分类的，达 110 件。

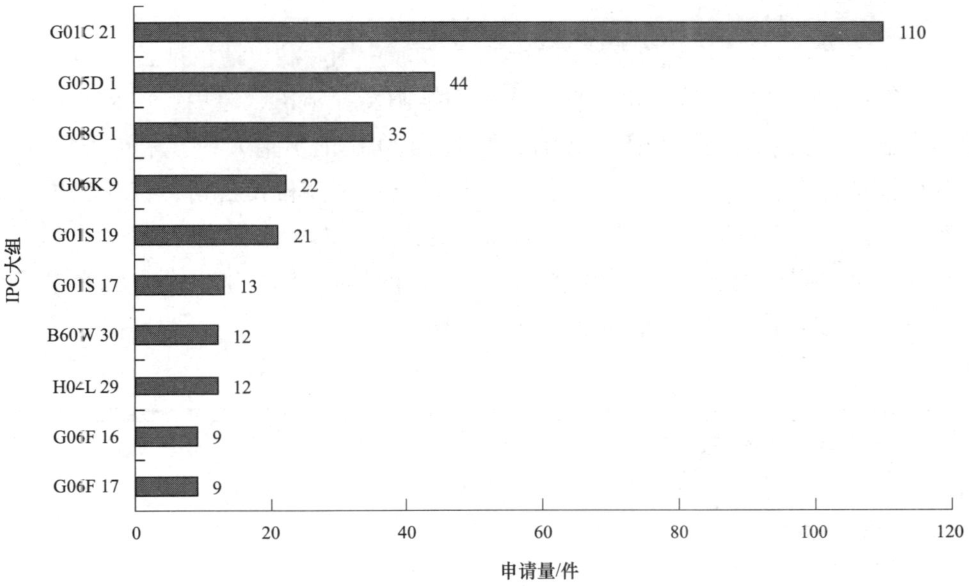

图 5-6-10　高精度地图关键技术领域中国专利相关的各类 IPC 汇总

从图 5-6-11 的高精度地图关键技术领域历年中国专利主要 IPC 分布年份变化趋

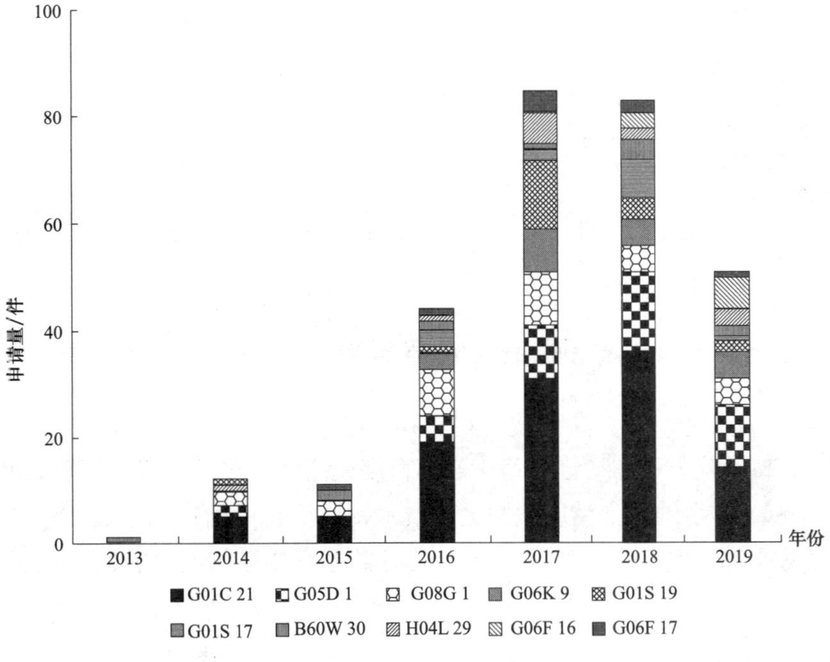

图 5-6-11　高精度地图关键技术领域历年中国专利主要 IPC 分布年份变化趋势

势可以看出，除 G01C 21 外，G05D 1（陆地、水上、空中或太空中的运载工具的位置、航道、高度或姿态的控制，例如自动驾驶仪）的热度在逐年增高，智能网联汽车的发展带动了高精度地图关键技术的发展。

5.6.2.5 重要申请人分析

图5－6－12所示的是高精度地图关键技术领域中国专利申请量排名前20位的重要申请人。其中，百度的申请量最大，其次是四维图新。丰田、通用、吉利分别排在第三位至第五位。从申请人所在国家来看，排名前20位的申请人中，来自中国的有15位，其中包括百度、京东方、美行科技、楼兰科技4家高科技公司；吉利和长安2家传统车企；四维图新、环宇智行、图森未来、初速度、中海庭、智行者6家初创公司；西安交通大学、同济大学、中国科学院3家高校和科研机构。来自日本的有丰田和松下，来自美国的有通用和谷歌，来自韩国的有现代。

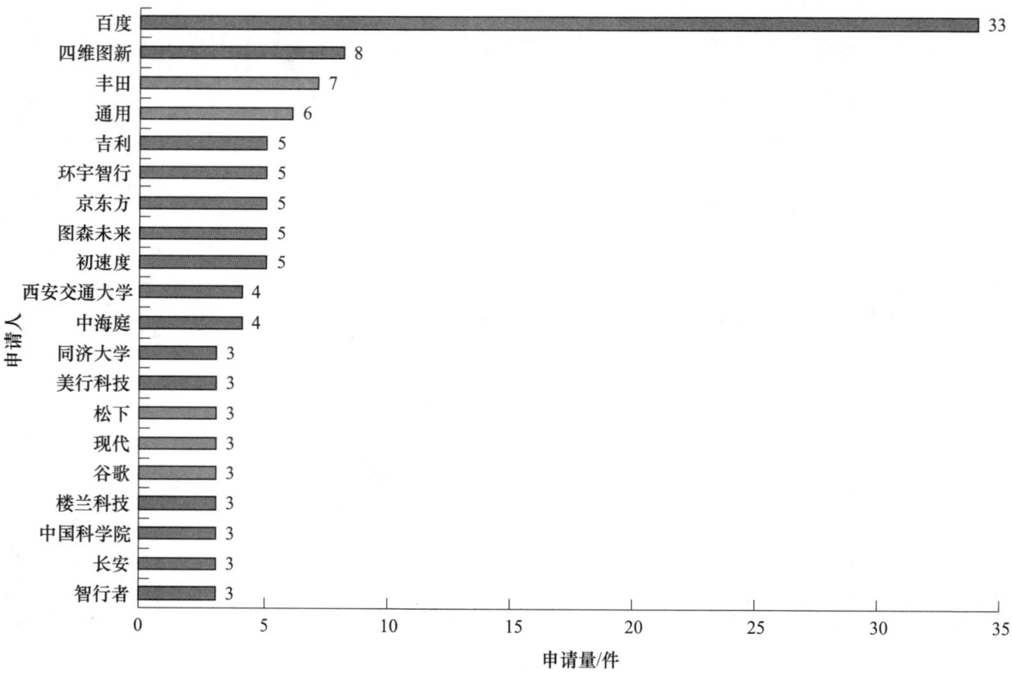

图5－6－12 高精度地图关键技术领域中国专利重要申请人申请量

在前20位的申请人中，高科技公司和初创公司表现抢眼，仅有5家为传统车企；尤其是国内的高科技公司和初创公司，对高精度地图技术非常重视，研发力度很大。

图5－6－13所示的是高精度地图关键技术领域历年中国专利排名前十的申请人的申请量。可见技术出现年代较晚，2015年起各方才开始陆续对高精度地图关键技术进行专利布局。

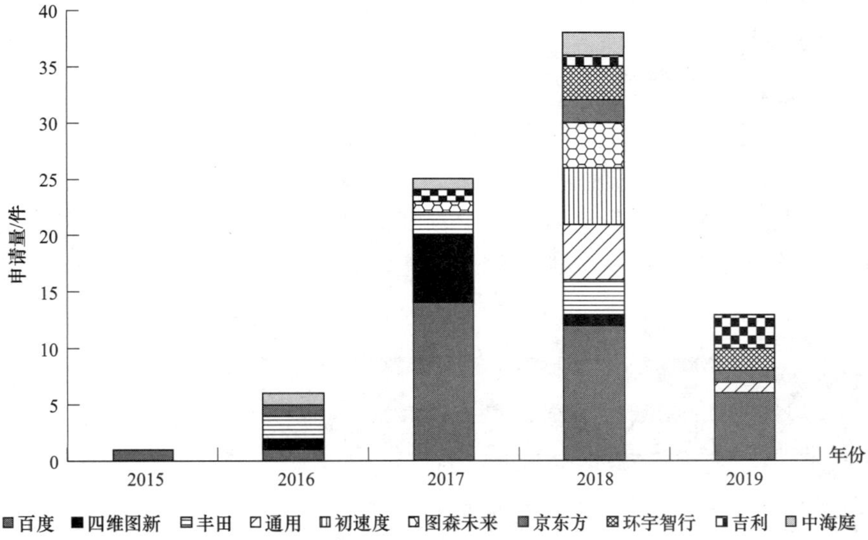

图5-6-13　高精度地图关键技术领域历年中国专利排名前十的申请人申请量

5.7　决策规划关键技术

5.7.1　全球专利状况分析

采用"决策规划"检索策略，检索到1540条记录，按照申请号归并后为1327件专利，以此为基础进行专利分析。

5.7.1.1　决策规划关键技术专利申请趋势

图5-7-1展示了决策规划关键技术全球专利申请的按年份分布。由图5-7-1可见，决策规划关键技术专利从2014年开始进入快速发展期，专利申请量高速增长，

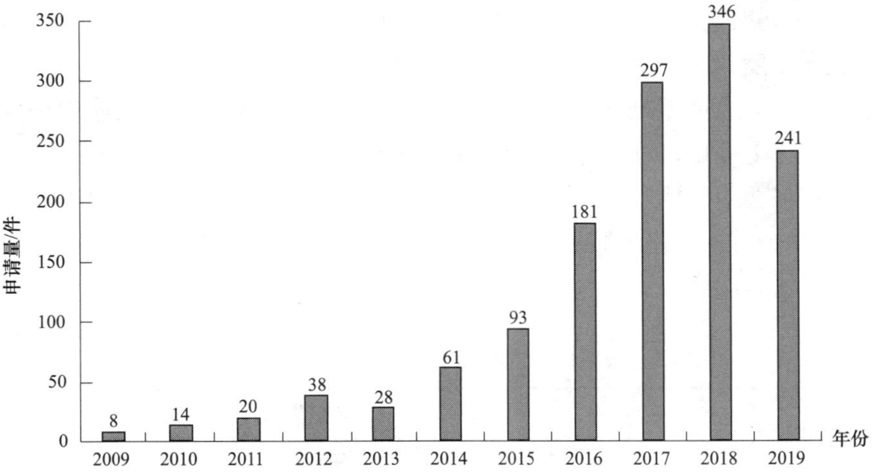

图5-7-1　决策规划关键技术全球专利申请按年份分布

2016～2019年的专利申请数量占总申请量的80%。可见，决策规划关键技术是智能网联汽车的重要技术，未来依然会是研究重点。

5.7.1.2 决策规划关键技术主要专利权人/申请人

对申请决策规划关键技术专利全球主要的专利权人/申请人进行分析，可以发现它们主要分布在信息科技企业和传统车企等，如百度、华为、通用、丰田、福特、保时捷、吉利、现代、大陆、智行者等。其中百度优势明显，位居首位。另外，初创公司智行者表现突出，专利申请量位居第五（见图5－7－2）。

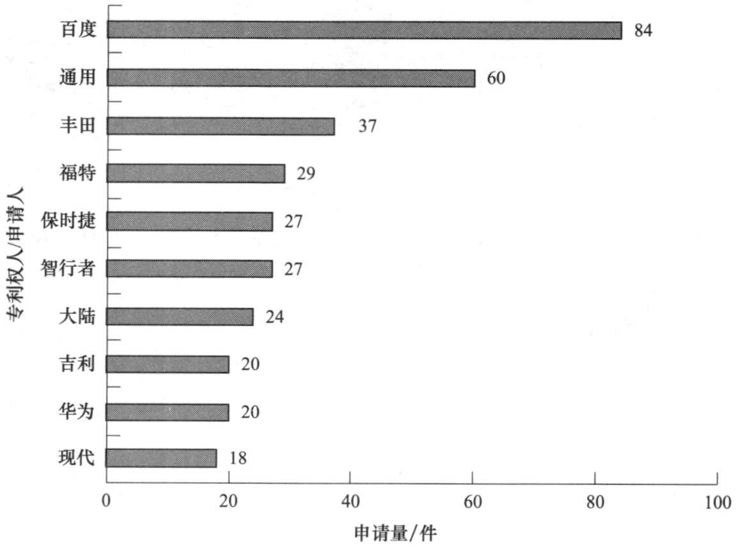

图5－7－2 决策规划关键技术全球主要专利权人/申请人

图5－7－3为决策规划关键技术全球主要专利权人/申请人的专利申请趋势。由图5－7－3可见，百度虽然从2015年才开始申请相关专利，但专利申请量上升迅速，遥遥领先。另外，初创企业智行者则从2018年才开始申请相关专利，但其2018年的专利申请量仅次于百度和通用，发展势头非常明显。

表5－7－1为决策规划关键技术主要专利权人/申请人在不同国家申请专利的分布。由表5－7－1可见，百度在中国申请专利最多，在美国次之，在日本和韩国也有布局，但没有在德国申请专利。智行者则仅在中国布局。由于智行者是初创企业，而专利有最长18个月的公开滞后期，导致其2018年、2019年申请的专利没有被完全公开，因此还无法确认智行者的国外布局情况。

表5－7－1 决策规划技术全球主要专利权人/申请人专利布局　　单位：件

专利权人/申请人	申请国家				
	中国	美国	德国	韩国	日本
百度	41	21	0	5	5

续表

专利权人/申请人	申请国家				
	中国	美国	德国	韩国	日本
通用	22	22	16	0	0
丰田	7	13	5	1	7
福特	10	8	4	0	0
智行者	27	0	0	0	0
保时捷	6	7	5	0	1
大陆	1	7	5	0	1
华为	10	2	0	0	0
吉利	12	4	0	0	0
现代	5	5	2	6	0

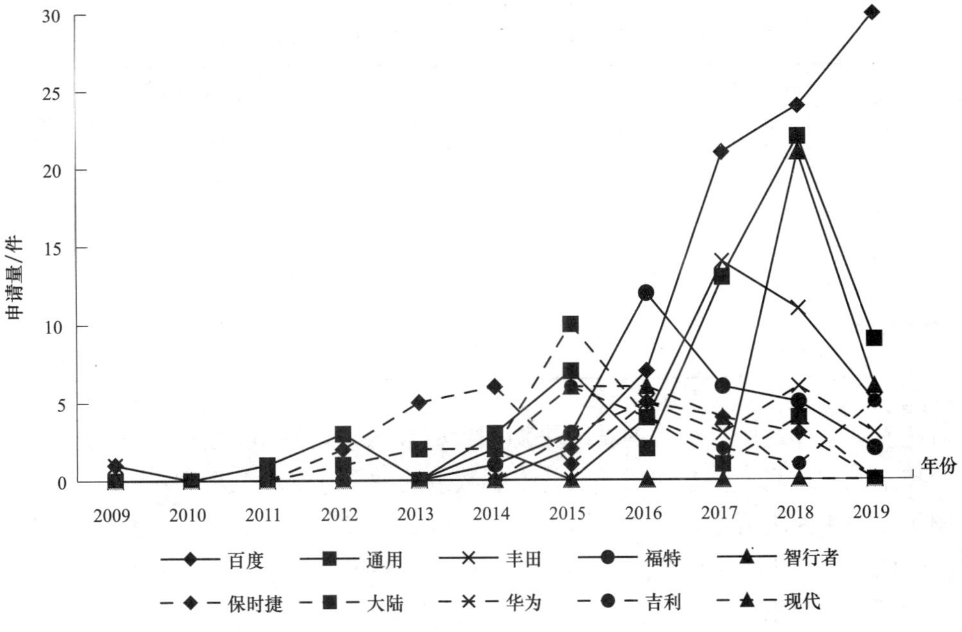

图5-7-3 决策规划关键技术全球主要专利权人/申请人申请趋势

5.7.1.3 技术来源国家

优先权国家能够反映主要技术来源地。表5-7-2展示了全球决策规划关键技术领域专利主要优先权国家的申请量情况。由表5-7-2可见，中国是最大的技术来源国家，专利数量超过表中五国总量的50%；其次是美国，专利量约占中国的一半；德国、日本、韩国专利数量相当，但远低于中国和美国的。

表5－7－2　决策规划关键技术全球主要优先权国家

优先权国家	申请量/件
中国	699
美国	353
德国	64
日本	53
韩国	47

5.7.1.4　技术应用国家

申请人在各个国家/地区申请专利的情况能够反映技术现在或未来的主要应用市场。

表5－7－3展示了决策规划关键技术全球主要应用国家的申请量情况。由表5－7－3可见，中国、美国、德国、日本、韩国依然是布局最多的国家。其中，中国是最大的技术布局国家，各国在中国的专利申请量远超过在其他国家的。

表5－7－3　决策规划关键技术全球专利申请主要应用国家

申请国家	申请量/件
中国	796
美国	219
德国	58
韩国	41
日本	36

对比发现，中国既是最大的技术来源国，专利数量占总申请量的50%以上，更是最大的技术应用市场——在中国布局的专利数量约占全球专利总量的60%。

图5－7－4为决策规划关键技术主要专利申请国家专利申请趋势。由图5－7－4可见，五个国家在2014年之前年申请量都不多，2014年起进入快速发展期，其中中国、美国遥遥领先，特别是中国表现更是突出，年专利申请量高速增长，预计未来专利数量会更多。

5.7.1.5　技术流向

图5－7－5展示了决策规划关键技术全球技术来源和目标市场的流向。由图5－7－5可见，中国、美国是主要的技术来源国及目标市场国。其中，中国几乎都在本国布局，仅在美国、韩国进行了零星布局；美国除在本国布局外，还在中国、德国等国进行了相当数量的布局，其中在中国布局数量突出。另外，中国作为重要的目标市场，各国对其都很重视，都有专利布局。

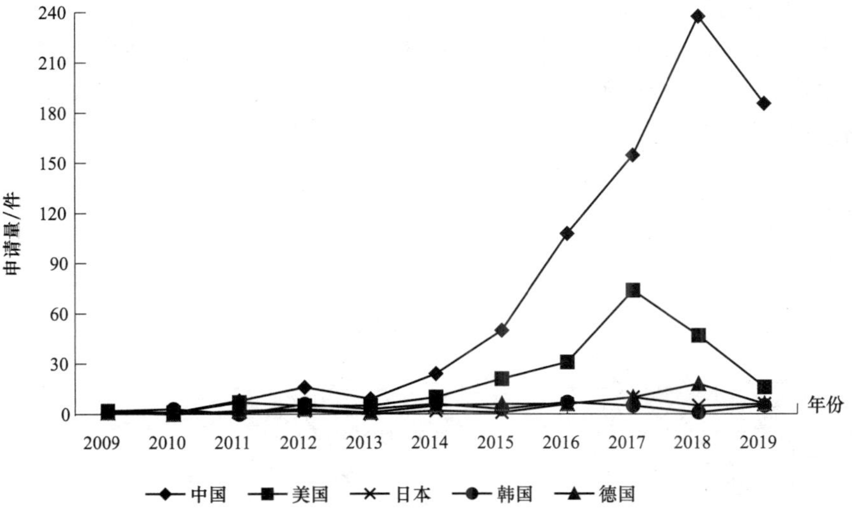

图5-7-4　决策规划关键技术的主要专利申请国家专利申请趋势

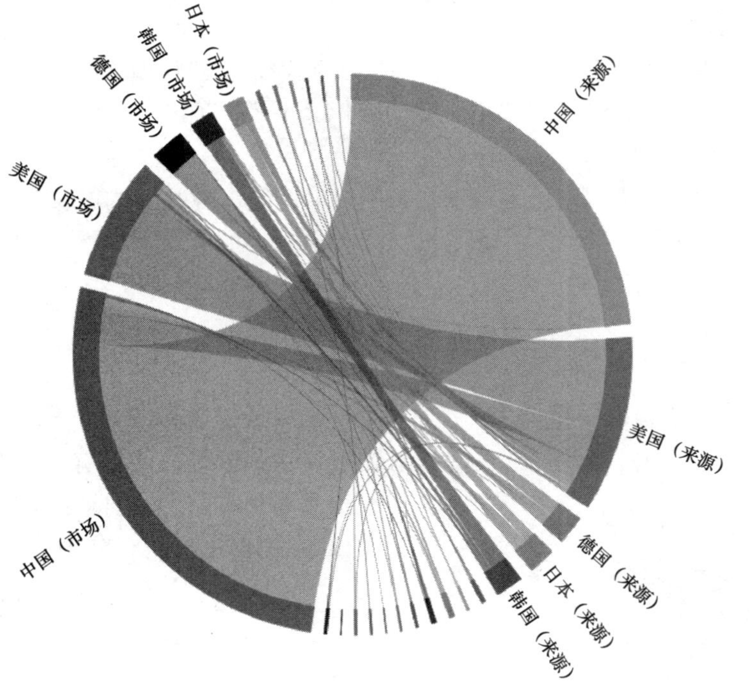

图5-7-5　决策规划关键技术全球技术来源和目标市场流向

5.7.2　中国专利状况分析

为了解中国决策规划关键技术的发展现状，有必要对其中国专利状况进行分析。本小节将从申请态势、技术原创国家、国内申请区域、不同技术类别及重要申请人这五个方面对决策规划关键技术中国专利申请进行分析。

5.7.2.1 中国申请态势分析

由图5-7-6可知，在中国范围内，决策规划关键技术领域2009~2013年专利申请量都维持在一个相对较低的水平。2009~2013年是技术的萌芽期，这一时期的专利申请量情况表明我国决策规划关键技术尚处于起步阶段。

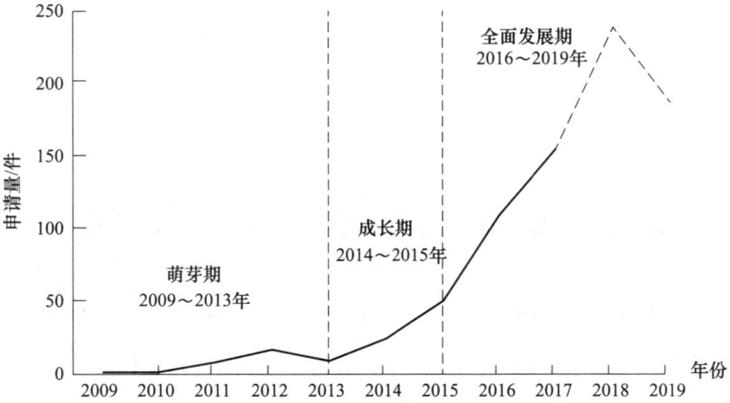

图5-7-6 决策规划关键技术领域中国申请趋势

自2014年起，情况发生转变。该领域的专利申请量呈现增长的态势，从2013年的9件增加到2015年的50件，4年内增长了约4.56倍。2014~2015年是我国决策规划关键技术的成长期。

2016年开始，决策规划关键技术专利国内申请量出现井喷式增长，2016年和2017年的专利申请量依次是108件、155件，年专利申请量以50件左右的速度递增。2018年的专利申请尚未全部公开，但已公开的专利申请量已高达238件。

可见，决策规划关键技术领域的发展势头良好。预计在未来的几年中，该领域的专利申请量仍将保持增长的态势。

5.7.2.2 技术原创国家分析

2009~2019年，在决策规划关键技术领域，除中国外，共计有5个国家在中国进行了专利布局，分别是：美国64件，日本12件，德国12件，韩国5件，法国1件。

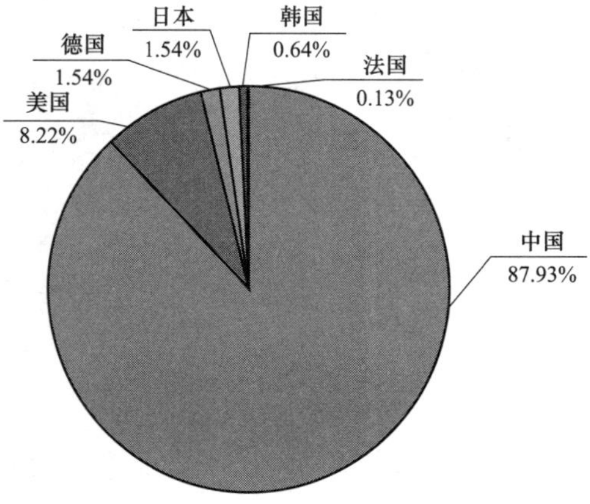

图5-7-7 决策规划关键技术领域中国专利申请技术来源国家

由图5-7-7可知，在决策规划关键技术领域，中国的专利申请以国内研发主体的原创申请为主，占比高达87.93%。中国的原创专利申请已经在数量上取得了较大的领先优势。来自国外申请人的专利申请中，美国占比最高，占总量的8.22%，其次是德国、日本、韩国和法国，分别占总量的1.54%、1.54%、0.64%和0.13%，虽然总量并不是很多，但也不能忽视它们在中国的专利布局。

表5－7－4所示的是决策规划关键技术领域历年中国专利申请技术来源国家份额。图5－7－8所示的是决策规划关键技术领域主要来华布局国家历年专利申请量。可以看到，中国国内研发主体中国申请的份额多数时候维持在80%以上；国外2012年才开始在中国进行专利布局，美国的份额从2014年起小幅波动，德国、韩国的份额有较大下降。

表5－7－4　决策规划关键技术领域历年中国专利申请技术来源国家份额

年份	2009	2010	2011	2012	2013	2014	2015	2016	2017	2018	2019
中国	100%	100%	100%	43.75%	87.50%	81.82%	82.61%	85.29%	86.27%	89.41%	94.09%
美国	0	0	0	43.75%	0	9.09%	8.70%	5.88%	7.19%	9.75%	5.91%
德国	0	0	0	12.50%	12.50%	9.09%	2.17%	2.94%	1.96%	0	0
日本	0	0	0	0	0	0	0	3.92%	3.92%	0.85%	0
韩国	0	0	0	0	0	0	4.35%	1.96%	0.65%	0	0
法国	0	0	0	0	0	0	2.17%	0	0	0	0

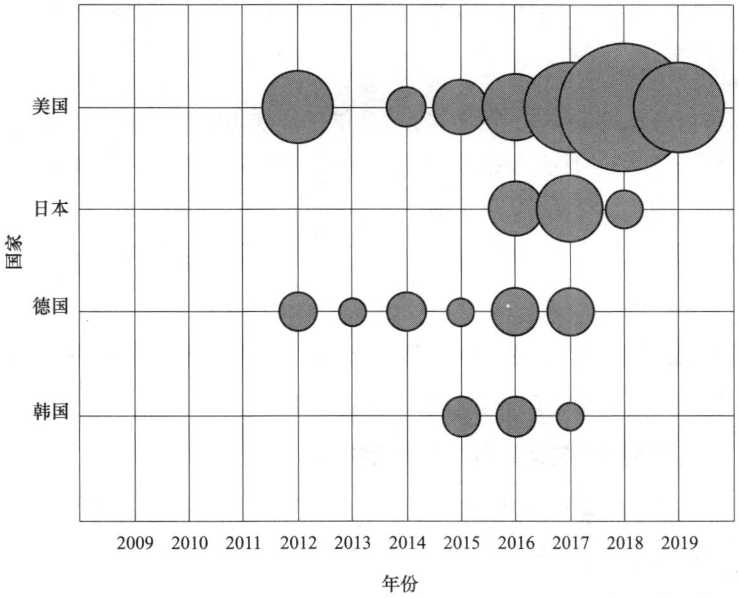

图5－7－8　决策规划关键技术领域主要来华布局国家历年专利申请量

注：图中圆圈大小表示申请量多少。

5.7.2.3　国内申请区域分析

图5－7－9所示的是决策规划关键技术领域中国专利申请国内各省份占比。从国内各省份分布统计可以看出，在该领域的中国专利申请中，北京在国内各省份中排名第一位，占总量的23.02%，远高于其他省份，优势较为明显；江苏和广东紧随其后，排在第二位和第三位，占比分别为13.78%、11.58%；上海排在第四位，占比为9.68%；安徽、浙江、湖北也有一定数量的申请，占比依次为5.28%、5.13%和4.69%。北京、江苏、广东和上海占据了该领域总量的58.06%，地域分布集中度较

高，这说明该领域国内各省份之间发展差异较大。

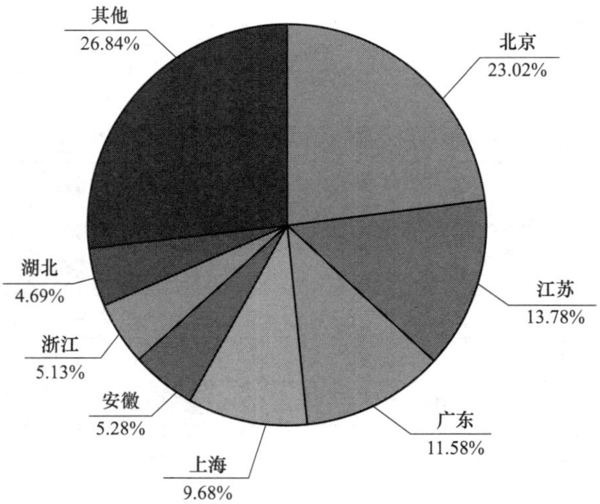

图5-7-9　决策规划关键技术领域中国专利申请国内各省份占比

5.7.2.4　不同技术类别分析

基于国际专利分类（IPC），2009～2019年，决策规划关键技术领域中国各技术方向申请的专利数量排名前十的IPC组级别如图5-7-10所示。G05D 1（陆地、水上、空中或太空中的运载工具的位置、航道、高度或姿态的控制）和G08G 1（道路车辆的交通控制系统）的专利申请量远高于其他IPC分类，都超过150件。

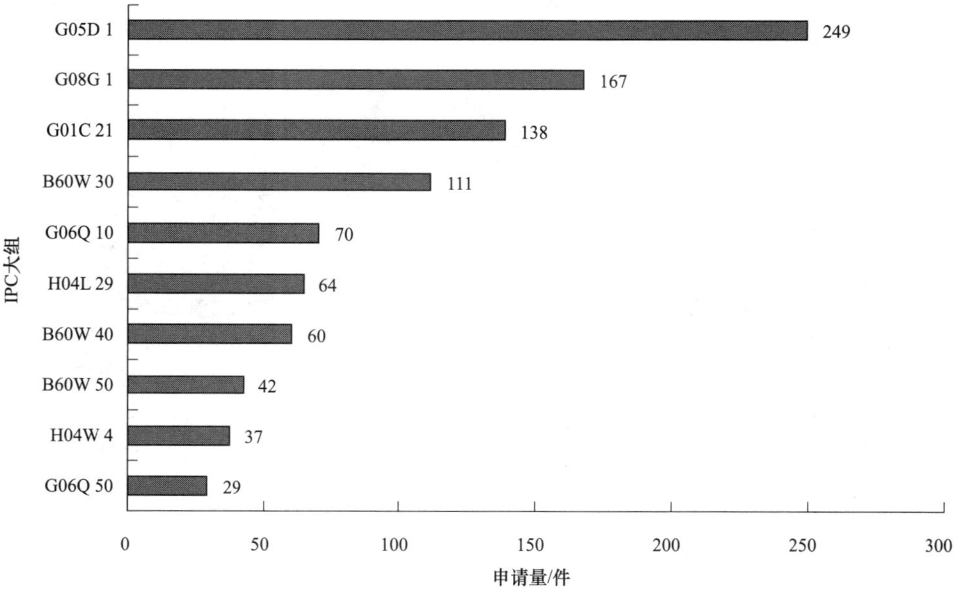

图5-7-10　决策规划关键技术领域中国专利相关的各类IPC汇总

从图5-7-11的决策规划关键技术领域历年中国专利主要IPC分布年份变化趋势可以看出，2016~2018年G05D 1（陆地、水上、空中或太空中的运载工具的位置、航道、高度或姿态的控制）和B60W 30（不与某一特定子系统的控制相关联的道路车辆驾驶控制系统的使用）的申请量增加较快。

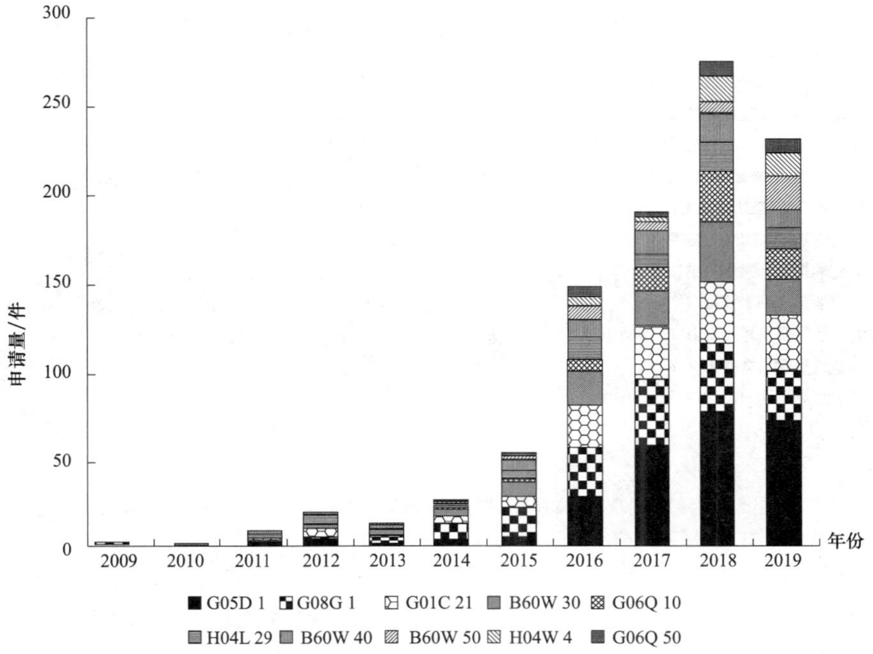

图5-7-11　历年决策规划关键技术领域中国专利主要IPC分布年份变化趋势

5.7.2.5　重要申请人分析

图5-7-12所示的是决策规划关键技术领域中国专利申请量排名前20位的申请人。其中，百度的申请量最大，专利申请总量为41件。其次是中国的智行者和美国的通用，也都有超过20件的专利申请。中国的江苏大学、吉利分别排在第四、第五位。从申请人所在国家来看，排名前20位的申请人中，来自中国的有18席，其中包括百度、华为2家高科技公司；江苏大学、同济大学、清华大学、吉林大学、浙江大学、天津大学、武汉理工大学、南京航空航天大学、重庆邮电大学9所高校；吉利、奇瑞、上汽、长安、东风5家传统车企；智行者1家初创公司；以及中国科学院。来自美国的有通用和福特。

在前20位的申请人中，国内申请人在数量上占据绝对优势，超过了国外申请人。决策规划关键技术领域传统车企表现不俗，前20位的申请人中有5家传统车企。相比较于其他关键技术领域，我国传统车企在决策规划关键技术领域的技术创新能力较强。

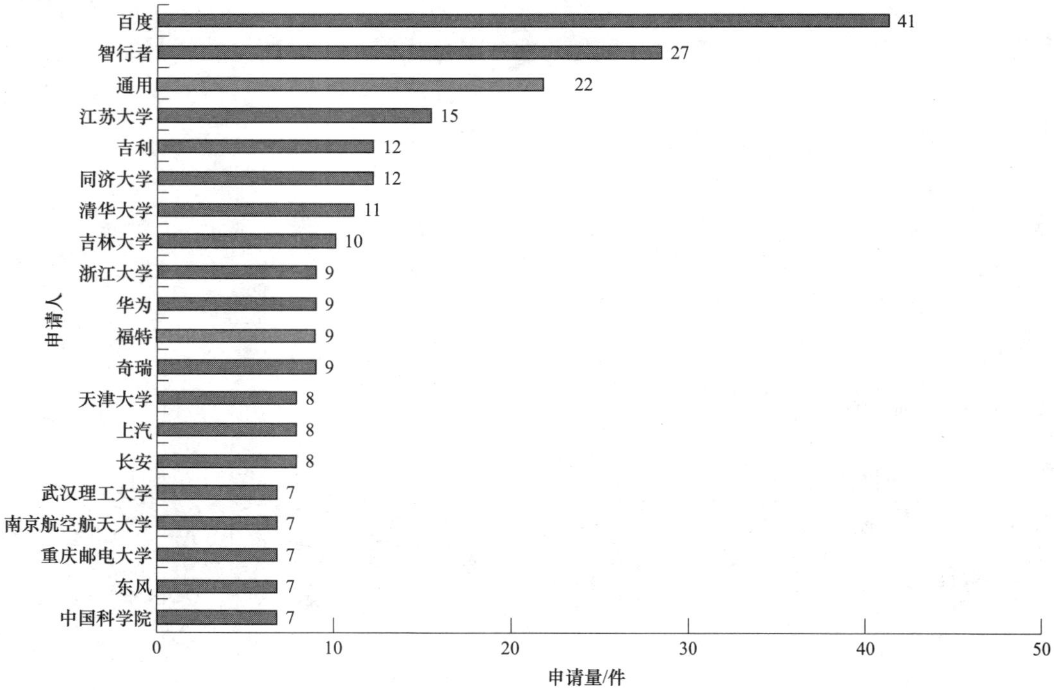

图5－7－12　决策规划关键技术领域中国专利重要申请人申请量

图5－7－13所示的是决策规划关键技术领域历年中国专利排名前十的申请人的申请量。决策规划关键技术相对其他关键技术比较新，申请人普遍入局较晚，在2015年才开始在决策规划关键技术上进行专利布局，尤其是在2018年加大布局力度；国内的百度和智行者表现尤为抢眼。

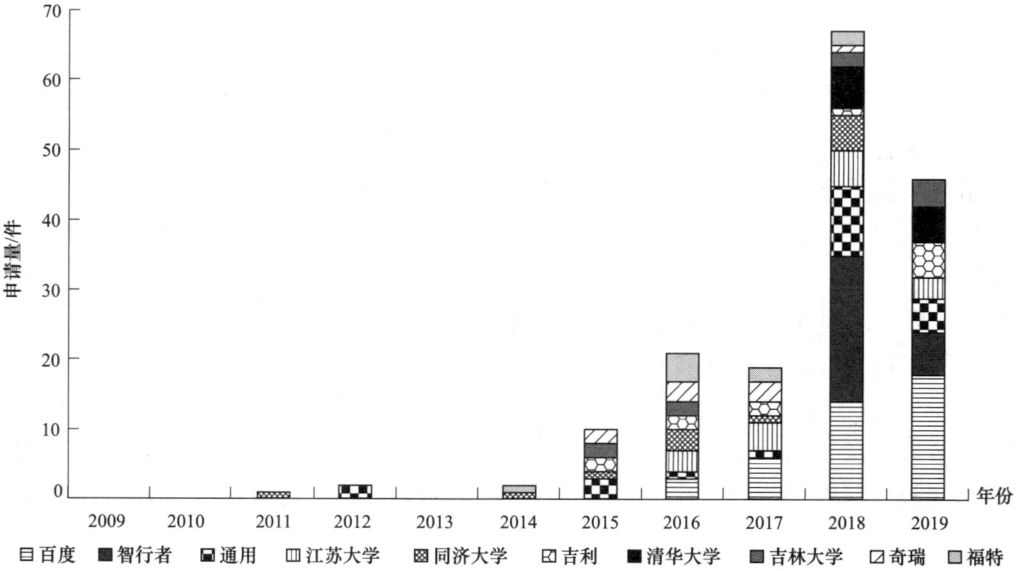

图5－7－13　决策规划关键技术领域历年中国专利排名前十的申请人申请量

5.8　智能网联汽车关键技术综合对比分析

5.8.1　全球专利状况综合对比分析

基于2009～2019年的全球专利申请数量，对智能网联汽车七项关键技术的主要技术来源国家/地区、主要应用国家/地区的分布进行了综合对比分析。

由上述智能网联汽车七项关键技术的分析（第5.1～5.7节）可见，中国、美国、日本、韩国和德国这五国既是主要技术来源国家，也是主要应用国家。

图5－8－1（见文前彩色插图第3页）为智能网联汽车七项关键技术全球专利申请主要技术来源国家分布图，由于各关键技术专利申请量差别较大，这里采用归一化方法处理，以各关键技术中申请量最高的国家为参照，看其他国家的相对申请量。由图5－8－1可见，中国和美国是该七项技术的主要技术来源国。其中，中国在决策规划、云平台、环境感知三项关键技术上优势明显，在车联网方面与美国差距不大，在先进传感器、计算平台领域与美国还有很大差距，需要加强研发力度。美国则在先进传感器、计算平台、高精度地图领域占据绝对优势，在车联网、环境感知领域与中国差距不大。日本、德国和韩国在此七个领域都落后于中国和美国。

图5－8－2（见文前彩色插图第3页）为智能网联汽车七项关键技术全球专利申请主要应用国家分布图，这里同样采用归一化方法处理。由图5－8－2可见，中国和美国是最大的应用市场，优势明显。其中，中国是决策规划、车联网、高精度地图、环境感知、云平台这五个技术领域的最重要应用市场，占绝对优势；在先进传感器、计算平台技术领域则稍逊于美国。

5.8.2　中国专利状况综合对比分析

基于2009年以来的中国专利申请数量，对智能网联七项关键技术的中国专利主要来源国家/地区、中国专利国内各省份分布、中国专利排名前20的申请人的分布进行了综合对比分析；考虑到各关键技术的专利申请绝对数量不宜直接比较，这里采用占比进行比较。

如表5－8－1所示，中国的专利申请以国内研发主体的原创申请为主，占比都在60%以上，中国的原创专利申请已经在数量上取得了较大的领先优势。相对而言，美国在车载计算平台、先进传感器技术领域的技术实力较强，专利申请占比较高，都超过20%。我国在车载计算平台、先进传感器技术领域的实力仍须进一步加强。

表5－8－1　智能网联汽车关键技术中国专利主要来源国家分布

关键技术	中国	美国	日本	德国	韩国	其他
先进传感器	70.51%	20.12%	3.52%	2.93%	1.95%	0.98%
环境感知	77.90%	10.65%	5.92%	3.03%	2.11%	0.39%

续表

关键技术	中国	美国	日本	德国	韩国	其他
车联网	79.30%	12.27%	3.46%	2.73%	1.90%	0.34%
云平台	94.71%	3.62%	0.74%	0.46%	0.28%	0.19%
车载计算平台	63.09%	22.03%	6.21%	5.93%	1.51%	1.22%
高精度地图	76.59%	13.49%	5.16%	1.98%	1.59%	1.19%
决策规划	87.93%	8.22%	1.54%	1.54%	0.64%	0.13%

北京、广东、江苏、上海是中国经济最发达的地区，拥有大量的高校、科研院所和高科技企业，技术基础和人才资源相对充足，能够敏锐地把握新技术的发展方向，对于国内外优秀人才和资金也有较强的吸引力，在各个关键技术领域均具有较强的技术竞争力。如表5－8－2所示，各关键技术领域国内各省份专利申请量占比中，均是北京、广东、江苏、上海的申请量遥遥领先于其他省份，占据了各领域总申请量的60%左右。

表5－8－2　智能网联汽车关键技术中国专利国内各省份分布

关键技术	北京	广东	江苏	上海	其他
先进传感器	20.11%	15.15%	16.53%	7.16%	41.05%
环境感知	21.94%	15.11%	13.81%	7.63%	41.51%
车联网	26.70%	22.45%	9.57%	7.44%	33.84%
云平台	17.66%	17.17%	12.76%	9.13%	43.28%
车载计算平台	25.00%	15.57%	14.07%	7.93%	37.43%
高精度地图	34.01%	8.63%	6.60%	7.61%	43.15%
决策规划	23.02%	11.58%	13.78%	9.68%	41.94%

如表5－8－3所示，中国专利排名前20位的申请人中，来自国内的申请人占据绝大部分，尤其是在云平台和决策规划技术领域中，国内申请人占据18席。与国外传统车企占据绝对优势的现象对比，国内研发主体中高校/科研院所研发实力强，在中国专利排名前20位的申请人中占据最多席位，传统车企的数量较少，需要加大研发力度。建立有效的校企/产学研合作机制可以拉近科技与经济的距离❶，解决产学研脱节的状况，促进国内智能网联汽车技术的整体发展和国际竞争力。

❶ 冯海燕．高校与企业产学研合作机制创新研究［J］．中国高教研究，2014（8）：74－78.

表5-8-3 智能网联汽车关键技术中国专利排名前20的申请人分布 单位：家

关键技术	国内				国外		
	高校/科研院所	高科技公司	初创公司	传统车企	传统车企	高科技公司	零部件公司
先进传感器	3	4	3	3	4	1	2
环境感知	6	3	2	2	6	0	1
车联网	3	8	1	0	3	4	1
云平台	7	6	2	3	2	0	0
车载计算平台	1	3	4	3	5	2	2
高精度地图	3	4	6	2	3	2	0
决策规划	10	2	1	5	2	0	0
平均值	4.71	4.29	2.71	2.57	3.57	1.29	0.86

第6章 特色专利分析

6.1 智能网联汽车重点专利分析

本节的主要研究目的在于对智能网联汽车技术的重点关注专利情况进行总体的研究分析，从而得出智能网联汽车技术领域的重点关注专利国家/地区分布、主要专利权人及其技术布局，同时结合我国在该领域的专利申请情况，进一步分析我国在智能网联汽车领域的国际地位、与国外重要专利权人的差距和发展前景。本节主要通过对智能网联汽车技术的重点专利的申请趋势、专利权人分析、技术来源/技术目标国家/地区的统计分析来实现上述研究目的。

6.1.1 专利价值的判断探析

对重点专利的关注，首先需要解决如何定义重点专利的问题，我们的关注点首先放在专利价值的评价。一般来说，专利价值的分析维度，包括三个主要指标：技术价值、法律价值和市场价值。技术价值，指每一件专利都包含了能够解决技术问题的技术方案，但不是每一种技术方案都有实际应用价值，比如具有更好的替代性技术时，该专利技术价值就会降低。此外，有些技术先进性很高的专利，由于缺少配套技术而很难实现，这样的专利也不能成为高价值专利。法律价值，专利权的核心在于排他性，专利权人通过拥有一定时间一定地域的排他权利，取得垄断性收益。专利权是法律上的一种私权，专利权的法律保护是一件专利技术实现其真正价值的保障。市场价值，专利所能产生的经济效益与其市场价值有直接关系，高市场价值的专利技术一定是同时具备技术价值和法律价值的专利技术，以保证该技术在市场应用中获得竞争优势。

因此，专利价值的判断，需要综合考虑技术价值、法律价值和市场价值。高价值专利需要具备一些必要条件，比如一定的技术含量、较高的文本质量、较高的权利稳定性等。如果再加上市场应用前景好、产品市场占有率高、当前或未来市场的控制力或竞争力强等，就有可能构成高价值专利了。但是，高价值专利并不必然是满足上述所有条件的专利。

专利价值的评价是一项复杂的系统工程，所涉影响因素贯穿从技术研发到专利布局，再到运营收益的全过程，其中既有客观的数据分析，也有主观的价值判断。考虑因素越多则视角越全面，但同时实现难度也会增大。目前，国内外主要的专利价值筛选与评价体系如表6-1-1所示。

表6-1-1 国内外主要专利价值筛选与评价体系❶

体系名称	开发机构	主要应用
IPscore	欧洲专利局	专利评级及估值
Patent Strength	ProQuest Dialog	专利评级
Patent Rating	OCEAN TOMO	专利评级和估值
IP Strength Index	科睿唯安公司	专利评级
Patent Scorecard	CHI Research 公司	专利实力宏观评价
SMART3	韩国知识产权局	专利评级及估值
Patent Value Degree	国家知识产权局及中国技术交易所	专利评级
合享价值度评估体系	北京合享智慧科技有限公司	专利评级
DPI（大为专利指数）	保定大为计算机软件开发有限公司	专利评级
智慧芽专利评估体系	智慧芽信息科技有限公司	专利价值预估

6.1.2 重点专利的筛选标准

基于科学性、相关性、可比性等原则，综合目前业内角度的看法和学术研究角度的观点，并切实考虑所需的专利特征信息是否在数据库中可获取。本研究项目拟采取符合本项目自身特点的筛选指标。我们的主要关注点是中国的专利情况并重点关注多国专利申请，因此将筛选指标确定为“同族❷专利国家/地区数大于等于4”。在“智能网联汽车”的检索策略下筛选出重点专利14012件，经申请号归并后得到重点专利12593件。将此数据集设定为我们重点关注的专利，并将其定义为“重点专利”。以下即是针对“重点专利”进行的分析。

6.1.3 重点专利申请趋势

重点专利的筛选确定了我们的关注点在于多国申请，分析重点专利的申请趋势，有助于了解该行业的全球布局状况，把握自身所处的位置。

从图6-1-1可以看出，重点专利的发展趋势与智能网联汽车整体的发展趋势类似。可以推断：该领域的专利权人在2009~2019年一直在进行持续的全球布局。智能网联汽车“元年”（2015年）起，重点专利年申请量基本保持在高位，可见，该领域在全球范围内进入了快速生长期，专利数量和专利布局范围都出现较为明显的竞争态势。

❶ 马天旗．高价值专利筛选［M］．北京：知识产权出版社，2018.

❷ DWPI同族专利指的是同族专利中的每个成员都与其他各成员共享完全一致的优先权。

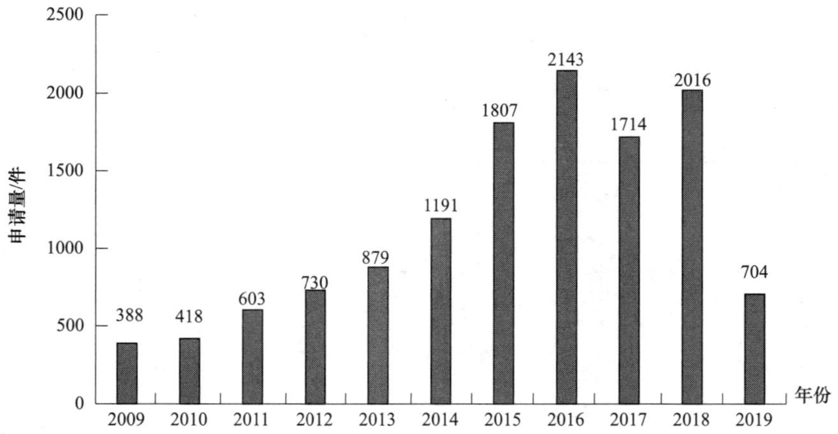

图 6-1-1　智能网联汽车领域重点专利申请趋势

6.1.4　重点专利技术流向分析

重点专利的技术流向分析，即将技术来源国与目标市场国进行关联分析，这不仅能够从宏观层面了解世界范围内技术和市场的变化，更能从相互之间的关联看出，各国关注的目标市场有哪些异同，这样的分析将为我国相关企业进行全球技术布局提供帮助。

分析非本国布局的专利情况。从技术来源国角度分析，美国、日本、德国、韩国为重点专利主要来源国。从图 6-1-2 可以看出，中国的非本国技术布局最少（专利数量为 72 件），且主要面向美国市场（48 件）；相比较而言，美国是最大的技术来源国（专利数量为 1069 件），且布局的国家/地区数量最多（达到 20 个），除涵盖中国、德国、日本、韩国等主要技术市场外，还在英国、俄罗斯、加拿大等众多国家/地区做了技术布局；日本的技术来源国特征也非常明显（专利数量为 672 件），美国（279 件）和中国（251 件）是其最大的目标市场，其在其他国家布局的数量都较小。德国（456 件）、韩国（259 件）技术输出主要面向美国、中国，在其他市场布局数量较少。从目标市场国角度分析，中国、美国、德国、日本为主要的技术市场国。中国是最大的技术布局市场（专利数量为 1036 件），在中国进行技术布局的国家/地区数量达 14 个，其中，美国、日本、德国的技术占据了主要市场（三国在华专利总量为 907 件，占总量的 87.5%）。美国市场位居第二位（专利数量为 701 件），在美国进行技术布局的国家/地区数量达 20 个，其中日本（专利数量为 279 件）占据主要地位。日本市场较为封闭，其他国家/地区在日本布局的专利数量为 173 件——除美国布局 100 件外，其他国家/地区布局数量都较小。韩国存在类似情况，在韩国布局的专利数量为 112 件，其中美国占 61 件。在德国布局的专利数量为 256 件，美国占 159 件。

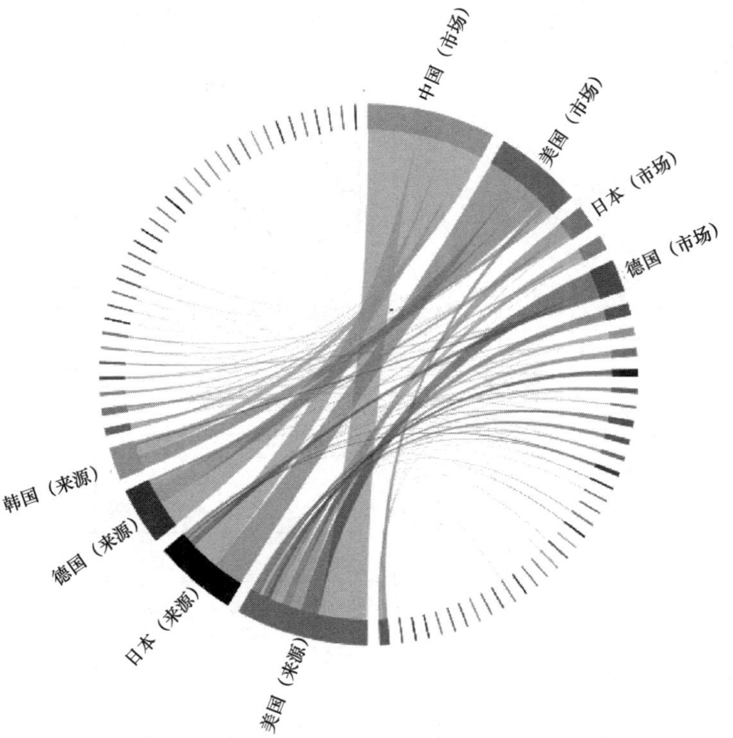

图6-1-2 智能网联汽车领域重点专利非本国布局专利❶技术流向

6.1.5 专利权人全球分布概况

专利权人的概况分析，能够更加清晰地了解到各个国家/地区的技术实力，同时，这样的技术实力分析不同于宏观分析：宏观分析更多的是在数量上展示技术整体实力，而专利权人的分析能够更加准确直观地表达技术实力，而且这种技术实力是在一个专利权人的统一研发体系下的，更有利于技术的演进和发展。因此，本研究项目认为专利权人的概况分析更能表达各国家/地区的技术实力。

如表6-1-2，从全球地理分布来看，日本、韩国、美国、德国、中国均拥有专利申请数量较多的专利权人。其中日本最为突出：申请数量排名前30的专利权人中，日本专利权人占10位，其专利申请总量（1808件）占全部专利申请数量的14.4%；丰田在其中表现最为突出，占据全球榜首。美国专利权人次之，申请数量排名前30的专利权人中，含7位美国专利权人，其专利申请总量（1192件）占全部专利申请数量的9.5%，其中福特表现最为突出，其专利申请数量仅次于丰田。

中国企业中百度、华为进入申请数量排名前30，其中华为位居第11位，百度位居第15位，说明我国已有技术较为强劲的专利权人进入了全球竞争的第一梯队，在该领域有望取得较大突破。但我国申请数量排名前30的专利权人均为信息科技公司，不同于其他国家以传统车企为主的现象。

---

❶ 非本国/地区专利布局，指的是专利的优先权国家/地区与公开国家/地区属于不同的国家。

表6-1-2 申请数量排名前30的专利权人及其国家分布

企业名称	国家	数量排名	申请量/件
丰田	日本	1	507
电装		3	347
本田		6	242
松下		9	157
日立		10	137
三菱电机		12	136
日产		14	114
日本爱信		24	63
住友		27	54
日本电气		29	51
福特	美国	2	473
通用		4	316
Uber		16	101
Waymo		17	92
高通		19	82
谷歌		21	72
英特尔		26	56
博世	德国	5	262
大陆		8	187
戴姆勒		18	88
奥迪		20	77
大众		22	65
宝马		23	64
现代	韩国	7	193
LG 电子		13	126
三星电子		28	52
华为	中国	11	137
百度		15	113
法雷奥	法国	30	48
沃尔沃	瑞典	25	58

重点专利权人在不同国家/地区的技术布局情况反映了该市场的产业发展状况，同时，也可以看出该专利权人的技术覆盖面，有助于我国相关专利权人进行全球技术布局时综合考虑，避开硬碰硬的技术竞争，寻找全球技术空白市场。

从图6-1-3可以看出，所有重点专利权人都在美国进行了技术布局，可见美国市场的开放程度较高。类似的情况也出现在日本和德国，虽然少数重点申请人未在这两国做布局。

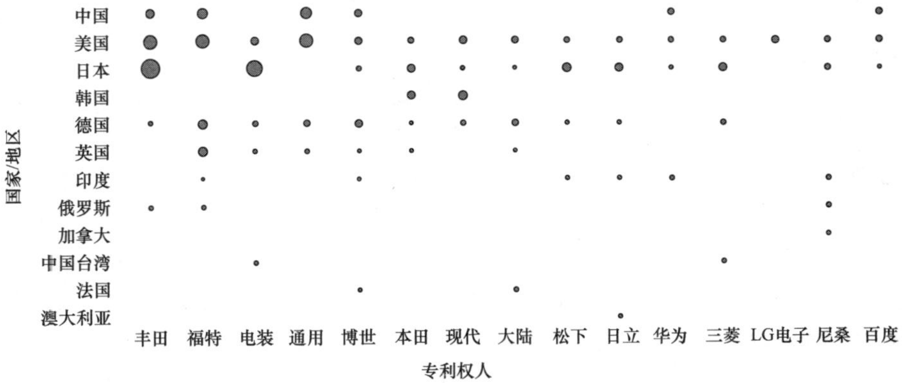

图6-1-3 智能网联汽车领域重点专利权人国家/地区技术分布

注：图中圆圈大小表示专利布局的多少。

在中国专利权人中，百度、华为除本土布局外，已经将技术渗透到美国、日本等几个主要目标市场国，其中在美国做了较为重点的布局。其中，华为的技术布局（总量137件），除了在主要的目标市场国进行技术布局外，在印度的布局（11件）是其国际布局的第二重点（第一位是在美国的13件），从数量上看甚至超过了其在日本的技术布局（4件）。

6.1.6 全球重点专利权人申请趋势

专利权人在不同时间阶段的排名可以反映专利权人之间相对技术实力的变化历程，从而评估哪些专利权人是目前市场的主体力量，并且进行着持续的有竞争力的研发，这样的专利权人应该有意识地避免与之进行直面竞争；哪些专利权人有技术基础，但已不再进行进一步的技术布局，这样的专利权人可以考虑引进其技术，结合自身技术形成体系化的专利池；哪些专利权人属于新势力，这样的专利权人可以进行技术合作，以形成技术合作共同体，共同占领市场。

图6-1-4选取重点专利的排名前15的专利权人进行进一步分析，并将其定义为“重点专利权人”。经分析可以看出，丰田、福特在该领域进行了持续的技术布局，且从2015年起加大了布局力度；电装、博世等设备供应商，在该领域拥有持续且数量均衡的技术布局，可见智能网联汽车的发展，从现阶段来看，离不开传统汽车及其零部件的发展。百度、LG电子、华为这些专利权人可以看作是智能网联汽车领域的新势力，在2015年前后开始参与该领域的技术布局，并持续增加技术研发的力度。从整体分析可以看出，智能网联汽车领域还将迎来更加激烈的竞争，必将是多领域、多技术

角度、多参与机构的局势。随着技术的发展及参与主体的多元化发展，智能网联汽车的发展方向有可能出现新的趋势。

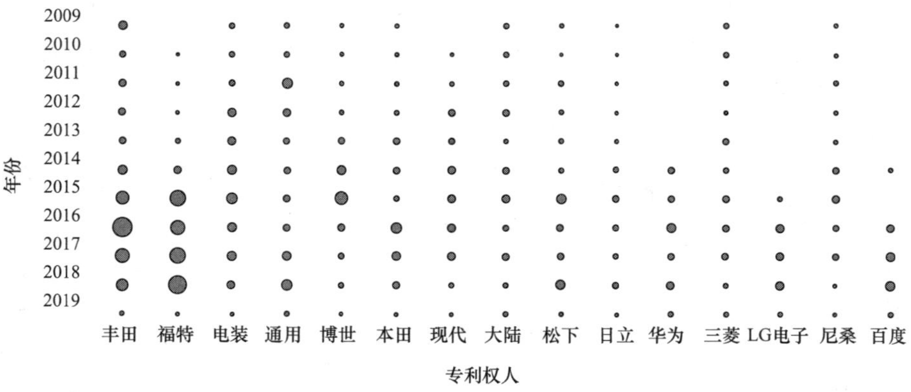

图6－1－4　智能网联汽车领域全球重点专利权人申请趋势

注：图中圆圈大小表示申请量多少。

6.1.7　中国重点专利权人申请趋势

中国在智能网联汽车领域拥有不容忽视的重要地位，将中国的重点专利权人进行单独分析，可以有助于发现中国专利权人的特点，并有助于从宏观上构建国内研发模式，以提高在国际上的竞争优势。

图6－1－5展示了排名前12的中国重点专利权人历年专利申请量，从中可以看出，中国的重点专利权人除华为、百度、中兴自2015年前后在该领域做了较为突出的技术布局

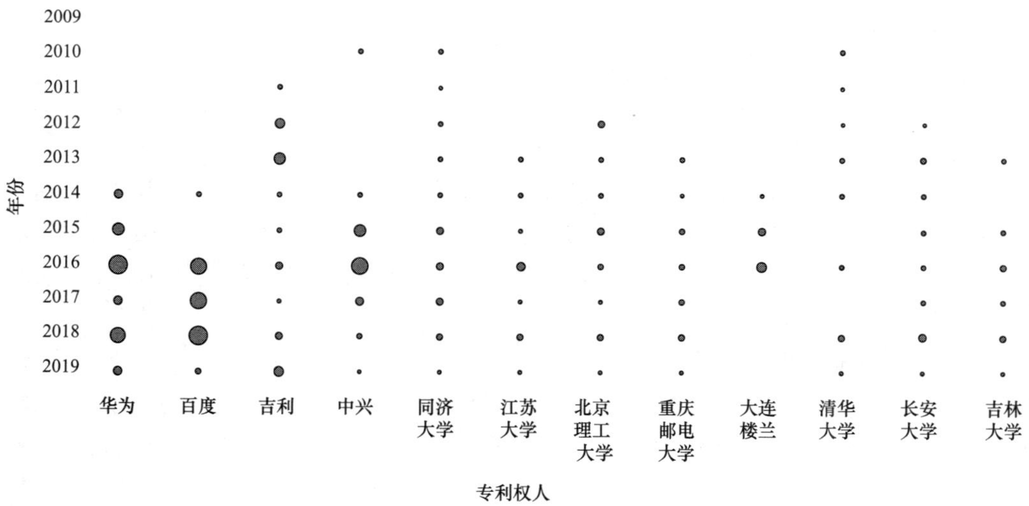

图6－1－5　智能网联汽车领域排名前12的中国重点专利权人申请趋势

注：图中圆圈大小表示申请量多少。

外，高校/科研机构占了较大的比重（前12名重点专利权人中7个为高校/科研机构），且高校/科研机构对该领域关注较早，研发较为持续均衡，以清华大学、同济大学为典型代表。江苏大学、北京理工大学、长安大学、吉林大学、重庆邮电大学在该领域参与时间稍晚，但发展势头很猛，其中江苏大学表现尤为突出。

6.2 智能网联汽车标准必要专利分析

6.2.1 标准必要专利的概念界定

标准必要专利（Standard-Essential Patents，SEP）目前尚无统一、明确的定义。一般指在国际标准、国家标准或行业标准中包含的必不可少和不可替代的专利，即是为实施技术标准而不得不使用的专利。也就是说当标准化组织在制定某些标准时，部分或全部标准草案由于技术上或者商业上没有其他可替代方案，无可避免要涉及的专利或专利申请。当这样的标准草案成为正式标准后，实施该标准时必然要涉及其中含有的专利技术。

6.2.2 标准必要专利数据来源

本报告所研究的标准必要专利的数据均采集自智慧芽数据库（https：//passport. zhihuiya. com/login）。该数据库包括约1.4亿全球专利数据，覆盖116个国家/地区。其中，标准必要专利收录于各大标准委员会、行/学协会等，主要包括：ETSI－欧洲电信标准委员会、IEC－国际电工委员会、IEEE－电气和电子工程师协会、ISO－国际标准化组织、ANSI－美国国家标准学会等。以下是对各协会、标准委员会的简单介绍。

电气和电子工程师协会（Institute of Electrical and Electronics Engineers，IEEE）是一个国际性的电子技术与信息科学工程师的协会，是目前全球最大的非营利性专业技术学会。

国际标准化组织（International Organization for Standardization，ISO）是一个全球性的非政府组织，是国际标准化领域中一个十分重要的组织。

国际电工委员会（International Electrotechnical Commission，IEC）成立于1906年，它是世界上成立最早的国际性电工标准化机构，负责有关电气工程和电子工程领域中的国际标准化工作。IEC的总部最初位于伦敦，1948年搬到了位于日内瓦的现总部处。

欧洲电信标准化协会（European Telecommunications Standards Institute，ETSI）是由欧共体委员会1988年批准建立的一个非营利性的电信标准化组织，总部设在法国南部的尼斯。ETSI的标准化领域主要是电信业，并涉及与其他组织合作的信息及广播技术领域。ETSI作为一个被欧洲标准化协会（CEN）和欧洲邮电主管部门会议（CEPT）认可的电信标准协会，其制定的推荐性标准常被欧共体作为欧洲法规的技术基础而采用并被要求执行。

欧洲标准化委员会（Comité Européen de Normalisation，CEN），1961 年成立于法国巴黎，1975 年总部迁移至比利时布鲁塞尔。CEN 是以西欧国家为主体、由国家标准化机构组成的非营利性标准化机构。宗旨在于促进成员国之间的标准化协作，制定本地区需要的欧洲标准（EN，除电工行业以外）和协调文件（HD），CEN 与 CENELEC 和 ETSI 一起组成信息技术指导委员会（ITSTC），在信息领域的互连开放系统（OSI），制定功能标准。

美国国家标准学会（American National Standards Institute，ANSI），成立于 1918 年，美国材料试验协会（ASTM）、美国机械工程师协会（ASME）、美国矿业与冶金工程师协会（ASMME）、美国土木工程师协会（ASCE）、美国电气工程师协会（AIEE）等组织共同成立了美国工程标准委员会（AESC）。美国政府的三个部（商务部、陆军部、海军部）也参与了该委员会的筹备工作。1928 年，AESC 改组为美国标准协会（ASA）。1966 年 8 月，改组为美利坚合众国标准学会（USASI）。1969 年 10 月改成现名：美国国家标准学会（ANSI）。

6.2.3 智能网联汽车标准必要专利概况

如表 6－2－1 所示，从智能网联汽车的检索结果中，筛选出标准必要专利 75 件，主要来自 ETSI 和 IEEE。

表 6－2－1 智能网联汽车主要标准必要专利来源 单位：件

标准必要专利来源	申请量
ETSI	67
IEEE	8

6.2.4 标准必要专利国家/地区分布

标准必要专利具有独特的重要性，是其他重点专利所无法比拟的。对标准必要专利的关注能够从标准制定层面奠定一个国家或企业在该领域的地位。首先进行的是标准必要专利国家/地区分布的分析。

图 6－2－1 展示了标准必要专利的技术来源和目标市场流向，可以看出，韩国和美国是排前两名的技术来源国（韩国占 45.3%，美国占 28.0%），中国位列第三（占 16.0%）。其中韩国主要占据国外市场（以美国和中国为主）；美国除布局本国市场外，以中国为主要市场；中国以布局国内市场为主，仅有 1 件专利通过 WIPO 布局国外市场。

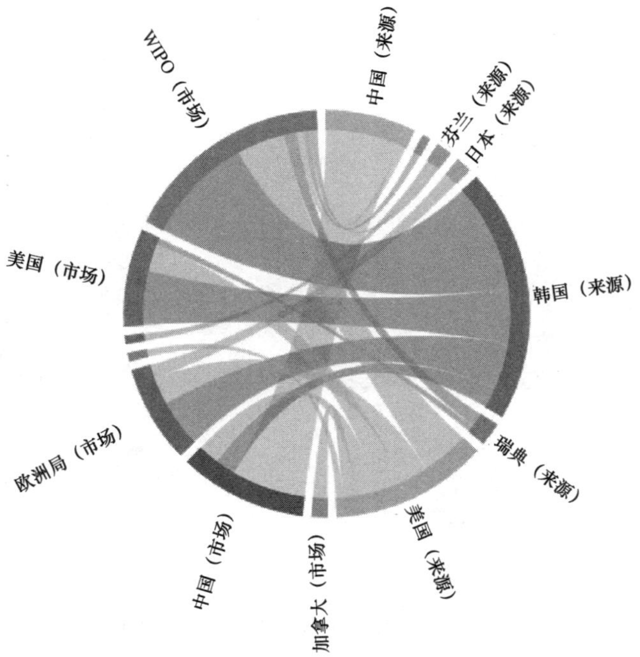

图6－2－1 智能网联汽车领域标准必要专利技术来源和目标市场流向

6.2.5 标准必要专利专利权人概况

专利权人在不同时间阶段的排名可以反映专利权人之间相对技术实力的变化历程，从而评估哪些专利权人是目前市场的主体力量，并进行着持续而有竞争力的研发，这样的专利权人应该有意识地避免与之进行直面竞争；哪些专利权人有技术基础，但已不再进行进一步的技术布局，这样的专利权人可以考虑引进其技术，结合自身技术形成体系化的专利池；哪些专利权人属于新势力，这样的专利权人可以进行技术合作，以形成技术合作共同体，共同占领市场。

图6－2－2（见文前彩色插图第4页）和图6－2－3通过对标准必要专利的专利权人进行分析，发现三星电子的标准必要专利在数量上具有绝对优势（占全部标准必要专利数量的49.42%），其他专利权人的专利数量均较少，无法与之形成竞争。同时，三星电子的专利均为近几年申请的专利。可见，三星电子属于该领域的新势力，且实力强劲，在该领域有深入发展的布局意向。日本电器在早期有所布局，但近几年无标准必要专利出现，可以深入对其所拥有的专利进行分析。英特尔和中兴在近两年出现了标准必要专利，可对这样的专利权人进行重点关注，寻找合作机会。成均馆大学作为科研机构在近两年也出现了标准必要专利，可以与之建立研发合作关系。

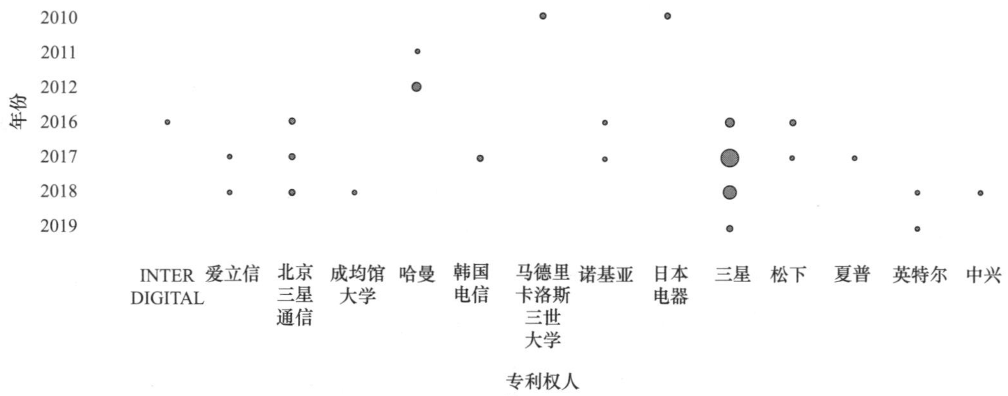

图6-2-3　智能网联汽车领域标准必要专利专利权人申请趋势分析

注：图中圆圈大小表示申请量多少。

6.2.6　重点专利权人分析——三星电子

韩国三星电子在标准必要专利数据集中有非常突出的表现，因此我们对三星电子进行了深入的分析，期望能够通过分析发现三星电子的技术布局脉络，以为我国相关企业或研发机构提供借鉴。

从图6-2-4可以看出，三星电子的标准必要专利主要分布在通信设备资源数据的选择和处理、消息核心集的配置。

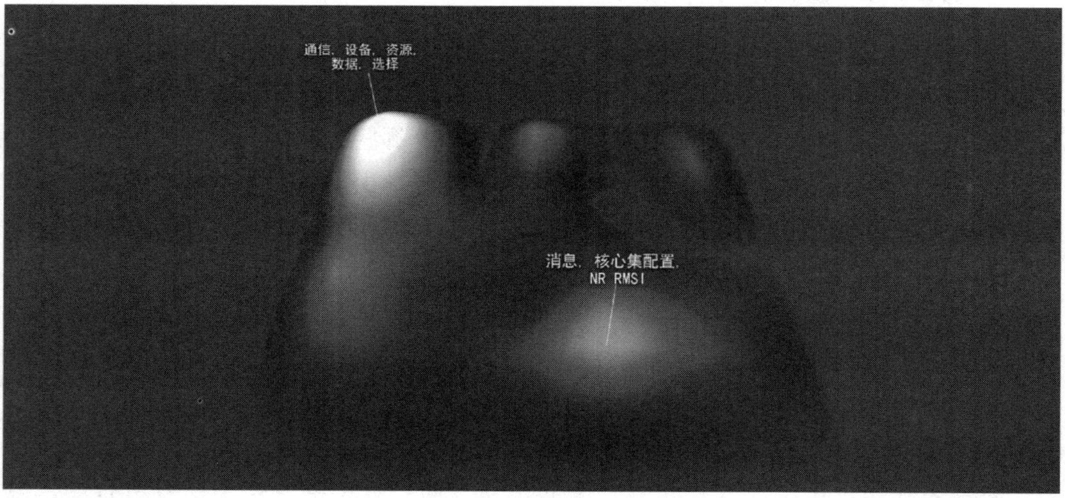

图6-2-4　三星电子的标准必要专利技术分布

将三星电子的标准必要专利按申请年份进行展示，从图6-2-5（见文前彩色插图第4页）中可以看出，其技术布局具有紧密的联系性，并在不同国家和地区都进行了紧密快速的布局；在车联网信息发送的方法和设备、通信资源的分配方法和设备上均有布局。

6.3 智能网联汽车国内研发主体分析

6.3.1 整体分析

6.3.1.1 国家/地区布局

2009 年以来，国内研发主体在智能网联汽车技术领域申请专利共计 12765 件，其中在中国国内申请的专利 12077 件，占比高达 94.61%；国际申请 688 件，占比仅有 5.39%。如表 6－3－1 所示，WIPO 和欧洲的专利占比分别为 2.98% 和 0.49%，均较高。进入海外其他国家/地区的仅有 245 件，占比 1.92%，其中美国专利 180 件，占比 1.41%，剩余国家申请量总和只有 65 件，占比 0.51%。智能网联汽车技术领域国内研发主体在国外布局的专利数量相对较少。

表 6－3－1 智能网联汽车技术领域国内研发主体专利布局国家/地区分布

公开国家/地区	申请量/件	占比	公开国家/地区	申请量/件	占比
中国	12077	94.61%	加拿大	5	0.04%
WIPO	381	2.98%	英国	5	0.04%
美国	180	1.41%	澳大利亚	4	0.03%
欧洲	62	0.49%	德国	2	0.02%
韩国	18	0.14%	俄罗斯	2	0.02%
印度	13	0.10%	新加坡	2	0.02%
日本	13	0.10%	越南	1	0.01%

6.3.1.2 国际申请分析

目前，国际化、全球化的战略发展已成为企业生存、壮大的必然选择。为了使企业成功开拓国外市场，在国外进行专利布局成为重要的知识产权发展战略手段。在产品销售的目标国先行申请并获得该产品相关技术的专利权，可以为进入该目标国市场的销售产品保驾护航，避免不必要的知识产权纠纷和经济纠纷。因此，申请海外专利是企业知识产权战略的一个重要环节。

同时，由于高昂的申请费用，那些真正有意义的专利才有可能进行国际申请，国际申请专利的价值不言而喻。2009 年以来国内研发主体申请国际专利 688 件，占全部专利总量的 5.39%。图 6－3－1 为智能网联汽车技术领域国内研发主体专利国际申请趋势，可以看到，国内研发主体的国际申请量在全部专利中的占比均逐年增高，2017 年国际申请量达 194 件，占全部专利的 7.55%。

对国际申请的主要申请人进行分析，如图 6－3－2 所示，中兴的申请量最高，其次为华为和百度。这三家公司均为我国资金实力雄厚的高科技公司，研发能力强。国际申请量排名前十的国内申请人中有 8 家高科技公司和 1 家初创公司，传统车企仅有比亚迪 1 家。

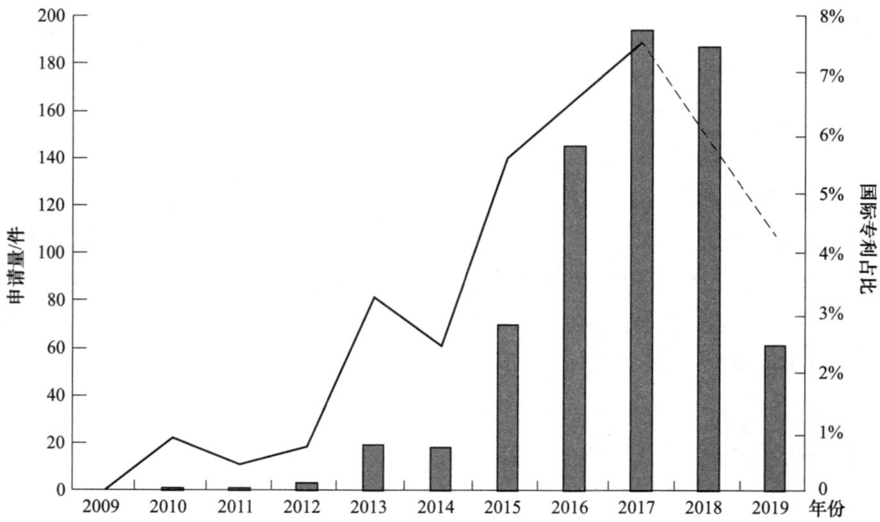

图6－3－1　智能网联汽车技术领域国内研发主体国际专利申请趋势

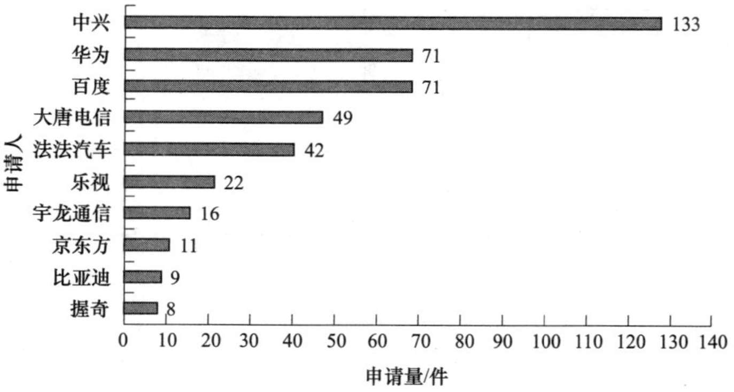

图6－3－2　智能网联汽车技术领域国内主要国际专利申请申请人

以下是智能网联汽车技术领域国内研发主体国际申请的专利布局情况。从图6－3－3可见，国际申请主要集中在车联网技术领域，包括“资源，无人，业务，消息，基站”“V2X通信，业务，资源，资源分配，信令”等。

如表6－3－1所示，国际申请中主要是向WIPO和EPO申请的专利，实际进入其他国家/地区的仅有245件专利申请，优先权来自国内的276件专利——其中，进入1个国家/地区的有240件，进入2个、3个国家/地区的分别有33件、2件，还有1件专利进入4个国家/地区，如图6－3－4所示。

进入4个国家/地区布局的专利是东南大学于2017年申请的一种多维智能网联交通系统的专利CN201710014787A，先后在加拿大、美国、澳大利亚、韩国布局，涉及智能交通系统、车联网技术领域，技术方案如图6－3－5所示。

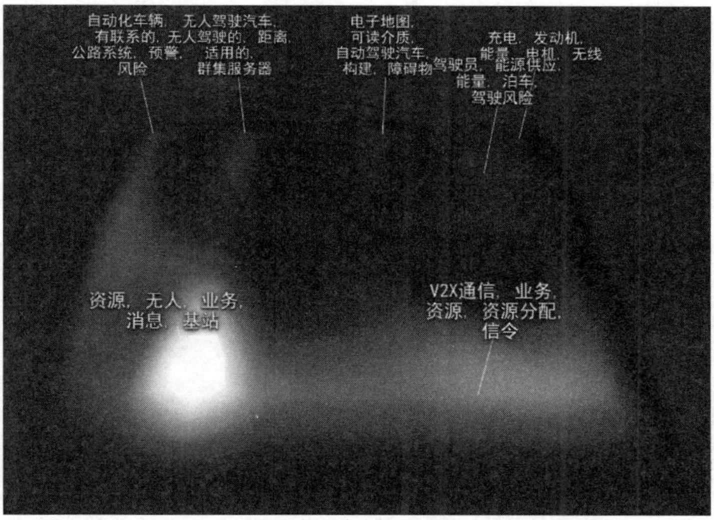

图 6-3-3 智能网联汽车技术领域国内研发主体国际专利申请 3D 地图

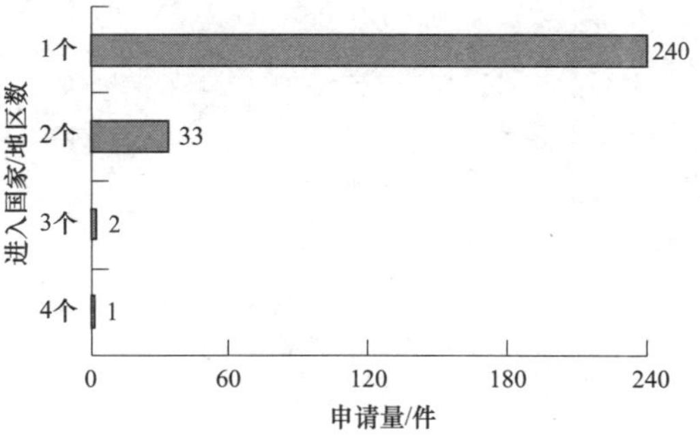

图 6-3-4 智能网联汽车技术领域国内研发主体专利进入其他国家/地区的情况

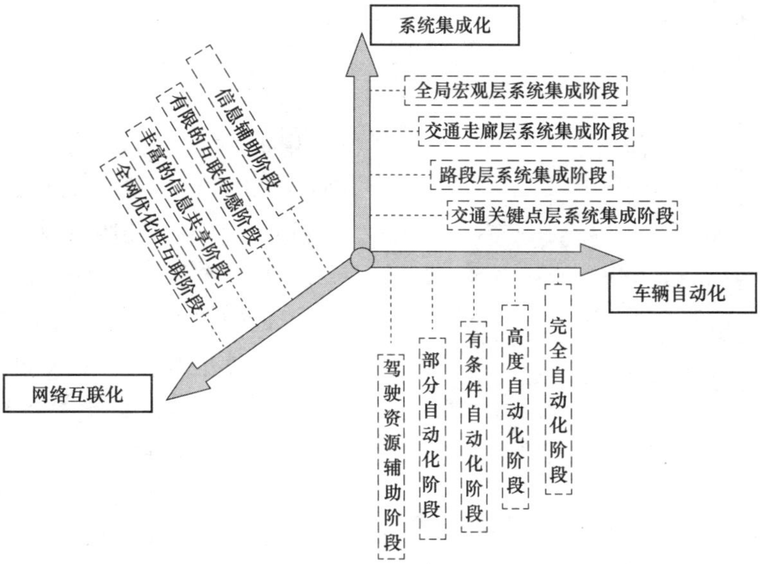

图 6-3-5 CN201710014787A 的技术方案

6.3.1.3 国内申请区域分析

对国内专利进行按省份分布统计，如图6-3-6所示，全国所有省份中北京申请量最高，有2556件，占20.87%；其次依次是广东（16.51%）、江苏（11.67%）和上海（7.74%）。北京、广东、江苏和上海的申请量占据了该领域总量的56.79%，超过一半，地域分布集中度较高，这说明该领域国内各省份之间发展差异较大。

图6-3-6 智能网联汽车技术领域国内专利按省份分布

6.3.1.4 研发主体类型分析

如图6-3-7所示，对智能网联汽车技术领域的国内研发主体进行占比分析，其中公司申请8535件，占比65.97%；高校申请2907件，占比22.47%；个人申请1193件，占比9.23%；研究所申请260件，占比2.01%；其他申请42件，占比0.32%。与国外研发主体公司在专利申请中占绝对主导的情况相比，国内研发主体中高校和个人的占比非常高，比较活跃。其他研发主体中，不乏政府机构和中学师生，诸如北京航天飞行控制中心、苏州市公安局交通巡逻警察支队、上海市七宝中学、上海市吴淞初级中学等。

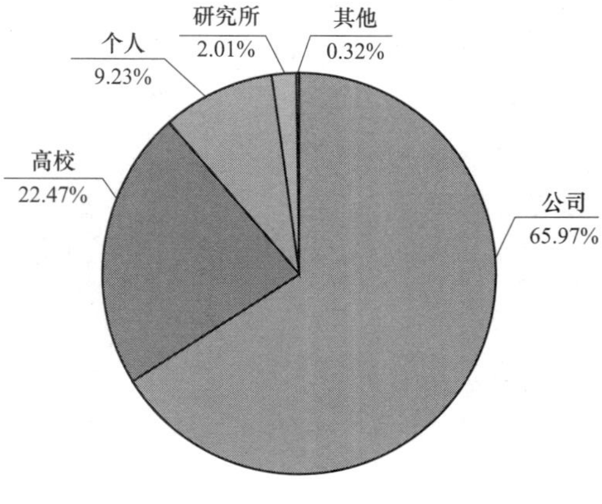

图6-3-7 智能网联汽车技术领域国内各类研发主体占比

6.3.1.5 研发主体间合作分析

对不同类型研发主体间的合作进行分析，发现有163件专利为不同研发主体间合作共同申请，占智能网联汽车全部专利数量的1.3%。其中1件专利由公司（四川嘉垭汽车科技有限公司）、高校（西南交通大学）和研究所（中国电子产品可靠性与环境试验研究所）联合申请，是一件涉及一种基于视觉的无人驾驶汽车的同时定位与地图创建方法的专利，其具体信息如图6－3－8所示。

本发明属于无人驾驶汽车定位导航领域,涉及一种基于视觉的无人驾驶汽车的同时定位与地图创建方法,包括以下操作步骤:进行双目摄像机参数标定;进行图像增强;对图像特征进行提取;进行左右图像特征匹配,得到匹配图像;将匹配图像与特征地图库进行数据关联;利用UT变换获取状态向量的预测值和观测预测值,运用无迹卡尔曼滤波对无人驾驶汽车进行状态更新,根据重采样技术,自适应地对粒子进行采样,根据数据关联的结果对地图进行更新匹配。本发明采用了自适应重采样技术和无迹卡尔曼滤波,避免了由高阶项截断而产生的系统截断误差,提高了系统的精度和车辆定位精度,建立的环境地图也更加准确。

申请号 CN201811592793.5

申请日 2018-12-25

公开(公告)号 CN109870167A

公开(公告)日 2019-06-11

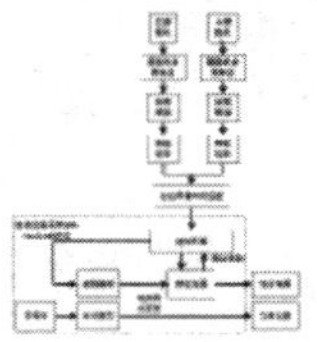

附图（46）

原始申请(专利权)人 四川嘉垭汽车科技有限公司
西南交通大学
中国电子产品可靠性与环境试验研究所(工业和信息化部电子第五研究所/中国赛宝实验室)

图6－3－8 公司、高校和研究所联合申请的智能网联汽车专利案例

图6－3－9（见文前彩色插图第5页）为不同研发主体之间的合作网络，数量最多的是公司与高校之间的合作，有103件；其次是公司与个人之间的合作，有35件；公司与研究所之间的合作有11件。

6.3.1.6 专利转让分析

对比专利的原始申请（专利权）人和当前申请（专利权）人，可以看出一件专利是否进行了转让。这里，我们以智能网联汽车领域国内研发主体的专利为分析对象，查看专利的转让情况，如图6－3－10（见文前彩色插图第5页）和表6－3－2所示。有522件专利进行了转让，占智能网联汽车全部专利数量的4.9%。其中公司与公司之间的专利转让占据主导位置，转让341件，占全部转让专利的65.3%；其次是公司与个人之间的相互转让。相对而言，公司是净流入大户，而个人尤其是高校是净流出大户。

表6－3－2 智能网联汽车技术领域专利转让分析 单位：件

转让	公司－转出	高校－转出	研究所－转出	个人－转出	其他－转出
公司－转入	341	32	5	78	0
高校－转入	1	0	0	9	0

续表

转让	公司-转出	高校-转出	研究所-转出	个人-转出	其他-转出
研究所-转入	4	0	1	0	0
个人-转入	41	0	0	12	0
其他-转入	0	1	0	0	0

6.3.2 高校分析

高校是知识创新的重要基地，我们对智能网联汽车主要技术来源国家的高校专利申请量占比进行统计分析发现，中国占比最高，达到22.5%，美国占1.40%，日本占0.69%，德国占0.28%，韩国占12.19%。中国和韩国高校在本国智能网联汽车技术领域专利布局占比远高于其他3个国家。这里，我们对国内高校的专利申请进行深入分析。

6.3.2.1 整体分析

研发主体中有520所高校在智能网联汽车技术领域进行了专利布局，其中同济大学、吉林大学、江苏大学和长安大学的专利数量最多，申请量均超过100件。如图6-3-11所示，专利申请量排名前20的高校的申请量占总申请量的45.0%，集中度较高。绝大多数高校的申请量只有1~2件，其中1件的有250家，2件的有87家。智能网联汽车技术领域参与高校多，但主要研发高校较为集中。

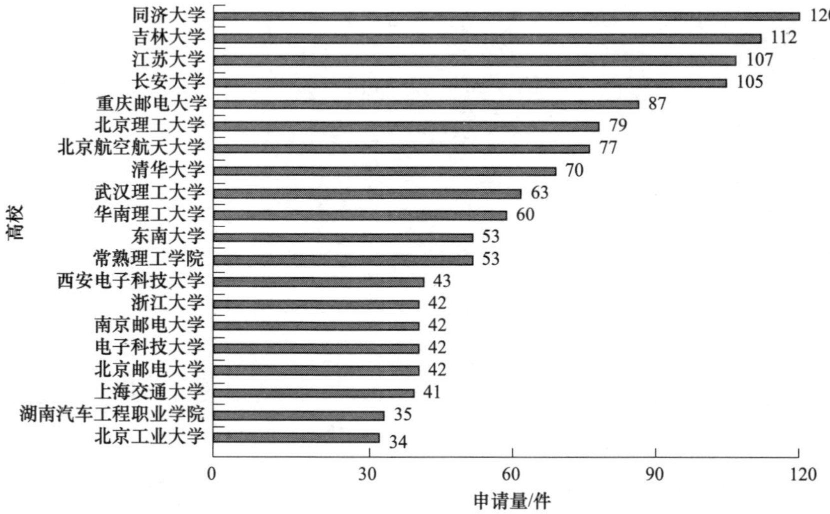

图6-3-11 智能网联汽车技术领域专利申请量排名前20的高校

6.3.2.2 国际申请分析

高校共涉及19件专利的国际申请，申请量逐年增长显著，2017年和2018年分别有6件和7件国际申请，如表6-3-3所示。华南理工大学国际申请量最多，有4件国际申请，其次为清华大学、东北大学和长安大学，均有3件国际申请。从专利的标题来看，这些国际申请主要集中在车联网技术领域。

表6-3-3 智能网联汽车技术领域高校专利的国际申请

序号	公开号	申请年	申请人/专利权人	标题
1	WO2019137373A1	2019	华为 清华大学	驾驶轨迹获取方法及装置
2	US20190156668A1	2018	江苏大学	车联网环境下行车服务主动感知系统及方法
3	US20190207800A1	2018	长安大学	面向车联网IEEE802.11p协议的车-路及车-车通信测试方法
4	US20190288781A1	2018	长安大学	一种基于LTE-V的车联网通信测试系统及测试方法
5	WO2019042141A1	2018	清华大学	四轮独立驱动独立转向电动车的集中-分布式控制系统
6	WO2019109598A1	2018	东北大学	基于随机加密周期的VANETs位置隐私保护的系统及方法
7	WO2019104955A1	2018	东北大学	雾计算架构下的VANETs位置隐私保护查询方法
8	WO2019041896A1	2018	东北大学	一种基于虚拟Mixzone的VANETs位置隐私保护系统及方法
9	AU2017100662A4	2017	北京航空航天大学	一种集成分布式电动汽车控制器安全通信方法及系统
10	US10026134B2	2017	合肥工业大学	一种电动汽车接入微电网的充放电调度方法
11	US20180132281A1	2017	长安大学	基于冲突检测下QoS保障的车联网电子交通标识广播方法
12	WO2018218904A1	2017	华南理工大学	基于分布式拥塞控制策略的车联网跨层机会路由方法
13	WO2019037325A1	2017	清华大学	一种网联汽车队列的节能型稳定性运动控制方法
14	WO2018161668A1	2017	华南理工大学	车联网环境下的汽车座位震动警示装置及其震动警示方法
15	WO2018028025A1	2016	江苏大学	车联网环境下行车服务主动感知系统及方法
16	WO2016188116A1	2015	华南理工大学	一种车载自组网中基于信任度检测的安全路由方法

续表

序号	公开号	申请年	申请人/专利权人	标题
17	WO2016161676A1	2015	北京邮电大学	一种资源调配系统、基站、设备及方法
18	US9391891B2	2014	电子科技大学	一种车联网接入互联网的方法
19	WO2014114153A1	2013	华南理工大学	一种提高车联网安全信息广播覆盖范围的方法

6.3.2.3 国内申请区域分析

对高校专利进行按省份分布统计，如图6-3-12所示，全国诸多省份均有高校在智能网联汽车技术领域进行了专利申请。与全部研发主体的省份占比相比，高校专利按省份分布的前四位顺序变动较大，依次是江苏（17.34%）、北京（13.76%）、上海（7.95%）和广东（7.36%）。江苏、北京、上海和广东占据了该领域总量的46%，地域分布集中度较高，这说明该领域国内各省份之间发展差异较大。

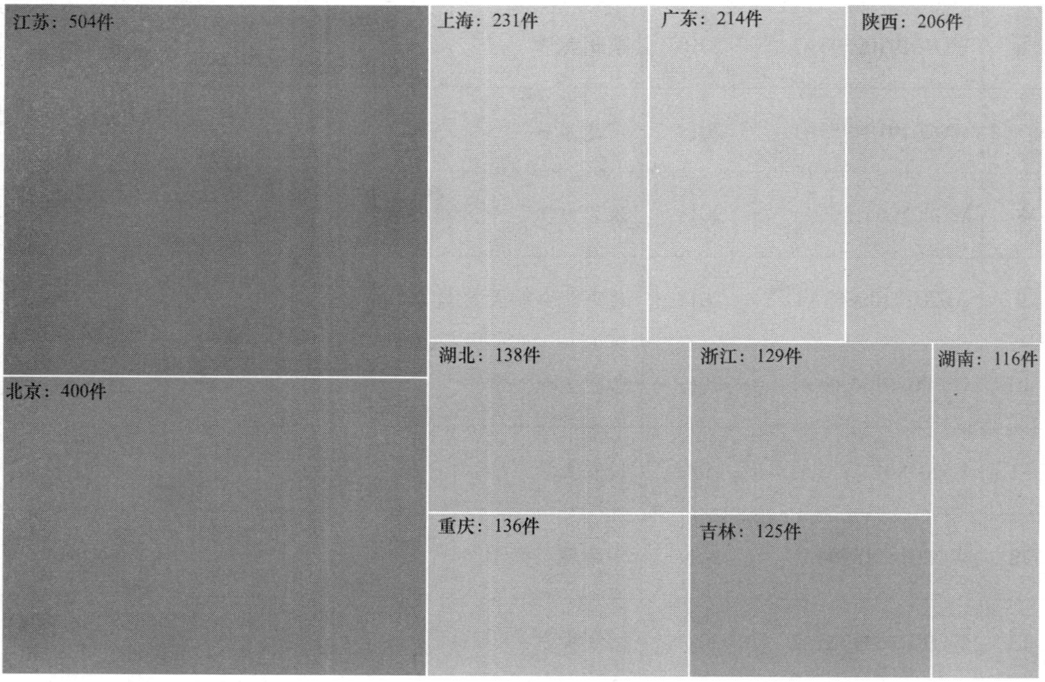

图6-3-12　智能网联汽车技术领域高校专利按省份分布

6.3.2.4 主要高校专利布局

高校在智能网联汽车技术领域的专利主要集中在以下几个研究方向：

①小车，油门，匝道，探测，警示；

②小车，交通系统，匝道，MFD，交通信号；

③网约车，特征，障碍物，聚类，定价；

④合作，数据网络，定义，D2D，MIX；

⑤证书，连通，轻量级，通信协议，假名；

⑥防盗，履带，底盘，可信赖，电机；

⑦限速，ACC，OPENCV，混杂，参考；

⑧密度，基站，业务，容迟，基础设施。

以下是专利申请量排名前八的高校的专利布局情况。从图6－3－13（见文前彩色插图第6页）可见，同济大学在各方向均有布局；吉林大学、重庆邮电大学和北京航空航天大学在“小车，交通系统，匝道，MFD，交通信号”上优势明显；长安大学在“小车，油门，匝道，探测，警示”上优势明显；北京理工大学在“防盗，履带，底盘，可信赖，电机”上优势明显；清华大学的优势集中于“限速，ACC，OPENCV，混杂，参考”。

6.3.2.5　高校专利转让分析

高校是国家创新体系的重要创新主体之一，作为技术端的源头，在政策导向的持续影响下，近年来科技成果转化额屡创新高。在智能网联汽车领域，高校有33件专利进行了转移，如表6－3－4所示。其中9件专利在新增公司为专利权人的基础上，保留了原高校作为共同专利权人，两者联合持有该专利，一定程度上表明高校对专利权利转让的重视和谨慎。

图6－3－14为高校转让专利的3D专利地图分析，可见主要集中在四个研究方向：控制，城市，通信，预警，切换；电子，电池组，无轨电车，制动，预警系统；配送，定位，跟踪，导航，检测；复合，多功能，电控，故障诊断，无线。

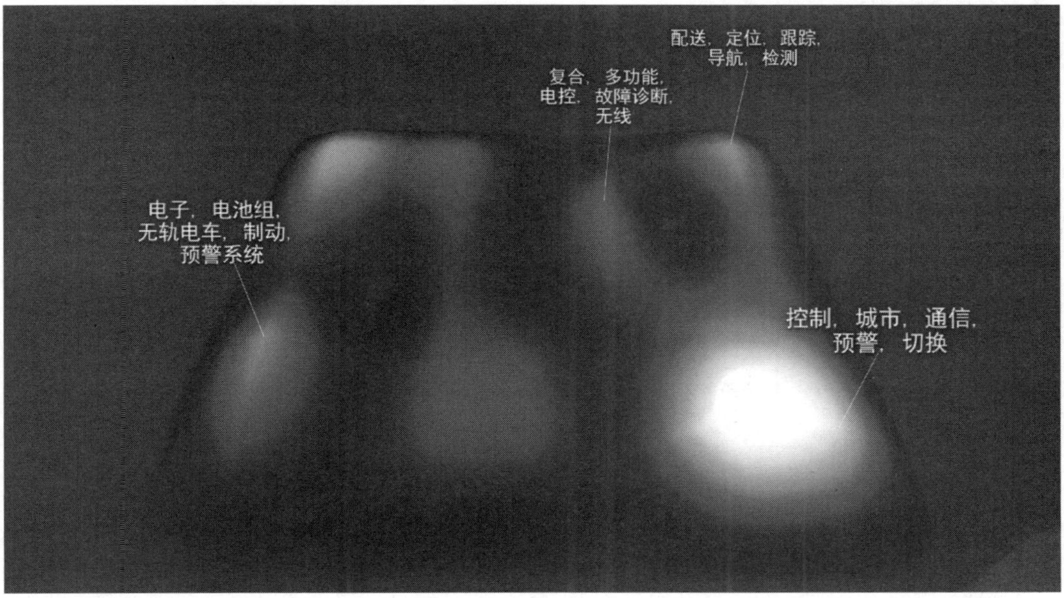

图6－3－14　智能网联汽车技术领域高校转让专利的3D专利地图分析

表6-3-4　智能网联汽车技术领域高校转让专利

序号	公开号	申请年	发明人	原始申请人/专利权人	当前申请人/专利权人	备注
1	CN110111563A	2019	任刚、宋建华、张洁斐、曹奇	东南大学	东南大学、中电科大数据研究院有限公司	联合持有
2	CN105574239A	2015	官科、杨靖雅、艾渤、何睿斯、明悦、钟章队、何丹萍	北京交通大学	中国铁路总公司、北京交通大学	联合持有
3	CN103857059B	2014	吴悦、张俊健	上海大学	上海大学、上海市科技企业联合会	联合持有
4	CN103323012B	2013	刘南杰、赵璐、赵海涛、黄波、李大鹏	南京邮电大学	南京邮电大学、江苏南亿迪纳数字科技发展有限公司	联合持有
5	CN103281742A	2013	刘南杰、陈远龙、赵海涛、李大鹏、黄波	南京邮电大学	南京邮电大学、江苏南亿迪纳数字科技发展有限公司	联合持有
6	CN103745329A	2013	黄力、王冬云、韦彬贵、罗海波、邱志宏	柳州职业技术学院	柳州职业技术学院、广西科技大学	联合持有
7	CN103010127B	2012	王震坡、孙逢春、刘鹏、王丽娜、董政	北京理工大学	北京理工大学、北京理工新源信息科技有限公司	联合持有
8	CN102073319B	2011	颜伏伍、胡杰、覃雄臻、曹恺、盛祥政、李洪飞、乔美昀、廖文清、吕加井、高长斌	武汉理工大学	武汉理工大学、上汽通用五菱汽车股份有限公司	联合持有
9	CN101561680B	2009	楼佩煌、武星、钱晓明、喻俊、张炯、胡武茹、肖海宁	南京航空航天大学	南京航空航天大学、江苏天奇物流系统工程股份有限公司	联合持有

续表

序号	公开号	申请年	发明人	原始申请人/专利权人	当前申请人/专利权人	备注
10	CN108611996B	2018	杜志刚、余昕宁、杨理波、蒋锦港、陈鑫	武汉理工大学	思方达交通工程湖北有限公司	完全转让
11	CN205722470U	2016	綦科、刘冬民	广州大学	广州市甬利格宝信息科技有限责任公司	完全转让
12	CN105844967B	2016	郑银坤	广州大学	广州市甬利格宝信息科技有限责任公司	完全转让
13	CN205905803U	2016	时玮、李鹏坤、岳彬凯	北京交通大学	山东鼎瑞新能源科技有限公司	完全转让
14	CN205375127U	2016	叶阿勇、李晴	福建师范大学	福建省智慧城市大数据运营有限公司	完全转让
15	CN105678959B	2016	李章勇、黄俊骁、林金朝、夏爽、庞宇、冉鹏、王岫鑫、刘圣蓉、王伟	重庆邮电大学	重庆医之舟信息科技有限公司	完全转让
16	CN204567642U	2015	熊璐、侯一萌、广学令、余卓平、王婧佳	同济大学	上海同驭汽车科技有限公司	完全转让
17	CN105160917B	2015	张存保、王勇刚、严新平、常骐运	武汉理工大学	武汉中科通达高新技术股份有限公司	完全转让
18	CN104598727B	2015	崔刚、王秀峰、王春萌、杨青、曲明成	哈尔滨工业大学	哈工大机器人集团股份有限公司	完全转让
19	CN104464367B	2014	周波、陈超、付文彬	广西大学	成都鹰明智通科技股份有限公司	完全转让
20	CN204383456U	2014	沈峥楠、江浩斌、马世典、华一丁、吴狄、李臣旭、朱畏畏、李文瑶	江苏大学	江苏中虎汽车智能系统有限公司	完全转让
21	CN104228782A	2014	王震洲、陈艳蕾、郭靖	河北科技大学	石家庄泰埃姆环保科技有限公司	完全转让

续表

序号	公开号	申请年	发明人	原始申请人/专利权人	当前申请人/专利权人	备注
22	CN103236177B	2013	李克强、张书玮、罗禹贡、朱陶、连小珉、王建强、杨殿阁、郑四发	清华大学	天津清智科技有限公司	完全转让
23	CN103312788B	2013	黄波、刘南杰、李大鹏、赵海涛、王宁	南京邮电大学	黑匣子杭州车联网科技有限公司	完全转让
24	CN103730028B	2013	胡冀	杭州电子科技大学	浙江摩根智能技术有限公司	完全转让
25	CN103491571B	2013	陈晨、韦晓露、孙灿顶、裴庆琪	西安电子科技大学	西安电子科技大学工程技术研究院有限公司	完全转让
26	CN102905247B	2012	王晓喃	常熟理工学院	江苏俊知传感技术有限公司	完全转让
27	CN103206957A	2012	王相海、方玲玲、宋传鸣、秦钜鳌	辽宁师范大学	海门茂发美术图案设计有限公司	完全转让
28	CN102970367B	2012	杨胜兵、徐锋、王奕、李珍珍、熊晶晶、熊焱飞、苏延霞、王帅、吴超仲	武汉理工大学	威马汽车科技集团有限公司	完全转让
29	CN102263831B	2011	王晓喃	常熟理工学院	江苏俊知智慧网络有限公司	完全转让
30	CN102416834B	2011	吴明晖、明志峰、李想、曹艺辉、朱徐华、赵言正、付庄	上海交通大学	海安交睿机器人科技有限公司	完全转让
31	CN102390320B	2011	张存保、钟益萍、严新平、陈超	武汉理工大学	深圳武汉理工大研究院有限公司	完全转让
32	CN101902794B	2010	卢恒惠、张盛、秦博、陈霁、林孝康	清华大学深圳研究生院	上海富芮坤微电子有限公司	完全转让
33	CN101639979B	2009	刘明、龚海刚、刘念伯、王晓敏、余玲飞	电子科技大学	无锡成电科大科技发展有限公司	完全转让

6.3.3　个人分析

6.3.3.1　整体分析

国内研发主体中有962名个人申请了智能网联汽车技术领域的专利，参与人数众多，较为分散，可以说是全民参与创新的节奏。其中申请量超过10件的有4人，分别为：李晓洋（40件）、施春燕（21件）、张舒怡（13件）、刘至键（11件）。申请量达到或超过5件的有16人。绝大多数个人的申请量只有1~2件，其中只申请1件的有748人，申请2件的有141人。详见图6-3-15。

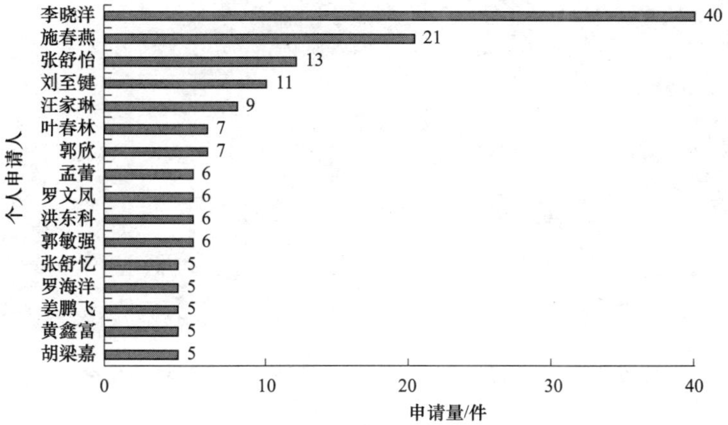

图6-3-15　智能网联汽车技术领域专利申请量达到或超过5件的个人

6.3.3.2　申请区域分析

如图6-3-16所示，中国除西藏以外的其他省份均有个人在智能网联汽车技术领域进行了专利申请。在智能网联汽车技术领域，来自广东的个人专利申请表现突出，有214件，占比17.94%；来自浙江的个人申请也表现不俗，有115件，占比9.64%；超过100件的还有江苏（114件，占比9.56%）和北京（106件，占比8.89%）。广东、浙江、江苏和北京占据了该领域总量的46%，地域分布集中度较高。相对国内全部研发主体的按省份分布，个人按省份分布中，广东和浙江的表现尤为抢眼。

6.3.3.3　主要专利权人分析

与高校的布局方向不同，个人在智能网联汽车技术领域的专利主要集中在以下几个研究方向：

①座椅，保险杠，供电，电动车，防滑；

②调度，服务，交通信号，动态，二手车；

③摄像头，变速器，两用，手动，有级；

④传输，收发，多媒体，传递，感知；

⑤零部件，连接器，立体车库，天然气，电动车；

⑥自动驾驶，搬运，跟随，程度，自主的。

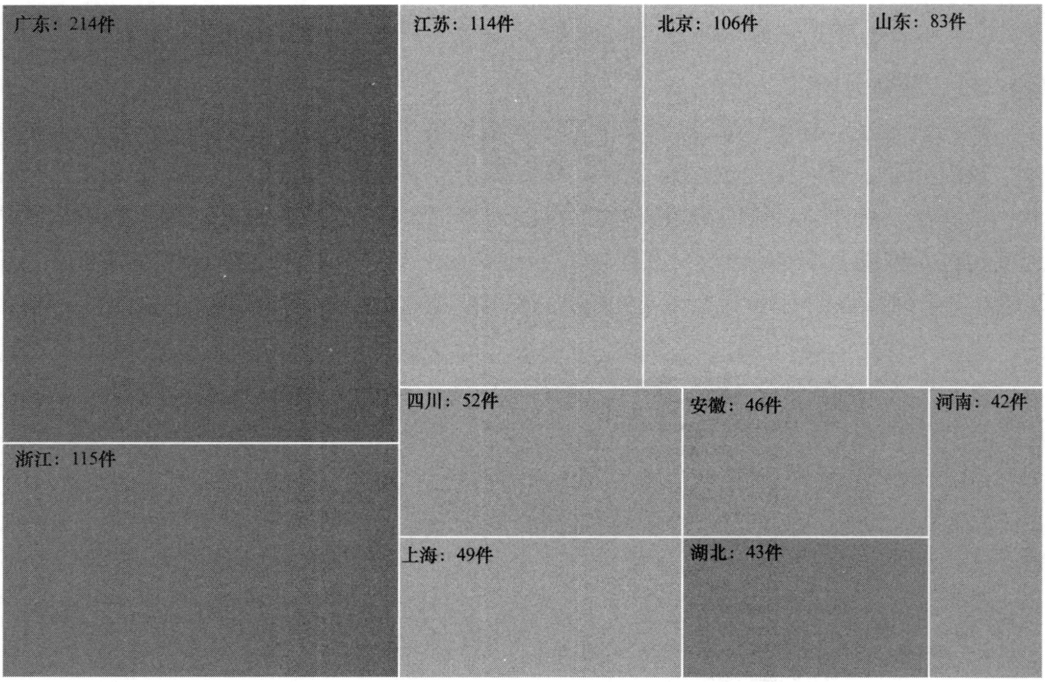

图6－3－16　智能网联汽车技术领域个人专利按省份分布

接下来是申请量排名前四的个人的专利布局情况。经统计可知，李晓洋、施春燕专利布局较为分散，专利布局涉及多个研究方向；张舒怡研究方向主要集中在“调度，服务，交通信号，动态，二手车”；刘至键研究方向主要集中在“传输，收发，多媒体，传递，感知”研究方向上。

6.3.3.4　个人专利转让分析

个人在智能网联汽车技术领域的表现尤为抢眼，不仅申请量大（1193件，占比9.2%），且转移转化较多，有95件专利进行了转让，国家知识产权局有备案的专利许可7件，另外还涉及1件专利诉讼。95件转让专利中，80件转让给了公司，另向高校和个人各转让8件——其中1件专利同时转让给了公司和个人。图6－3－17为个人转让专利的3D专利地图分析，可见主要集中在以下三个研究方向：汽车，智能，无人驾驶，信息，数据；卫星电视，管理，呼叫，MOST，混合通信；天线，5G，电源模块，漏电，防爆。

6.3.4　清华大学分析

鉴于清华大学在智能网联汽车领域的行业影响力和研发特色，本报告就清华大学智能网联汽车研究和转移转化情况进行重点介绍和深入分析，作为高校产学研特色发展模式的一个典型案例。

6.3.4.1　清华大学智能网联汽车研究介绍

清华大学多年来在智能网联汽车领域引领国家技术发展，为智能交通和运输业积

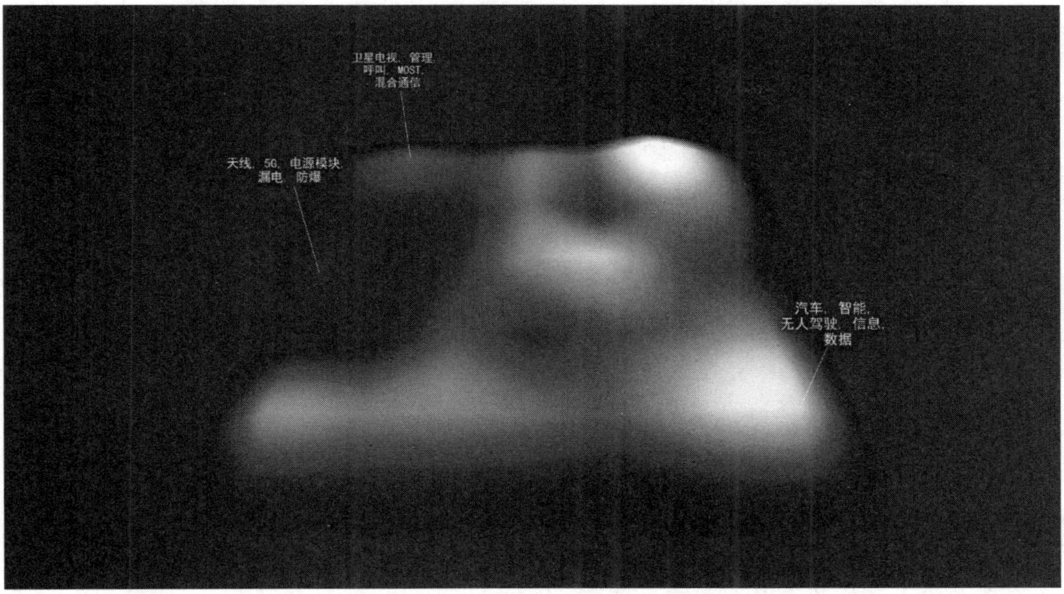

图6-3-17 智能网联汽车技术领域个人转让专利3D专利地图分析

极贡献，成果丰硕。目前清华大学建有智能网联汽车与交通研究中心、自动驾驶实验室，以车辆与运载学院（原汽车系）为主体，联合校内多个院系及国内研发机构及相关企业，探索产学研合作模式，共同推动智能网联汽车产业发展。

（1）清华大学智能网联汽车与交通研究中心

2017年9月，清华大学智能网联汽车与交通研究中心成立，挂靠车辆与运载学院，共建院系为自动化系、土水学院、计算机系、工业工程系、电子系、航院、精仪系、机械系、软件学院。该中心的成立是清华大学深化综合改革过程中科研体制机制改革、推动学科交叉取得的里程碑式成果。中心通过建设综合性人才培养新模式，构建梯队合理的一流人才队伍，用智能技术和网络技术推动我国汽车和交通行业变革发展，协助冬奥会、雄安新区等国家重大项目的顺利实施，努力建成国际一流的智能网联研究中心，助力“中国制造2025”。

清华大学智能网联汽车与交通研究中心可以有效整合校内资源和力量，实现智能网联汽车的基础研究，发挥清华多工科的综合优势，为智能网联汽车的综合研究需求，尤其是整合校外资源（企业、协会）奠定基础，从而最终推动我国智能网联汽车和智能交通产业的技术创新、产品创新和新产业生态构建。

（2）清华大学自动驾驶实验室

清华大学自动驾驶实验室目前有6名博士生导师、1名高级工程师、2名助理研究员、4名工程师、10余名博士后、40余名博硕士研究生。近十年来，实验室共培养博士30余人，硕士40余人，目前均活跃于汽车行业各领域。

清华大学自动驾驶实验室围绕智能网联汽车及驾驶辅助系统等方向，开展了多源传感器融合、高精度地图与定位、行驶安全风险评估、群体学习与智能决策、纵横向运动控制以及无人驾驶汽车测评等系列化关键技术攻关，形成了“人－车－路”一体化且“融合感知、拟人决策、协同控制”的智能汽车技术特色。

实验室团队承担国家“十三五”重点研发计划项目2项：“智能电动汽车的感知、决策与控制关键基础问题研究”“自动驾驶电动汽车环境感知技术研究”；“973计划”课题1项：“车辆动力学系统关键状态估计与参数辨识”；国家自然科学基金18项：“汽车智能安全”（杰青基金）、“智能汽车的系统动力学与协同控制”（优青基金）、“极限工况下人－车－路闭环系统动力学建模与失稳风险辨识”（自然科学基金重大项目课题），“智能汽车纵向动力学行为与协同控制方法”（自然科学基金重点项目）、“人机共驾型智能汽车的动力学特性及协同控制方法研究”（自然科学基金重点项目）、“基于一致性超级感知容器的自动驾驶汽车传感器数据智能全息融合”（自然科学基金重点项目）等；“863计划”课题8项：“智能环境友好型车辆新概念系统技术”“多目标交通信号和行驶车辆智能化协同控制技术研究”等。

实验室主导建立了清华大学智能网联汽车与交通联合研究中心、“车联网”教育部－中国移动联合实验室、（清华大学）汽车系－日产智能出行联合研究中心、清华大学－丰田自动驾驶汽车人工智能技术联合研究中心、（清华大学）汽车系－戴姆勒可持续交通联合研究中心、清华大学－滴滴未来出行联合研究中心等。

清华大学自动驾驶实验室成果形成了具有完全自主知识产权的汽车智能安全及节能驾驶辅助技术，得到大规模产业化，同时与长安、北汽、一汽、东风等国内车企，奔驰、日产、丰田等国际企业密切合作，联合开展智能汽车及车联网技术的基础问题攻关和产业化应用。此外，实验室研究成果还孵化出了智行者、北京超星未来、天津清智、苏州智华等创业公司。

团队研究工作在汽车智能驾驶辅助系统的统一共用架构、行车风险定量评估及安全场建模、网联多车动力学解耦及分布式控制、汽车安全/节能/舒适多目标协同控制等方面取得了国际瞩目的先进成果，先后获国家技术发明二等奖2项：“基于行驶环境感知与控制协同的汽车智能安全新技术及应用”“运动汽车噪声综合识别及控制技术”；国家科学技术进步二等奖3项：“基于路感跟踪的高性能电动助力转向系统关键技术及应用”“车辆联网感知与智能驾驶服务关键技术及应用”“基于共用架构的汽车智能驾驶辅助系统关键技术及产业化”，以及省部级及行业一等奖5项。另外，实验室累计申请并获得授权的专利575项，获得IEEE国际智能汽车会议、世界智能交通大会等国际会议最佳论文奖6项。

团队在国家智能网联汽车战略规划中发挥了重大作用，主笔完成《中国智能网联汽车技术路线图》，推动了一系列智能汽车领域的国家及行业标准制定。主导建立我国第一个汽车领域高校成果产业孵化基地（清华大学苏州汽车研究院），积极推动汽车领域科技成果的产业化转化，并建立了国内第一条具有自主知识产权的汽车智能安全产品生产线，打破了发达国家的技术垄断，提升了我国汽车智能驾驶辅助系统的开发水平和产品竞争力，为我国汽车智能化技术的产业化作出了重要贡献。

6.3.4.2 清华大学专利申请/公开态势分析

根据第3.4.2节“智能网联汽车”检索策略，筛选出专利权人包含“清华大学”的专利共计97件进行分析。目的是以清华大学为例，探究中国高校在智能网联汽车领域的研究态势、优势/劣势及其产学研模式。

如图6-3-18所示，清华大学在智能网联汽车领域的专利申请具有持续性，即清华大学一直在该领域进行着技术研发。从申请时间上看，2015年曾经发生了数量上的较大波动，有可能在该时间段发生了研究方向的调整。

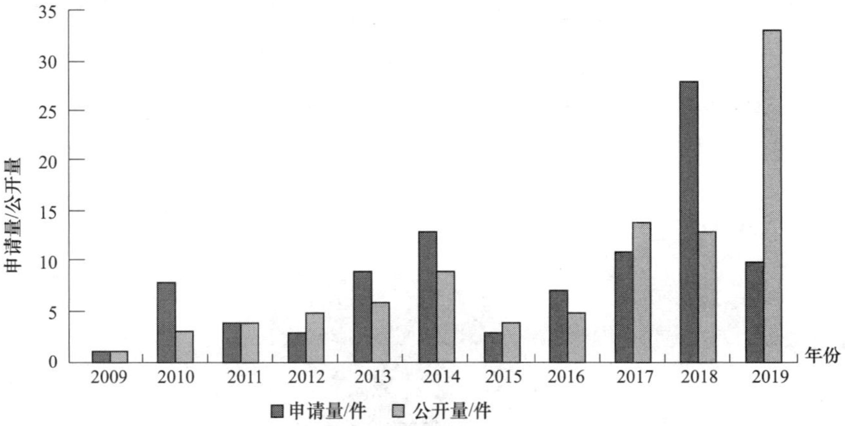

图6-3-18 智能网联汽车领域的清华大学专利申请/公开态势

如图6-3-19所示，从专利类型和法律状态来看，清华大学的专利均为发明专利。目前有效专利数量是失效专利数量的3倍多，可见维持较好。

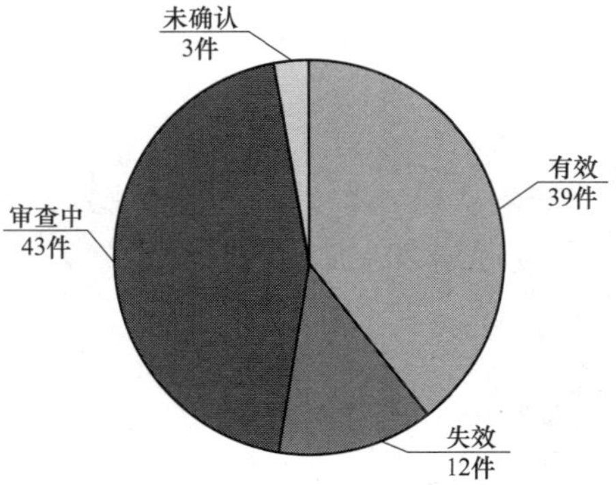

图6-3-19 智能网联汽车领域的清华大学发明专利法律状态

6.3.4.3 清华大学专利合作机构

从图6-3-20清华大学专利合作机构看，2018年，清华大学加大了产学研合作的力量，合作机构数量及类型都出现了大幅增长。

6.3.4.4 清华大学专利院系分布

从图6-3-21智能网联汽车领域专利涉及的清华大学院系分布看，虽然参与的院系较多，但主要的研发力量在车辆与运载学院。

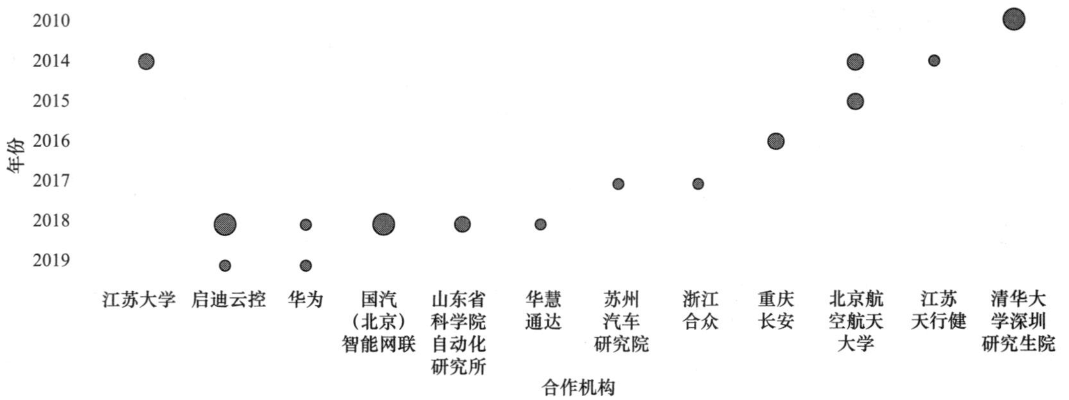

图6-3-20　智能网联汽车领域清华大学专利合作机构

注：图中圆圈大小表示申请量多少。

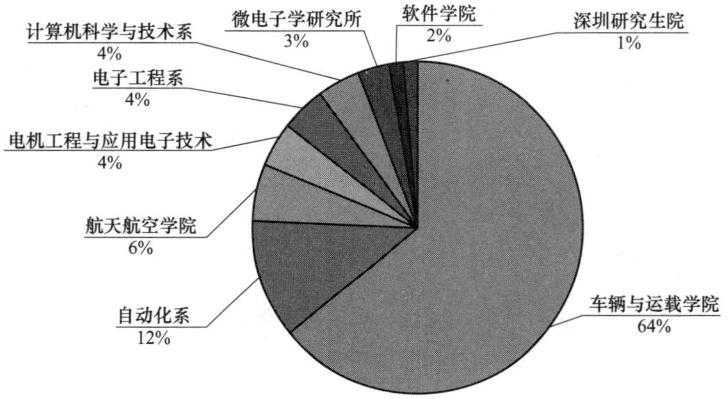

图6-3-21　智能网联汽车领域专利涉及的清华大学院系分布

6.3.4.5　清华大学专利主要发明人

从图6-3-22清华大学主要发明人看，李克强、王建强、罗禹贡、杨殿阁等几位车辆与运载学院教授带领的团队是研发主体。

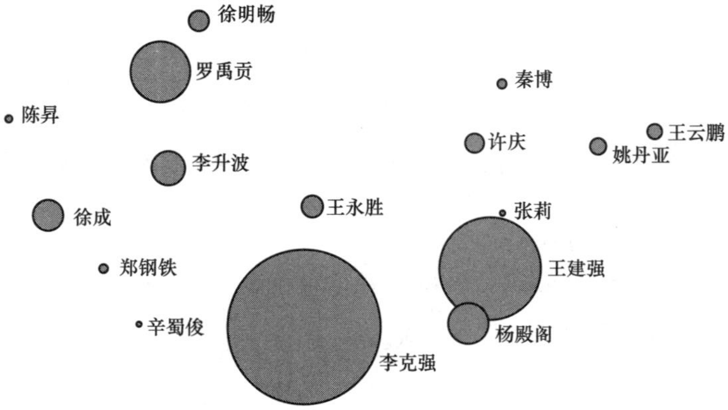

图6-3-22　智能网联汽车领域清华大学专利主要发明人

注：图中圆圈大小表示申请量多少。

6.3.4.6 清华大学专利转移转化情况

（1）关于科技成果转化

科技成果，是指通过科学研究与技术开发所产生的具有实用价值的成果。职务科技成果，是指执行研究开发机构、高等院校和企业等单位的工作任务，或者主要利用上述单位的物质技术条件所完成的科技成果。

科技成果转化，是指为提高生产力水平而对科技成果所进行的后续试验、开发、应用、推广直至形成新技术、新工艺、新材料、新产品，发展新产业等活动。

2015 年 8 月 29 日，第十二届全国人民代表大会第十六次会议通过了《关于修改〈中华人民共和国促进科技成果转化法〉的决定》。修正案明确了高等院校可以自主决定转让、许可或者作价投资，破解了科技成果使用权、处置权和收益权等方面的政策障碍问题。

（2）科技成果转化模式

科技成果持有者可以采用下列方式进行科技成果转化：

（一）自行投资实施转化；

（二）向他人转让该科技成果；

（三）许可他人使用该科技成果；

（四）以该科技成果作为合作条件，与他人共同实施转化；

（五）以该科技成果作价投资，折算股份或者出资比例；

（六）其他协商确定的方式。

高校院所一般通常的科技成果转化模式有：许可、作价入股和转让。

许可，是指科技成果所有权人许可他人在一定期限、一定地区、以一定方式实施其拥有的专利/软件著作权/专有技术，并向被许可方收取使用费用。许可分为独占许可、排他许可、普通许可、分许可、交叉许可。

转让，是指科技成果所有权人把该所有权转让给他人的一种法律行为。转让科技成果所有权必须订立书面合同，经专利局登记和公告后生效。

作价入股，科技成果所有权作为财产作价后，以出资入股的形式与其他形式的财产（如货币、实物、土地使用权等）相结合，按法定程序组建公司的一种经营行为。作价入股是典型的科技成果资本化的过程。科技成果入股后，技术方获得股权取得股东地位，相应的技术成果所有权或使用权转归公司享有。

（3）清华大学科技成果转移转化情况

科技服务社会一直是清华大学办学的重要理念。将科技成果转化为现实生产力，实现其社会经济价值是清华大学科技成果管理的重要目标。做好科技成果转化，有助于提高社会生产力，促进经济发展，体现科研人员和科研院所对国家、对社会的价值，为国家落实创新驱动发展战略作出贡献。

科技成果转化是一个持续且环环相扣的过程。一项发明技术，从在实验室诞生到投产获得收益，需要多方协作、层层推进，通常耗时数月乃至更久。图 6－3－23 展示了清华大学特色的科技创新－成果转化的循环链。

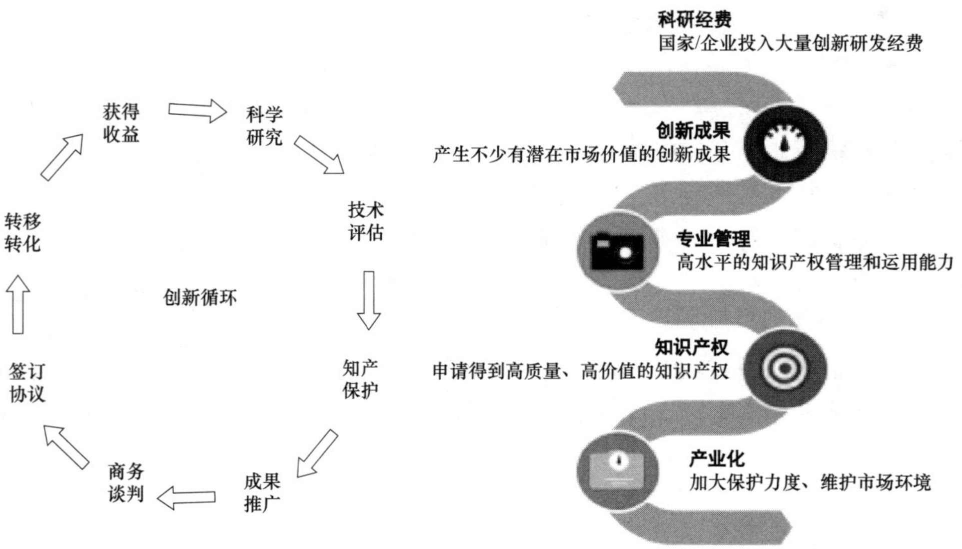

图 6-3-23　清华大学的科技创新-成果转化循环链

6.3.4.7　清华大学的智能网联汽车技术转化案例

如表 6-3-5 所示，截至 2019 年，清华大学在智能网联汽车方向已有 4 项成果通过技术许可或技术作价入股的模式进行了转移转化，包括汽车动力学电子稳定性控制系统、前碰撞预警系统、智能驾驶感控平台、商用车电子制动系统，涉及 26 项知识产权。另有 226 项专利为清华大学和企业共有，这部分专利一般以企业与清华大学的横向合作为基础产生，企业对横向合作产生的共有专利享有使用权，在专利技术使用过程中实现技术落地转化。

表 6-3-5　智能网联汽车领域的清华大学知识产权转移转化情况

成果名称	证书号	处置方式
汽车动力学电子稳定性控制系统	200910081347.2 200910081251.6 201410354112.7 201410814900.X 201310221638.3 201410662609.5 2016SR044233 201410697107.6 201510516435.6 201510584055.6	普通许可
前碰撞预警系统	200410042538.5 200810225585.1 201310098877.4	增资入股

续表

成果名称	证书号	处置方式
智能驾驶感控平台	201710559890.3 201811524283.4 201910015069.4 201310084591.0 201510845988.6	增资入股
商用车电子制动系统	201210135770.8 201710403290.8 201610355456.9 201510516435.6 201610390473.6 201811326505.1 201910346120.X 2017SR311867	普通许可

清华大学在智能网联汽车领域成功运用了一套基于“产学研”深度融合的技术转移转化特色模式，取得了良好的产业应用效果，其可以概括为图6－3－24。

在转移转化过程中，需要多方配合，包括院系研究人员、技术转移研究院的工作人员、受让方企业等。

从涉及专利的技术转移转化情况看，采取专利包的方式进行转移转化，转移的方式侧重于许可或入股。

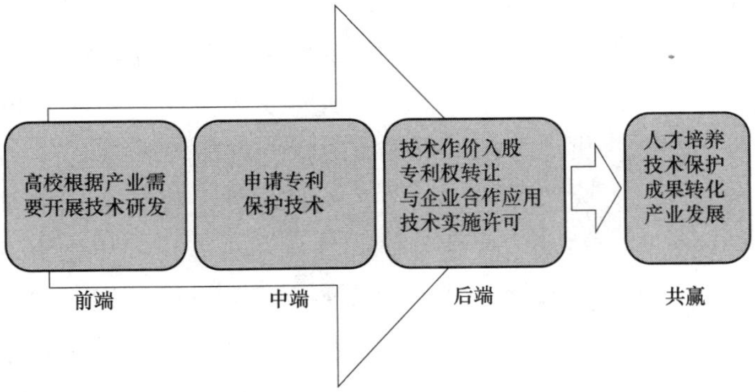

图6－3－24　清华大学智能网联汽车技术转移转化模式

下面分别对清华大学通过技术许可及技术入股模式进行的转移转化案例进行介绍，希望对国内高校的“产学研”融合发展提供借鉴。

案例1：技术作价入股，受让方——天津清智科技有限公司

天津清智科技有限公司（以下简称“清智科技”）是一家专注于智能汽车和自动驾驶技术的创新型企业，公司核心团队来自清华大学车辆与运载学院。

清智科技自动驾驶的主营产品是园区自动驾驶车辆，包含自动驾驶摆渡车等，公司承担了京津冀地区智能网联汽车示范园区的建设。清智科技的主营汽车电子产品是商用车AEB和ACC系统，已经在客车上完成了开发、匹配调试，并通过了客车检验中心的鉴定，达到了良好的效果，参见附录2的介绍。

清智科技的自动驾驶技术来源于清华，2016年9月，经学校审议批准，将3项关于“前碰撞预警系统（FCW）”的核心专利技术作价入股清智科技。FCW能够通过雷达系统来监测前方车辆，判断本车与前车之间的距离、方位及相对速度，当存在潜在碰撞危险时对驾驶者进行警告。FCW是主动安全领域的一种代表性产品，能够显著降低追尾事故的发生率。FCW在中高级乘用车上已经普及，乘用车FCW系统的供应商都是国际上知名的汽车电子供应商，包括博世、德尔福、电装等。在商用车领域，威伯科和科诺尔是两大气动制动系统的供应商，也开始在欧洲和美国推广商用车的FCW系统，而无论是乘用车还是商用车领域，国内当时都没有技术成熟的国产FCW供应商。

2017年5月，清智科技完成天使轮融资1000万元，投资方是北极光创投、联想之星等。

2017年6月底，清智科技在世界智能大会上发布示范运营的全自动驾驶智能网联通勤车；2017年8月底，该车正式在天津华明高新技术产业区试运行；其商用车紧急制动系统（AEBS）在世界智能驾驶挑战赛中获得辅助驾驶组AEB项目冠军，由国家客车质量监督检验中心严格按照欧洲标准完成检验，并与万润新能源、厦门金龙、宇通等一线商用车品牌共同开展实车试装，累计测试里程在10万公里以上、测试复杂工况120余项，年底将完成至少10家客户的试装。随着其第一条商用车AEBS生产线于近日正式投用，清智科技AEBS产品正式走入量产阶段。

2017年11月，清智科技完成A轮1亿元人民币融资，本轮融资由招商局创投领投，中骏资本、中关村发展集团、浙大联创及天使轮领投方北极光创投，隆基泰和瑞阳基金、联想之星跟投。

案例2：技术作价入股，受让方——北京超星未来科技有限公司

北京超星未来科技有限公司（以下简称“超星未来”）成立于2019年4月，是一家智能驾驶计算平台方案提供商。超星未来面向智能驾驶领域提供自主结构、高能效、可扩展的计算平台方案，包含了算法、系统、工具软件及硬件在内的全栈服务，支持多源传感器感知融合处理，并借助软硬件协同优化及多车协同感知方法，解决算力功耗及感知范围的局限。在智能驾驶领域，计算平台产品是涉及国家战略安全的核心技术，超星未来自主研发的软硬件解决方案，为我国在自动驾驶关键技术领域自主化国产化实现了关键突破。

公司创始团队成员由清华大学车辆与运载学院、电子工程系、计算机系校友组成。创立之初，即获得多家投资机构的高度认可，已经完成由中关村发展集团风投基金领投的数千万元首轮融资。

2019年9月，经清华大学审议，将5项关于感知、决策的相关技术增资入股超星未来，为公司的发展再助力。据了解，公司已于2019年底进行了第二轮融资。

案例3：技术许可，受让方——天津所托瑞安汽车科技有限公司

天津所托瑞安汽车科技有限公司（以下简称“所托瑞安”）是一家没有清华元素的公司。公司专注于商用汽车多传感器融合前碰撞预警、AEBS等智能主动安全技术及驾驶安全数据管理平台的研发、应用和推广。主要产品有主动安全类产品 AEBS、融合预警系统、智能缓速系统（AED）、辅助驾驶类产品（FCW/LDW/BSD/DMS）及基于公司自主研发的智能驾驶云控平台的安全管理服务。所托瑞安目前的业务重点是面向大型商用车辆（如大型客车、重型干线物流车、渣土车和危险化学品运输车辆等）提供 AEBS 解决方案。

清华大学李亮教授团队自从 2003 年开始从事车辆动力系统控制方向研究，技术水平居国际先进，受让公司与清华大学经过多次沟通商谈，2019 年 10 月，经清华大学审议，将 7 项专利和 1 项软件技术以 1800 万元的价格普通许可所托瑞安实施。

所托瑞安自身具备 ADAS 感知技术、制动决策算法、AEB 制动执行策略等基于 AEB 产品的技术方案。另外，所托瑞安还拥有专门进行 AI 神经网络搭建的技术团队，该团队主要利用机器深度学习和神经网络搭建自有感知系统，用于下一代产品的开发和应用。

在获得本技术授权后，所托瑞安将专注于底盘线控技术与其自身的 ADAS 感知及控制技术的结合及落地应用，本次获得授权的成果不仅可作为所托瑞安智能网联汽车及自动驾驶汽车领域的智能底盘技术进行推广，还可以顺应现有 GB7258、JTT1178 等国标及交通部的标准的要求在主机厂进行推广应用，提升其国产商用车智能化程度。

6.4 智能网联汽车诉讼案例专利分析

6.4.1 关于专利诉讼

专利诉讼是指当事人和其他诉讼参与人在人民法院进行的涉及与专利权及相关权益有关的各种诉讼的总称。企业提起专利诉讼的目的不外乎以下几个[1]：（1）获得赔款；（2）扩大自身影响力；（3）将竞争对手赶出市场或打压市场份额；（4）警示、威胁竞争对手，阻挡其前进的脚步；（5）获得交叉许可的资本；（6）间接挑战对手专利的有效性。

在信息产业领域，专利诉讼是常用策略，全球每年发生在通信领域的专利诉讼约上百起。智能网联汽车作为未来交通领域国际竞争的焦点和技术创新的制高点，近年来逐渐成为重要的兵家必争之地，除传统车企和零部件公司外，越来越多的高科技公司和初创公司涉足汽车领域，比如国外的谷歌、松下、Mobileye，国内的百度、华为、蔚来等。各家公司均积极投入新技术的研发并快速迈入自驾车市场，专利申请量爆发式增长，涉及的专利诉讼案件数量也在不断攀升。

本报告对专利的诉讼信息进行分析，智能网联汽车技术领域共计有 22 例诉讼案件，涉案专利 13 件，如表 6－4－1 所示，无论是专利权人还是涉嫌侵权方都具有一定的实力和规模。其中为大众所熟悉的包括：自动驾驶领域第一案——谷歌旗下 Waymo 诉优步及其子公司关于激光雷达技术的专利侵权及窃取商业机密案，以及近期美国 Velodyne 状告中国公司禾赛科技（以下简称“禾赛”）和速腾聚创（以下简称“速腾”）侵犯其激光雷达设备专利案等。

[1] 杨铁军．产业专利分析报告（第 4 册）［M］．北京：知识产权出版社，2012.

表6-4-1　智能网联汽车技术领域专利的诉讼信息

涉案专利	技术领域	原告	案件编号	被告	立案日	结案日
US7969558	激光雷达	Velodyne	337-TA-1173	Hesai Photonics Technology Co. , Ltd.	2019/9/17	—
US7969558	激光雷达	Velodyne	337-TA-3403	Hesai Photonics Technology Co. , Ltd. Suteng Innovation Technology Co. , Ltd.	—	—
US7969558	激光雷达	Velodyne	5：19-cv-04746	Suteng Innovation Technology Co. , Ltd. aka Robosense	2019/8/13	—
US7969558	激光雷达	Velodyne	5：19-cv-04742	Hesai Photonics Technology Co. , Ltd.	2019/8/13	—
US7969558	激光雷达	Quanergy Systems, Inc.	5：16-cv-05251	Velodyne Caterpillar	2016/9/13	2018/1/11
US8009870 US7881498 US7711150	车牌识别	Innobrilliance, LLC	3：19-cv-07244	Hubb Systems, LLC	2019/11/2	—
US8009870 US7881498 US7711150	车牌识别	Innobrilliance, LLC	8：19-cv-02334	Rekor Recognition Systems, Inc.	2019/8/14	—
US8009870 US7881498 US7711150	车牌识别	Innobrilliance, LLC	1：19-cv-06473	Ekin LLC	2019/7/12	2019/11/10
US8009870 US7881498 US7711150	车牌识别	Innobrilliance, LLC	1：19-cv-05261	L3 Technologies, Inc.	2019/6/4	2019/10/29
US8009870 US7881498 US7711150	车牌识别	Innobrilliance, LLC	2：19-cv-00179	Virtual Surveillance LLC	2019/5/15	2019/6/12
US8009870 US7881498 US7711150	车牌识别	Innobrilliance, LLC	1：19-cv-02119	Tactical Video, Inc.	2019/3/27	2019/7/15
US8009870 US7881498 US7711150	车牌识别	Innobrilliance, LLC	1：18-cv-01875	Selex ES, Inc.	2018/11/27	2019/3/20
US8009870 US7881498 US7711150	车牌识别	Innobrilliance, LLC	6：18-cv-00263	S. C. A. R. Inc. doing business as Stinger Certified Asset Recovery	2018/9/6	2019/5/14
US8009870 US7881498 US7711150	车牌识别	Vigilant Solutions, Inc. MBP Innovations LLC	6：14-cv-00466	MVConnect LLC Recovery Manager Pro LLC	2014/5/8	2015/5/1

续表

涉案专利	技术领域	原告	案件编号	被告	立案日	结案日
US9086273 US9368936 US8836922	激光雷达	Waymo	2017－2253	优步 Otto Trucking LLC Ottomotto LLC ANTHONY LEVANDOWSKI	2017/6/30	—
			2017－2235		2017/6/27	—
			2017－1904		2017/4/13	—
			3：17－cv－00939	优步 Otto Trucking，LLC Ottomotto，LLC	2017/2/23	—
US8686840	车辆控制器	Magna Electronics Inc.	1：14－cv－00341	TRW Automotive Holdings Corp. TRW Automotive US LLC TRW Vehicle Safety Systems Inc.	2014/4/2	2016/2/9
US8583358 US8751143 US9182942 US8447509	避撞技术	Dynamic Research，Inc	8：16－cv－00214	Dewetron，Inc	2016/2/8	2016/8/30
US8630795	车速控制技术	American Vehicular Sciences LLC	2：14－cv－00195	Garmin International，Inc. Garmin LTD.， Garmin USA，Inc. Mazda Motor of America，Inc. d/b/a Mazda North American Operations Tom	2014/3/7	2015/3/30
			2：14－cv－00141	TomTom，Inc.， Mazda Motor of America，Inc. d/b/a Mazda North American Operations TomTom International B. V.	2014/2/25	2015/1/21

从图6－4－1可以看出，智能网联汽车技术领域专利诉讼主要集中在激光雷达、避撞、对象识别、定位等技术领域，这些技术方向是智能网联汽车的关键技术方向，市场竞争空前激烈。

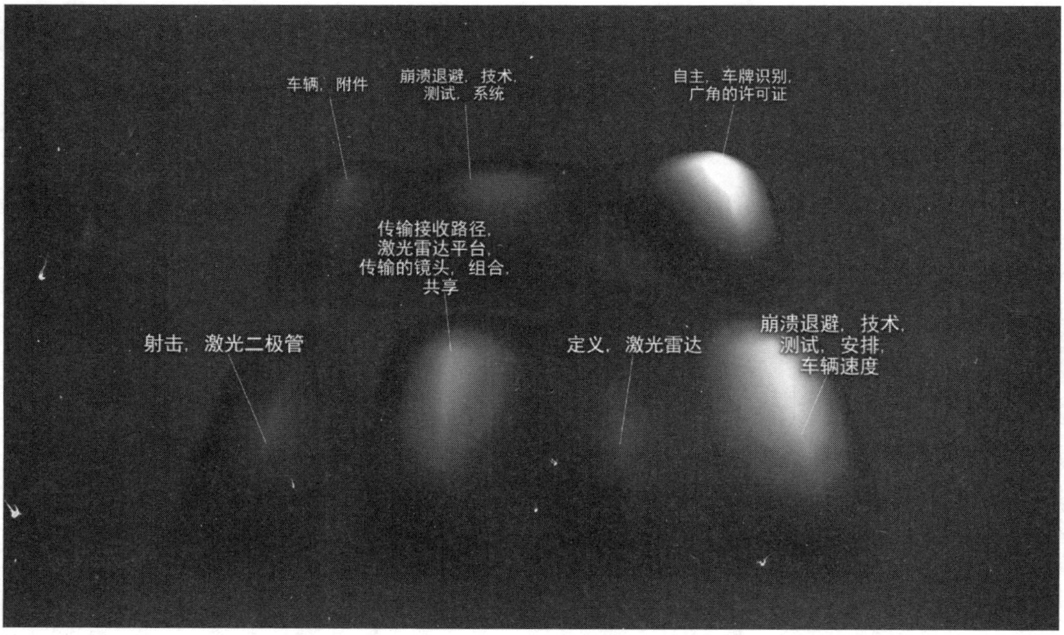

图6－4－1　智能网联汽车领域诉讼专利3D专利地图

下面介绍两个智能网联汽车技术领域的诉讼案例，以使国内企业了解智能网联汽车技术领域的激烈竞争环境，强化产业技术创新及知识产权保护的意识，进而构建属于自己的专利保护体系，提升核心竞争力。

6.4.2　Waymo和优步的专利之战

Waymo刚开始是谷歌于2009年开启的一项自动驾驶汽车计划，之后于2016年12月才从谷歌独立出来，成为Alphabet公司旗下的子公司，主要产品包括自动驾驶汽车打车服务。优步是一家美国硅谷的科技公司，同样成立于2009年，同样是主营打车生意，并同样涉足自动驾驶技术领域。技术和市场的高度近似让这两家公司自然成为彼此的竞争对手。

专利可以反映出企业研发的技术领域与方向。Waymo和优步两家公司的专利布局高度重合，又各有侧重：Waymo在激光雷达、车道检测、物体检测上优势明显，优步更加倾向于即时通信和运输管理系统。

2016年12月13日，Waymo收到了一封激光雷达供应商发来的邮件，邮件中附带了一份据称是优步激光雷达电路板的机械制图。Waymo发现这份图纸与自己高度机密且拥有专利的激光雷达的设计方法非常相似，认为这份图纸表明其商业机密被泄露了，与激光雷达相关的多项专利权被侵犯。

2017年2月23日，Waymo正式向美国联邦地方法院北加利福尼亚州地区旧金山分部起诉优步及其子公司自动驾驶卡车初创公司Otto（Ottomotto LLC和Otto Trucking LLC）。Waymo指控优步和Otto前员工Anthony Levandowski在离开Waymo前下载和窃取了1.4万多份机密文件，包括激光雷达（LiDAR）传感器技术及4项专利。

该案涉及2件专利：①2013年3月申请的US9086273（激光束与发射透镜组合的微镜压缩）专利，该专利技术的激光雷达设备可以发射源自一个或多个光源的光脉冲，并且可以接收由一个或多个检测器检测的反射光脉冲；②2013年12月Waymo申请的US9368936（激光二极管发射系统）专利公开了一种用于光检测和测距装置的激光二极管点火电路。主要原理如图6-4-2所示。

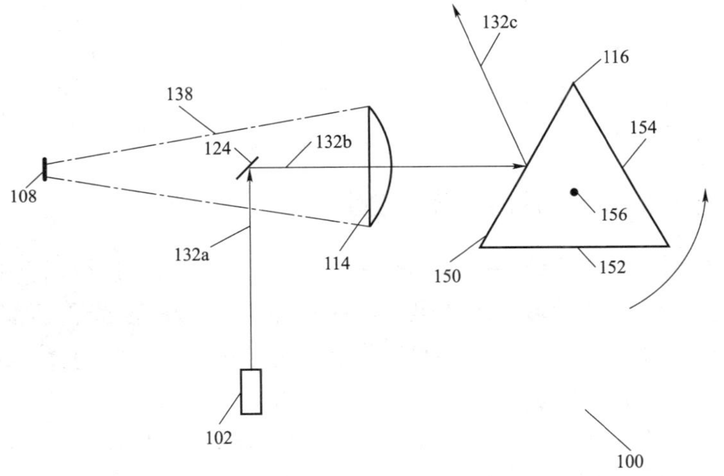

(a) US9086273

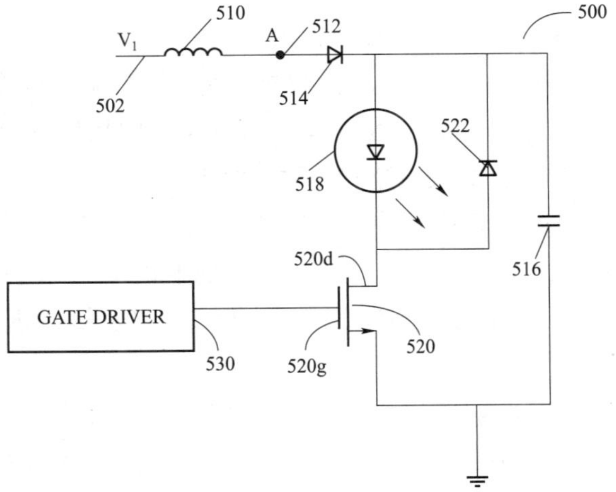

(b) US9368936

图6-4-2 Waymo诉优步案所涉及的专利

2017年5月30日，优步自动驾驶技术负责人、案件的核心人物安东尼·莱万多夫斯基（Anthony Levandowski）被解雇；5月31日，优步金融业务主管（Head of Finance）高塔姆·古普塔（Gautam Gupta）由于公司在2017年第1季度亏损7.08亿美元而引咎辞职；6月12日，优步负责商业的高级副总裁埃米尔·迈克尔（Emil Michael）由于直接参与多起公司文化丑闻而在董事会的压力下被迫辞职；6月20日，优步创始人特兰维斯·卡兰尼克（Travis Kalanick）在董事会的压力下被迫辞去CEO职位，再一次上演了经典的“创始人被投资人赶走”的戏码。

2018年初，优步与Waymo的法律纠纷以庭外和解的方式告一段落。优步须支付Waymo公司0.34%的股权，对应价值约为2.45亿美元，但同时否认曾窃取过商业机密。

优步新任CEO在最新声明中称，当时收购Otto的处理方式确有不妥，但坚决否认曾窃取商业机密。谷歌方面认为，双方的和解将保护Waymo的知识产权。有专业人士分析，优步以支付很少一部分股权的方式，避免了和谷歌的正面交锋；而谷歌作为优步早期的投资商，拿到了股份，也保证了其利益的最大化。

6.4.3 Velodyne和禾赛、速腾的专利之战

位于美国加利福尼亚州硅谷的Velodyne成立于1983年，最早以音响业务起家，随后业务拓展至激光雷达等领域。2016年Velodyne将核心业务激光雷达部门剥离，成立新公司Velodyne LiDAR。Velodyne LiDAR作为激光雷达领域的元老，拥有很多激光雷达的基础专利，而且这些专利被大量的专利所引用。

位于上海的禾赛于2014年成立，位于深圳的速腾于2014年成立，两家公司均是国内激光雷达技术领域的先行者，是智能网联汽车技术领域国内本土高科技初创公司的典型代表。禾赛以做激光气体遥测系统起家，随后业务拓展至激光雷达等领域；自动驾驶领域使用的激光雷达是禾赛的主要营收来源。速腾是一家激光雷达环境感知解决方案提供商，产品主要用在机器人和低速车上。

Velodyne、禾赛、速腾的主营方向均为激光雷达。Velodyne为美国高科技公司，禾赛、速腾为国内高科技初创公司，三者的业务均已从本国拓展到世界范围。技术和市场的高度近似让这三家公司自然成为彼此的竞争对手。

2019年8月13日，Velodyne正式向美国北加利福尼亚州地区法院起诉中国智能网联汽车技术领域的初创公司禾赛和速腾，指控他们的激光雷达相关产品涉嫌故意侵犯其专利，严重威胁公司业务，请求法院判决禾赛和速腾以永久禁令，并索赔三倍赔偿。

该案涉及1件专利：2007年7月申请的US7969558（高清激光雷达系统）专利。该专利是Velodyne最初的旋转式激光雷达产品，涉及基于激光雷达的3D点云测量系统，可用于自动驾驶、ADAS、机器人视觉和其他各种应用，主要原理如图6-4-3所示。

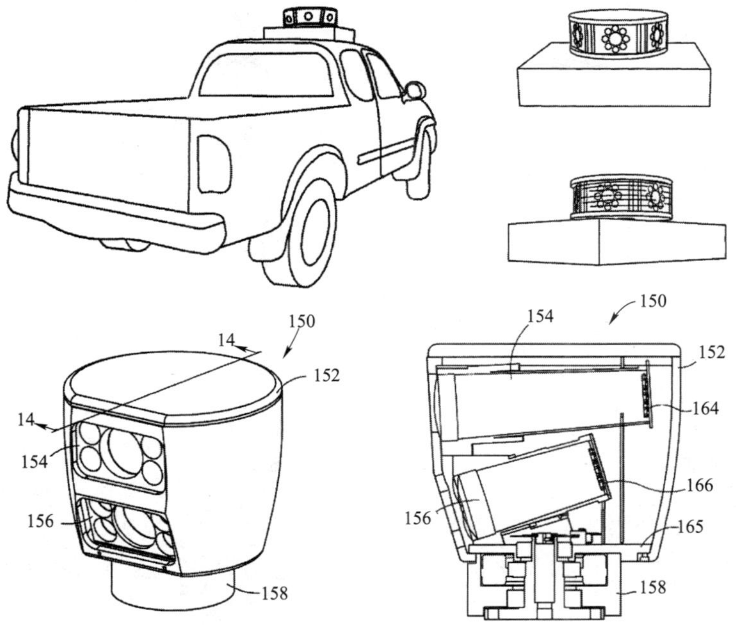

图6-4-3 Velodyne诉禾赛、速腾案所涉及的专利

US7969558作为3D实时环视激光雷达的基础专利，被大量的专利所引用，如图6-4-4所示。引用厂商包括大量的激光雷达公司、Tier 1供应商以及整车制造商，包括Luminar、Waymo、HERE、Quanergy、Ouster、Blickfeld、博世、电装、苹果、三星电子、丰田以及中国的禾赛、迦智科技等。

US7969558获得授权之后曾遭到竞争对手Quanergy的无效起诉，不过2019年5月23日美国专利审判和上诉委员会裁决，维持Velodyne的专利有效性。在维持专利有效之后仅仅3个月，Velodyne就对中国的两家企业采取行动，很显然是很早就感受到禾赛和速腾的威胁并盯着这两位竞争对手的一举一动。

作为中国激光雷达行业估值最高的两家公司，禾赛的产品已触及北美和欧洲市场，速腾的市场触角也从中国走向了欧洲。禾赛的激光雷达已经获得了不少在美国的自动驾驶公司认可，包括打车巨头Lyft、自动驾驶技术独角兽Nuro以及Aurora，其中Nuro甚至创下了独立自动驾驶公司单轮融资记录——9.4亿美元。禾赛的激光雷达已经让Velodyne感受到了巨大的市场压力，并且这种压力不仅仅是来自中国市场，也来自美国市场，这可能也是Velodyne提起诉讼最重要的原因。

Velodyne在诉讼中同样使用了专利引用数据来证明禾赛是知晓涉案专利的。禾赛的专利文件中曾经引用了Velodyne的这件专利。在禾赛自己申请的激光雷达专利CN206223978U中有一段话："为弥补单线扫描激光雷达的不足缺点，出现了多线激光雷达，如Velodyne的多线激光雷达，请参见专利US7969558B2、US8767190B2。每个透镜后有多个（16或32个）激光发射器或接收器叠加排列，每对发射/接收器以1/3°或4/3°增量进行准直。"禾赛的专利文件中直接出现了US7969558B2这件专利。这些

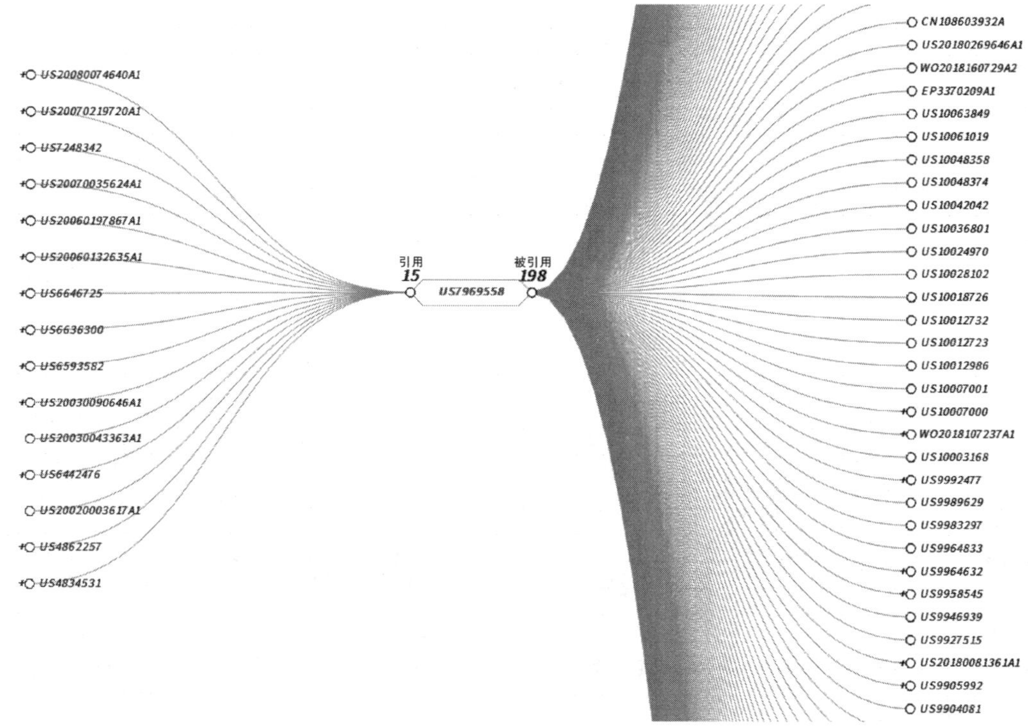

图 6－4－4　US7969558 专利引用图

都被 Velodyne 拿来当成了故意侵权的证据。

US7969558 是一件基础专利，其还有 7 件同族专利，分别在美国、欧洲、中国、WIPO 申请，其中在中国的同族发明专利处于“撤回”状态，所以官司的胜负与否可能并不会影响禾赛和速腾在国内的市场布局。如果两家公司输掉官司，它们进入美国的过程将变得更加困难，而且要面临巨额罚款，同时在国内注册的专利也可能面临失效。

6.4.4　诉讼专利启示

随着智能网联汽车技术的快速发展，竞争日趋激烈，围绕智能网联汽车的专利侵权诉讼案件已发生多起并呈现快速上升趋势，仅 2019 年就出现了 9 例。中国智能网联汽车企业的地位日益突出，已开始从国内市场走向海外市场，并逐渐成为全球关注的对象，卷入海外专利诉讼。中国企业在发展壮大过程中必然会面临国际专利侵权诉讼风险。

面对各种专利诉讼风险，一方面需要企业积极应对诉讼，另一方面还需要采取积极有效的措施来提高自身的核心技术竞争力。总结过往发生在智能网联汽车技术领域的典型案例，有以下几点启示。

启示一：积极创新，提高科研投入和科技研发水平，拥有核心技术，在优势领域加大布局构筑防线，构建属于自己的专利保护体系，提升核心竞争力，从而在激烈的竞争中立于不败之地。

启示二：企业要对竞争对手的产品、技术以及专利进行深度解读和挖掘，进行竞争对手和相关领域的专利预警，一方面可以掌握目前技术发展的态势，给自己的技术创新带来灵感，另一方面也可以做到知己知彼百战不殆。

启示三：应当加快建设高素质的专利人才队伍，在遇到专利侵权诉讼时要沉着冷静，充分收集证据或向专利复审机构提出专利无效宣告请求进行抗辩；同时，也要真正做到知己知彼，提防对方的恶意诉讼。

第7章　结论与建议

智能网联汽车被称为“车轮上的人工智能”，让传统的汽车产业迎来了新的历史性变革，将重构未来交通出行方式，成为汽车产业未来市场竞争的焦点和技术创新的制高点。近年来，智能网联汽车受到各国政府高度重视，在我国已上升到国家战略层面，从国家的产业规划和政策的角度来推动发展，同时也成为当前汽车行业、人工智能和通信行业的研究热点。

汽车产业是一个市场竞争特征突出、知识产权富集的行业领域。知识产权作为一种无形资产，近几年随着中国汽车产业的快速发展，特别是智能化、网联化、电气化变革的日渐深化，发展成为汽车产业的核心竞争力。

本报告依托国内外权威专利分析工具，基于专利计量分析方法，对智能网联汽车关键技术进行系统全面的检索和多维度深度挖掘。对智能网联汽车的发展现状与趋势、七大关键技术分支以及重点专利进行了宏观、中观和微观层面的分析，涉及申请量趋势、专利权人、授权率、权利要求数、地域分布、IPC 分布、技术流向、重点申请人等方面内容。对国内研发主体，特别是高校在智能网联汽车领域的专利布局情况进行了研究。此外，本报告还针对专利价值判断、标准必要专利、诉讼专利、专利转让等方面进行了不同程度的分析。在专利分析基础之上，对智能网联汽车产业发展提出若干建议。

7.1　主要分析结论

7.1.1　智能网联汽车的全球发展概况

从全球专利申请量趋势来看，智能网联汽车技术是近年来的研究热点，专利申请量达5万多件。自2015年以来快速发展，尤其是2016以来的专利申请量激增，预计未来几年该领域的专利申请量仍将保持快速增长态势。

中国、美国、日本、德国、韩国五国是智能网联汽车的主要技术来源国和技术应用国。其中，中国、美国、日本三国技术优势明显，三国专利之和占全球的2/3，远超其他国家。中国是智能网联汽车的重要目标市场，全球在中国的专利申请量约为在日本和美国的2倍。

从专利权人/申请人分析来看，智能网联汽车的专利申请人主要来自丰田、福特、通用、本田、三菱电机等传统汽车企业；电装、博世、大陆等汽车配件供应企业；LG电子、华为、中兴、三星电子等电子通信企业，以及百度、谷歌等互联网公司。日本、美国等汽车强国的传统汽车企业优势显著。丰田、福特的专利申请量最多。

从专利技术领域来看，智能网联汽车的控制系统是当前全球重点研究方向，另外无线通信、导航、数据处理相关技术的专利也很多。

7.1.2 智能网联汽车的中国专利概况

从专利申请态势来看，自2011年起，随着国家政策的支持和研发资源的投入，智能网联汽车领域的中国专利申请量较大幅度增长，尤其是2015年（智能网联汽车元年）以后，相关专利申请数量陡增，迅速完成自身的技术积累。

在中国专利申请中，来自中国本土的原创申请占据主导地位，但是呈现出技术力量分散、技术水平偏低、技术与市场/产业脱节的状况，体现在专利上为授权率较低、国内传统车企专利申请占比少，技术实力和专利保护意识与世界主流企业相比仍存在较大差距。国内百度、华为等高科技公司对智能网联汽车非常重视，研发力度很大，同时高校申请、个人申请在国内专利申请中的占比也很高。

汽车强国美国、日本、德国、韩国的在华专利申请虽然总量不多，但主要来自国外主流汽车企业及零部件供应商，授权率高。这些在华布局的国外主流企业均为跨国公司，专利申请质量很高，通过大量的专利申请编织了完善的专利网络来维护自己在中国市场的利益，中国企业未来可能会遇到较大的专利壁垒。

智能网联汽车领域的中国专利地域分布具有覆盖面广、集中度高的特点，全国各省市之间发展差异较大，北京、广东、江苏和上海这些经济发达地区拥有大量的高校、科研院所和高科技企业，技术基础和人才资源相对充足，专利申请量占全国半数以上，在智能网联汽车技术领域具有较强的技术竞争力。而东北、华中等其他主要的汽车产业聚集区，专利申请量明显偏低，相关企业仍然停留在“重产能、轻技术”的阶段。

7.1.3 智能网联汽车关键技术的发展情况

本报告将智能网联汽车分为先进传感器、环境感知、车联网、云平台、车载计算平台、高精度地图、决策规划七个关键技术分支，进行专利分析。与智能网联汽车整体发展趋势相似，这七项关键技术的专利申请近十年均逐年上升，2015年以来进入快速发展期。这与国家将智能网联汽车作为国家层面的战略部署十分契合。

（1）全球宏观专利总体情况

中国和美国是智能网联汽车七项关键技术的主要技术来源国。其中，中国在决策规划、云平台领域优势明显，而在先进传感器、计算平台领域则与美国有较大差距，需要加强研发力度；美国在先进传感器、计算平台、高精度地图领域占据绝对优势；两国在车联网、感知领域差距不大。

中国和美国也是智能网联汽车最大的目标市场。中国是决策规划、车联网、高精度地图、环境感知、云平台这五项技术领域最重要的目标市场国，占据绝对优势；在先进传感器、计算平台领域则稍逊于美国。

（2）中国专利总体情况

中国专利以国内研发主体的原创申请为主，在各关键技术的占比均在60%以上。相对而言，美国在车载计算平台、先进传感器技术领域的技术实力较强，专利申请占比较高，我国在这两个技术领域的实力有待加强。与智能网联汽车技术领域相同，在各个关键技术领域，北京、广东、江苏、上海均具有较强的技术竞争力，专利申请量遥遥领先于其他省份。

从申请人的角度来看，中国专利的主要申请人中，来自国内本土的机构占据绝大部分，尤其是在云平台和决策规划技术领域，这与中国在云平台和决策规划领域研发实力强相吻合。与国外传统车企占据绝对优势的现象对比，国内研发主体中高校和科研院所的研发实力强，而传统车企相对较弱，需要促进企业与高校进行校企合作，将高校的科技成果与市场需求进行精准对接，有效促进科技资源的整合，提升科技创新水平。

（3）七个关键技术分支的具体情况

①先进传感器

先进传感器技术主要分布在汽车企业、互联网公司及科技公司，如福特、谷歌、通用、丰田、百度、现代、博世、优步、大陆、ZOOX等。其中无人车初创公司ZOOX表现不俗，需要加以关注。美国的先进传感器技术优势显著，独占半壁江山；中国虽位居第二，但差距较大。

在中国专利中，来自中国本土的原创申请占比71%，相比于其他几个关键技术占比稍低，国外来华申请较多。申请量排名前20的申请人中，美国福特申请量遥遥领先，国内研发机构占据13席，其中传统车企3家、高科技公司4家、初创公司3家、高校3家，较为分散。

②环境感知

环境感知是智能网联汽车的重要研究方向，专利申请量大，尤其2016年以来专利申请量大幅增长。专利技术主要来自福特、通用、丰田、现代、日产等汽车企业以及谷歌、百度、英特尔等互联网/电子科技公司。其中，福特、丰田遥遥领先于其他机构。中国既是最大的环境感知技术来源国，又是最大的目标市场国，但除百度外，其他中国机构的表现不够突出，比较分散。

在中国专利中，来自中国本土的原创申请占比78%，百度申请量遥遥领先。中国高校表现较为抢眼，申请量排名前20位的申请人中有6家中国高校入围。

③车联网

车联网通信是智能网联汽车的重要研究方向，全球专利申请量大。申请人主要分布在LG电子、华为、高通、松下、三星电子、中兴等电子通信公司，福特、通用等汽车企业以及电装、大陆等汽车零部件企业。其中电子通信公司优势较大。华为的专利申请量位居全球第二，具有相当的技术优势。美国和中国同为最大的车联网技术来源国，技术遥遥领先于其他国家，中国同时是最大的目标市场国。

在中国专利中，来自中国本土的原创申请占比79%，华为、中兴、大唐电信等通信企业表现抢眼，申请量遥遥领先，其次是高校。申请量排名前20位的申请人中，主要为高科技公司，仅有乐卡汽车1家初创公司，无传统车企。

④云平台

云平台相关技术的专利申请人主要分布在：福特、丰田、通用、吉利、现代等车企；博世、大陆等汽车配件供应企业；华为、百度、英特尔、中兴、IBM等互联网/电子公司。中国高校表现突出，如清华大学、重庆邮电大学、同济大学、常熟理工学院、江苏大学等。中国高新企业如楼兰科技、上海博泰悦臻、启迪云控等占据一席之地。中国是占绝对优势的云平台技术来源国和目标市场国。

在中国专利中，来自中国本土的原创申请占比高达95%，国内在云平台技术领域表现突出。申请量排名前20位的申请人中，国内申请人占据18席，尤其是高科技公司和高校，分别有6家和7家进入，另外，传统车企3家，初创公司2家。

⑤车载计算平台

车载计算平台是智能网联汽车的核心技术方向。申请人分布在福特、丰田、通用、博世等车企以及谷歌、百度、优步、IBM等互联网电子公司。美国是占绝对优势的车载计算平台技术来源国，遥遥领先于其他国家，是位居第二位的中国的3倍。中国近年来在努力发展中，但还有很大的差距。

在中国专利中，来自中国本土的原创申请占比63%，对比其他关键技术，国外来华申请占比较高。申请量排名前20位的申请人中，国内申请人占据11席，其中3家传统车企、3家高科技公司、4家初创公司、1家高校；初创公司在该领域表现较为抢眼。

⑥高精度地图

高精度地图技术主要来自百度、谷歌、英特尔、三星电子等互联网/电子通信企业以及丰田、通用、现代、三菱电机、电装等汽车相关企业。其中互联网公司优势较大，百度、谷歌并列第一；初创公司DEEPMAP、ZOOX值得关注。美国和中国同是最大的高精度地图技术来源国，中国是最大的目标市场国。

在中国专利中，来自中国本土的原创申请占比77%，国内的百度和四维图新表现抢眼，占据前两位。申请量排名前20位的申请人中，国内申请人占据15席，其中初创公司占据6席，表现不俗。

⑦决策规划

决策规划技术主要来自百度、华为、智行者等互联网/电子通信企业以及通用、丰田、福特、保时捷、吉利、现代、大陆等汽车相关公司。其中百度优势明显，初创公司智行者则表现突出。中国既是决策规划最大的技术来源国，专利数量占总申请量的50%，还是最大的目标市场国，在中国布局的专利数量约占全球的60%。

在中国专利中，来自中国本土的原创申请占比高达88%，领先优势突出。国内的百度和智行者排在前两位。申请量排名前20位的申请人中，国内申请人占据18席，其中高校占9席，传统车企占5席，表现突出。

7.1.4 智能网联汽车重点专利的布局特色

本报告经过对专利价值模型的研究，重点关注多国专利申请，以“同族专利国家/

地区数大于等于4”筛选出重点专利14012件，申请号归并后得到重点专利12593件。智能网联汽车领域的重点专利发展趋势与智能网联汽车的整体发展趋势类似。

（1）专利布局态势

从智能网联汽车领域近十年时间的重点专利布局来看。美国、日本、德国、韩国为主要技术来源国，日本、美国表现尤为突出，更加重视专利技术的全球布局。而中国在本国外的技术布局非常少。中国、美国、德国、日本为主要的目标市场国。其中，中国是最大的技术市场，美国、日本、德国的技术占据了中国主要市场。美国市场位居第二位，其中日本占据主要地位。日本市场较为封闭，除美国布局外，其他国家/地区布局数量都较小。韩国存在类似情况。

（2）重点专利权人

日本、韩国、美国、德国、中国均拥有专利申请数量较多的专利权人。其中日本最为突出，尤其丰田占据全球榜首。美国专利权人次之，其中福特专利申请数量仅次于丰田。中国企业中百度、华为进入专利申请量前30名。

几乎所有重点专利权人都在中国进行了较为均衡的技术布局，可见中国市场的开放程度较高，同样的情况也出现在美国市场。而韩国和日本市场相对较为封闭。

百度已经将技术渗透到几大主要目标市场国，在美国做了重点技术布局。华为目前也在美国做了重点技术布局，在印度的布局是第二重点，从数量上看甚至超过了在日本和韩国在该国的技术布局。

中国的专利权人中高校/科研机构占了较大比重。高校/科研机构在该领域关注时间较早，且研发较为持续均衡，以清华大学、同济大学为典型代表。江苏大学、北京理工大学、长安大学、吉林大学、重庆邮电大学，在该领域参与时间稍晚，但发展势头很猛，江苏大学表现尤为突出。

7.1.5 智能网联汽车标准必要专利状况

标准必要专利具有独特的重要性，是其他重点专利所无法比拟的。对标准必要专利的关注能够从标准制定层面奠定一个国家或企业在该领域的地位。

经专利分析发现，韩国三星电子在标准必要专利的数量上具有绝对优势，占本次检索结果中全球标准必要专利数量的近半数，其他专利权人单体专利数量均较少，无法与之形成竞争。同时，三星电子的专利均为近几年申请的较新的专利，推测其在该领域有战略部署。

三星电子的标准必要专利主要分布在通信设备资源数据的选择和处理、消息核心集的配置。三星电子的技术布局具有紧密的联系性，并在多个国家和地区进行了紧密快速的布局。

7.1.6 智能网联汽车技术的国内研发主体

国内研发主体缺乏向国外进行专利布局的意识，除在本国进行大量专利申请之外，对外专利申请很少，技术实力和专利保护意识与美国、日本、德国、韩国等汽车强国相比仍存在较大差距。国内研发主体主要为公司、高校、个人、研究所四类。与国外研发主体中公司在专利申请中占绝对主导的情况相比，国内研发主体中高校和个人的占比非常高，在智能网联汽车技术领域的专利申请中非常活跃，值得关注。

与论文的高度交叉合作相比，在智能网联汽车技术领域的专利合作度不高，仅有少量的专利是由不同类型的研发主体联合申请的。国内专利转让比较活跃，约有5%的专利进行了转让，转让对象主要是公司与公司之间，个人和公司之间的相互转让份额也较高。高校对专利权的转让持审慎态度，具体体现在部分专利转让中仍旧保留自身作为专利权人。

7.1.7 智能网联汽车诉讼案例

智能网联汽车技术领域共计有22例诉讼案件，涉案专利13件，近几年诉讼案例呈快速上升趋势，主要集中在激光雷达、避撞、对象识别、定位等智能网联汽车的关键技术方向。中国智能网联汽车企业不断发展壮大，逐渐成为全球关注的焦点，也开始卷入国际专利诉讼。面对专利诉讼风险，企业需要积极应对，首先，增大研发投入，提升自身创新能力和核心技术竞争力；其次，构建专利保护体系，加强专利保护、布局和预警，提升专利的质量和数量；最后，建立专业的专利管理团队，与第三方专业机构形成联动，为企业市场拓展保驾护航。

7.2 产业发展建议

智能网联汽车的研发创新既是国家战略发展的重点方向，也是供给侧的改革措施，势必推动我国汽车制造业、交通运输业等产业的转型升级，并进一步促进我国经济的发展。全力发展智能网联汽车是我国汽车产业转型升级、由大变强的重要突破口，也是关联众多重点领域协同创新和构建新型交通运输体系的重要抓手，在塑造产业生态、推动国家创新、提高交通安全、实现节能减排等方面都具有重大战略意义。

通过本报告的行业调研与专利分析可以看到，我国智能网联汽车产业总体发展态势良好，已经进入从产业孕育期到快速发展期的关键过渡阶段，近几年专利数量快速增长，取得了一批高水平的自主知识产权创新成果，培育了若干具有一定国际竞争力的相关企业。但是，现阶段还存在一些问题。课题组在专利分析研究和实地调研的基础上，提出如下积极建议，旨在促进产业的进一步良性健康发展。

7.2.1 对国家政策的建议

（1）从国家战略高度进行行业总体架构设计和标准体系规划

智能网联汽车是一个多领域交叉融合的综合性产业。基于不同关键技术的专利申请态势分析发现，智能网联汽车产业涉及芯片生产、高精度定位、车联网通信技术等多种技术创新，需要建立跨行业跨部门的协同运行机制。建议从国家战略层面加强基于智能网联汽车的跨行业跨领域的总体架构设计和标准化工作。智能网联汽车产业需要在汽车制造业、信息通信业、交通运输和管理业等现有标准体系上建立更高一级的标准化协调机制，对智能交通进行总体架构设计，准确理解行业的技术和业务接口，为行业的标准化做好组织规划并制定相关标准。以此为基础，行业研发主体才能在统一的架构和标准体系下进行技术创新，并进一步刺激技术创新中产生的标准必要专利申请。

（2）加大国家对智能网联汽车企业的研发投入

在先进传感器技术、车载计算平台等关键技术的专利布局中，我国的专利竞争实力相对于欧美国家存在明显差距，表明我国在智能网联汽车部分领域的技术创新水平不够。与国外龙头车企相比，我国车企整体呈“小散弱”状态。中国在智能网联汽车领域的专利数量虽多，但突出的专利权人数量较少。全球申请量排名前20的专利权人中，中国只有百度、华为、中兴三家互联网通信公司在列，没有国内车企。这说明我国智能网联汽车产业有通信技术优势，主要短板在于传统车企。切实提升我国车企技术实力，再借助5G通信优势，有可能弯道超车。

建议政府加大面向汽车企业的研发投入，针对一些智能网联汽车产业的关键技术进行重点支持。我国需要布局培育智能网联汽车的重点企业，建议加大对智能网联汽车企业的扶持力度，尤其是传统汽车企业，让其加快转型，做大做强。我国缺少有国际竞争力的零部件厂商，需要从源头抓起，发现并培养零部件企业。对于初创企业，继续加大扶持力度，给予优惠政策助其成长。

（3）保障智能网联汽车的研究测试场地和道路条件

从高精度地图的专利布局可以看出，我国高精度地图的专利申请主要来自具有相关测绘资质的互联网地图商，而高精度地图的制作和技术创新需要完善的配套设施基础。良好规范的测试场地和测试道路是高精度地图建设和智能网联汽车应用推广所必需的关键设施保障。

在本报告的行业实地调研中了解到，现阶段我国智能网联汽车研究测试场地和道路数量不足，尤其在北京、上海等大城市，相关测试场地集中在郊区，数量少，测试申请难，测试成本极高。而美国等发达国家在测试道路的数量和管理政策方面的支持力度较大，极大促进了相关技术的创新。为推动智能网联汽车的实际应用，建议我国政府部门发挥主导规划职能，合理规划测试场地分布，规范测试用地收费标准，制定相应的封闭场地建设、测试的标准规范，为智能网联汽车研发单位的测试提供场地保障，改善测试场地和道路条件，降低测试成本，保障智能网联汽车上路测试的安全性与便利性。

7.2.2 对汽车行业的建议

（1）积极推进标准必要专利建设

标准必要专利是实施标准时必须使用的专利。一旦专利上升为标准，就确定了该专利技术的权威性和垄断性，因此标准必要专利是产业国际竞争的关键。目前智能网联汽车领域的行业标准还不完善，在相关标准的制定过程中，不可避免涉及标准必要专利问题。特别是随着5G在汽车上的大规模应用，传统车企会遇到来自通信标准必要专利的许可问题，目前国外已出现通信企业向主机厂收取许可费的情况，未来中国车企必定面临相似问题。而当前国内传统车企普遍缺乏相关经验，对标准必要专利带来的知识产权风险防范意识不足。本报告的标准必要专利分析显示，韩国三星电子已有部署地大力发展标准必要专利，处在领跑地位，我国在这方面有很大差距。

因此，我国汽车行业对标准必要专利的价值应给予足够重视，亟需推进标准必要专利建设，制定战略规划。一方面要增强自身创新实力，在国际标准和知识产权政策的修改讨论中积极发声，争取采用我国的优秀专利，并寻找契机建立新的标准架构，抢占国际竞争主导权；另一方面要密切关注业内相关标准必要专利，特别是通信标准必要专利的介入，提前防范知识产权风险。

（2）发展综合应用与用户培育，推动提升智能交通的市场渗透率

基于车联网通信技术的专利申请态势发现，以华为为主的中国互联网企业在该领域优势明显，未来势必会对我国智能网联汽车的发展产生积极推动作用。建议智能网联汽车行业积极发挥我国在车联网技术上的创新优势，发展相关技术的综合应用和用户培育，为智能网联汽车的产业化落地应用奠定基础。加强与其他相关产业合作，有部署地同步做好智能交通的市场渗透准备。例如，通过鼓励电信运营商推出优惠资费等激励措施，大力发展车联网用户，提升驾驶辅助系统的搭载率和车联网用户数量；发展综合信息服务，创新商业模式，推动车联网产业与智慧旅游和智慧商务等产业的融合发展；推动基于LTE－V2X、5G－V2X等技术的“人－车－路－云”协同交互，积极开展交通安全与能效应用。

7.2.3 对研发主体的建议

（1）加强企业之间的协同创新，实现关键技术的突破

从智能网联汽车关键技术的专利情况来看，我国传统汽车企业专利申请相对不足。在这场新兴产业的变革中，任何一家企业都很难通过单打独斗赢得胜利，企业之间应该加强协同创新，集中优势攻克关键技术，打造各类市场主体互融共生、分工合作、利益共享的新型产业生态，共同推动产业繁荣发展。目前智能网联汽车产业的协同创新合作较多，也有多种合作模式，例如中国智能网联汽车产业创新联盟，联合了汽车、通信、交通、互联网等领域的企业、高校、研究机构。但车企之间由于存在竞争，合作相对不足，不利于整体提升我国智能网联汽车制造水平。建议各大传统车企通过成立自动驾驶联盟，集合各自优势力量开展研发，避免重复研发；同时建议加大不同类型企业之间的多维度合作，例如，传统车企与通信企业结成战略合作伙伴，积极开展跨行业跨领域协同创新，更有利于实现关键技术的突破。

（2）进一步发挥我国高校的创新潜力，加大产学研合作

高校是知识创新的重要基地，对智能网联汽车主要技术来源国家的高校专利申请量占比进行统计分析发现，中国高校占比最高，达到22.5%，远高于其他国家。说明我国高校是一支创新生力军，清华大学、同济大学等一批高校在智能网联汽车产业发

展中发挥了重要作用，特别是在基础技术创新方面。通过清华大学技术转移转化情况调查，可以看到，清华大学已建立起行之有效的技术转移转化模式，保障科研创新成果能够顺畅转化到企业。

建议进一步加大我国高校的产学研合作，充分发挥高校的创新活力，推广成功经验。高校的研发实力和技术基础扎实，应充分发挥基础理论研究优势，积极与企业合作，不仅帮助企业发展，也促进人才培养，构建智能网联汽车产业的多层次健康生态圈。

（3）积极关注国外市场，根据需求做好智能网联汽车的海外专利布局

本报告的专利分析显示，中国是智能网联汽车的全球重要目标市场国，国外企业在中国的专利布局很多，而且大多是汽车强国的跨国公司所申请，专利质量很高，中国企业及研究机构将来可能会遇到的专利壁垒也不容忽视。相比之下，中国研发主体在国外申请智能网联汽车领域的专利较少，缺乏前瞻性国际市场战略布局的意向。

中国企业不必盲目申请国外专利，但一定要关注国外市场。建议研发主体更加重视专利技术布局，当达到一定技术创新水平之后，积极“走出去”。在关注中国、美国、日本、韩国、德国等主要技术市场的同时，也加大对其他国家和地区的关注——这些国家和地区尚未形成主要的竞争态势，中国企业可以在其中抢占先机。

致　　谢

本研究报告的调研工作由“智能网联汽车关键技术专利分析研究”项目组成员共同完成。在此谨向为本研究报告付出了大量的心血和努力的项目组成员表示衷心感谢！

特别感谢清华大学车辆与运载学院杨殿阁老师、清华大学技术转移研究院王燕老师对本项目的关心和大力支持。

同时向对本项目提供咨询指导的孙瑞丰、汪勇、赵亚娟、巴特、董克、江昆等专家表示衷心感谢！

本研究报告还得到了以下单位的大力支持，一并致谢！

- 国家知识产权局公共服务司
- 清华大学图书馆
- 清华大学车辆与运载学院
- 清华大学技术转移研究院
- 国汽智能网联汽车研究院
- 中国汽车工程学会
- 中国航天科工集团第二研究院二十五所
- 北京新能源汽车股份有限公司（北汽集团）
- 北京智行者科技有限公司
- 天津智能网联汽车产业研究院
- 天津清智科技有限公司
- 超星未来科技有限公司
- 科睿唯安知识产权事业部
- 智慧芽信息科技（苏州）有限公司
- 北京合享智慧科技有限公司

附录1 主要专利申请人名称约定表

约定名称	对应申请人名称
丰田	丰田汽车公司 Toyota Motor Corporation
福特	福特汽车公司 Ford Motor Company
通用	通用汽车公司 General Motors Company
本田	本田株式会社 HONDA
保时捷	保时捷汽车股份有限公司 Porsche AG
现代	现代汽车公司 HYUNDAI
日产	日产汽车公司 NISSAN
三菱电机	三菱电机株式会社 Mitsubishi Electric Corp.
电装	日本电装公司 DENSO
博世	罗伯特·博世有限公司 Bosch
大陆	德国大陆集团 Continental AG
LG 电子	LG Electronics
松下	松下电器产业株式会社 Panasonic

续表

约定名称	对应申请人名称
日立	株式会社日立制作所 HITACHI
三星电子	三星电子 Samsung Electronics
戴姆勒	戴姆勒股份公司 Daimler AG
优步	Uber Technologies，Inc.
ZOOX	ZOOX Inc.
UATC	UATC LLC
德尔福	德尔福派克电气系统有限公司 DELPHI
谷歌	谷歌公司 Google Inc.
起亚	起亚汽车公司 KIA
英特尔	英特尔（集成电子公司） Intel Corporation（Integrated Electronics Corporation）
高通	高通公司 Qualcomm
索尼	索尼公司 Sony Corporation
爱立信	爱立信公司 Telefonaktiebolaget LM Ericsson
IBM	International Business Machines Corporation
VENIAM	VENIAM
DEEPMAP	DeepMap
日本爱信	日本爱信精机株式会社 Aisin Seiki
住友	日本住友 Sumitomo

续表

约定名称	对应申请人名称
奥迪	奥迪汽车公司 Audi
大众	大众汽车 Volkswagen
宝马	宝马汽车公司 Bavarian Motor Work
沃尔沃	沃尔沃集团 Volvo group
法雷奥	法雷奥集团 Valeo
夏普	夏普公司 Sharp Corporation
诺基亚	诺基亚公司 Nokia Corporation
中兴	中兴通讯股份有限公司 Zhongxing Telecommunication Equipment Corporation（ZTE）
华为	华为技术有限公司 HUAWEI TECHNOLOGIES CO.，LTD.
百度	百度公司 Baidu
大唐电信	大唐电信科技股份有限公司
法法汽车	法法汽车（中国）有限公司
乐视	乐视控股（北京）有限公司 eEco
宇龙通信	宇龙计算机通信科技（深圳）有限公司
京东方	京东方科技集团股份有限公司（BOE）
比亚迪	比亚迪股份有限公司
握奇	上海握奇信息科技有限公司
楼兰科技	大连楼兰科技股份有限公司
国家电网	国家电网有限公司 State Grid Corporation of China

续表

约定名称	对应申请人名称
智行者	北京智行者科技有限公司
德赛西威	惠州市德赛西威汽车电子股份有限公司
奇瑞	奇瑞汽车股份有限公司
视莱尔	南京视莱尔汽车电子有限公司
成都育芽	成都育芽科技有限公司
乐卡汽车	乐卡汽车智能科技（北京）有限公司
普天科技	北京中科普天科技有限公司
中国移动	中国移动通信集团有限公司
秦川物联网	成都秦川物联网科技股份有限公司
北京信威	北京信威科技集团股份有限公司
上海博泰悦臻	上海博泰悦臻网络技术服务有限公司
启迪云控	启迪云控（北京）科技有限公司
东风	东风汽车集团有限公司
精灵云	成都精灵云科技有限公司
天津清智	天津清智科技有限公司
图森未来	北京图森未来科技有限公司
四维图新	北京四维图新科技股份有限公司
环宇智行	武汉环宇智行科技有限公司
初速度	初速度（苏州）科技有限公司
中海庭	武汉中海庭数据技术有限公司
美行科技	沈阳美行科技有限公司
上汽	上海汽车集团股份有限公司
长安	长安汽车股份有限公司

附录 2　智能网联汽车行业实地调研报告

北京新能源汽车股份有限公司

一、调研准备

1. 调研背景

传统车企是智能网联汽车的重要参与者，北京汽车集团有限公司（简称“北汽集团”）作为国内排名第二的车企，随着无人驾驶和智能网联技术的发展，基于其技术积累上的先发优势，积极投身于智能网联汽车的研发中。

北京新能源汽车股份有限公司（简称“北汽新能源”）创立于 2009 年，是北汽集团控股的子公司之一，旗下 LITE 自动驾驶汽车于 2018 年 4 月 26 日正式获得自动驾驶汽车上路测试牌照，是首批在京获得自动驾驶车辆上路测试资格的车企之一，LITE 自动驾驶汽车被允许在北京市自动驾驶测试道路上进行公开路测。

选择北汽新能源作为传统车企的代表进行实地调研，有助于我们深入了解传统车企对智能网联汽车的态度，认识传统车企在智能网联汽车发展变革潮流下的自我变革和技术创新。调研小组在 2019 年 7 月 18 日对北汽新能源进行了深入的实地调研。

2. 前期准备情况

收集作为调查对象的北汽新能源的相关资料，组织小组成员认真学习研究北汽新能源的发展历史和技术所在，以便在实地调研活动中能够更好地体会到北汽新能源的特点所在。

提前与北汽新能源取得联系，并准备好调研问题和调研中所需要的物品（调研问题和记录设备）。将调研问题事先发送给采访对象，让对方有所准备。设计并规划好行程路线，约定好调研的时间、地点、人物。

落实参加调研的人员及分工，范爱红负责策划、采访及沟通联系，程变爱负责召集调研团队和车辆安排，李烨、李津负责记录和拍照，管翠中负责录音和调研报告的撰写。在调研过程中，需要大家做好详细记录。

3. 调研目的

通过调查，掌握北汽新能源在智能网联汽车方面的研发情况和发展现状，包括知识产权团队和布局情况；对智能网联汽车行业当前的市场状况、上下游企业、国内外差距等有一定程度的了解。

4. 调研拟解决的问题和拟达到的效果

了解北汽新能源在智能网联汽车方面的研发、生产现状和关注的技术热点与难点，掌握当前智能网联汽车行业的战略投资情况和市场状况，了解国内外的差距和国内目前发展的难点。

5. 调研单位的选择及简单介绍

北汽新能源创立于2009年，是一家新时代下的国有控股高科技上市公司和全球领先的绿色智慧出行一体化解决方案提供商，致力于为用户创造电动化、智能化、个性化的极致驾乘体验，构建汽车与能源、互联网、AI人工智能产业融合发展的新生态、新格局，建设世界级新能源汽车技术创新中心和世界级新能源汽车企业，打造面向未来的世界级绿色智能科技服务平台。

北汽新能源现有规模近5000名员工，其中研发人员1500人。在智能网联电动汽车、充换电运营、分时租赁等领域为客户提供有竞争力、安全可信赖的产品、解决方案和服务，秉持“开放共享”理念，与生态伙伴广泛合作，引领中国汽车品牌向上发展，是全球纯电动汽车用户最多的品牌。

6. 参加调研的人员组成

调研组人员

范爱红：课题负责人，此次调研中负责策划、采访及联系。

程变爱：调研组组长，此次调研中负责召集调研团队和车辆安排。

李　烨：调研组组员，此次调研中负责文本记录。

管翠中：调研组组员，此次调研中负责调研报告的撰写。

调研单位交流人员

王金奎：北汽新能源工程研究院高级经理。

董　克：北汽新能源专利负责人。

滕　牧：北汽新能源专利工程师。

二、调研内容

本次调研主要从十个方面展开讨论，具体如下。

1. 贵公司在智能网联汽车方面的研发、生产现状

北汽新能源有专门的智能网联汽车发展策略——“达尔文系统”，整车人工智能，具有“解放人”“愉悦人”“自成长”三大特点。基于北汽集团提出的2025战略，开启汽车2.0时代。北汽新能源的总体目标是：到2025年，在纯电动汽车领域，在国内实现世界一流，市场占有份额达到全球第三，实现市场、技术、模式的三个引领。北汽新能源旗下LITE自动驾驶汽车顺利通过相应能力评估项目，并于2018年4月26日正式获得自动驾驶汽车上路测试牌照，是第一张整车企业的自动驾驶牌照。目前，北汽新能源已掌握L3级别自动驾驶量产车技术，并计划于2020年销售L2.5+的自动驾驶车，这是目前国内最领先的量产自动驾驶汽车。

北汽新能源发展智能网联汽车一方面是国家的相关政策高速发展，国家在大力扶

持；另一方面是市场的引领和需求比较大。公司非常重视智能网联汽车这一块工作，正在加速研发并希望能够抢占市场份额。在整个智能网联汽车的布局上，结合整车零部件的供应商，在芯片/软件上与互联网公司百度、英特尔等合作，通信方面与中国移动、中国联通、华为等探索合作，与同级的公司（如蔚来、特斯拉、吉利）去竞标，国际知名的整车配套厂（如德国的博世和大陆）都有合作。

目前遇到的问题：一个是在云服务、在线资源上相对较弱，如何结合自身的优势资源与互联网企业去合作是北汽新能源的一个重要路线；另一个是如何推广智能网联，比如智能驾驶、智能座舱、网联，去做发展路线的规划。目前兄弟公司上汽与阿里合作、长安与百度/华为合作。北汽新能源需要结合传统零部件、加上自身技术积累以及外部资源去做生态整合，这样才能把智能网联汽车做好。

北汽新能源开发了全方位安全管理体系 ETSM，在整个主动管理、被动安全、功能安全、电池安全、信息安全上做全方位车辆安全的保护，认为车辆的安全是第一位的。智能网联上最重要的投入是围绕 i－Link 的车联网技术品牌，坚持以客户和技术创新为导向的价值观，从 i－Drive 自动驾驶、ADAS 辅助驾驶、智能座舱（音响/娱乐/互联网的控制媒介）、自成长（基于大数据的网联平台）几个方面让车更加智能。

智能驾驶方面的规划主要包括：

- 智能泊车，实现遥控泊车、代客泊车；
- 智能行车，偏向于整车车辆的紧急防碰撞，预计 2020 年实现高速公路上把手放开的自动驾驶（L2.5＋）；
- 测试，收集智能泊车和智能行车两方面的数据后去完善测试和评价体系，包括标定的能力；
- 智能座舱，以集成加上优势的供应商为主，考虑用户体验，从识别上去做文章，如面部识别、指纹识别、声音识别等识别技术；
- 传输（包括以太网的控制）、无线充电（预计 2022 年实现量产）、控制（手势、语音等）、显示（曲面、大尺寸）；
- 网联，以终端、云平台、基础建设为一体的平台，将车辆的 OTA、标准信息、信息安全都融进去做到一个平台上，收集数据分析数据，帮助出行服务，达到智慧交通。

未来智能网联汽车的发展在于数据的分析处理能力，否则只会有小步的迭代，无法更快的前进。北汽新能源现在已有 32 万台车、40 余万公里、220T 数据的积累。

2. 贵公司在智能网联汽车研发方面关注的技术热点与难点

技术热点体现在：5G，V2X，软件（附加服务），算法（是探测精度/反馈处理能力与车辆间融合的基础）。

技术难点体现在：芯片不成熟，虽然与华为合作来开发相关产品，但是产品落地时间至少要在两年后，国内无真正的研发能力；很多美国的芯片（如内存、主芯片）是用不了的，会影响自身智能网联汽车的发展；软件方面，目前 Unix、Linux 操作系统均是国外的，中国目前并不掌握任何一个操作系统，现在国内正在开发，但到真正落地应用还是有一段距离；国家对于技术法规和标准的制定和建立没有很快速的响应，比较谨慎，先是试点然后出法规再去做比较影响真正的实施落地。

3. 贵公司是否有专门的知识产权团队？是否重视专利申请与保护？是否有计划地做专利布局

北汽集团拥有专门的知识产权团队，非常重视专利的申请与保护。从集团层面，北汽集团在法务部下面设立知识产权中心，北汽集团二级单位（北汽福田、北汽研究总院、北汽股份、越野车、北汽新能源等）独立管理自己的知识产权业务，但是需要在知识产权中心里面向集团汇报。

北汽新能源知识产权管理的模式是：法务部负责商标的管理，研究院专利管理科（全职6人）负责专利、著作权、技术秘密等的管理，具体包括专利申请、专利挖掘布局、侵权分析、行业产业的调研报告。

截至2018年11月，北汽新能源累计申请专利3519项，授权专利1794项，发明1614项，获得中国专利优秀奖4项。企业标准1380项，主导、参与外部（国家、地方）标准60项。其中，在智能网联汽车领域有300余项的专利申请。

4. 智能网联汽车行业当前的战略投资情况

目前北汽新能源与华为联合设立“1873戴维森创新实验室”。

北汽集团主要是给别人投资，如HOD、软件等初创公司。

5. 智能网联汽车行业当前的市场状况，都有哪个级别的哪些产品，各自的市场占有率如何

智能的概念很大，而且不好界定，比如目前每辆新能源汽车均配有4G卡，带网联功能，是否能够算智能网联汽车？北汽新能源目前已实现语音深度学习进行车辆智能控制、智能驾驶配置能够辅助驾驶避免碰撞行人等，已具备与车打通的能力，会在2020年上市的新车中有配备。但是与路打通不仅仅是车企就能够独自完成的，还需要政府的能与以及投资、基础设施的配套。

从市场占比来说，北汽新能源2013~2018年连续6年纯电动汽车销量领先，现在所卖的纯电动汽车都有智能网联的属性，目前已掌握L3级别自动驾驶量产车技术，并计划于2020年上市国内最领先的L2.5+的车型。国外只有奥迪A8做到L3级别量产并在欧洲、美国出售，其他更高级别的自动驾驶车均处于测试阶段。

6. 智能网联汽车产业链上下游企业的情况如何

下游有供应商帮做生产，上游是政府、中国移动、中国联通等。

7. 国外智能网联汽车研发、行业方面的现状如何？国内与之相比是否存在技术差距？如有，具体差距在哪些方面

与国外相比，在自动驾驶技术上的确是有差距，现在大多数技术均掌握在美国、欧洲的企业手中，包括芯片、操作系统和算法，不过国内目前也有很多的初创公司在做算法平台，总体来看国内外的差距在慢慢减小。

在智能座舱领域，国内已接近甚至是与国外同等水平，虽然国内没有操作系统、没有硬件芯片的支持，但是在与互联网公司的合作上中国更具有优势，互联网+的能

力更强，能够赶超国外的公司。

8. 智能网联汽车行业目前发展的主要难点在哪里？资金、技术，还是政策

总体而言，资金、技术和政策都不缺。

具体来说，相对难点还是在技术中的芯片、操作系统和算法上。资金上肯定是需要有大的投入，政策上比较关键的是国家在政策上的倾斜没有说的很清楚，现在都是在谈试运行，而不是放开运行。国家比较鼓励智能网联汽车的发展，企业也是跟着国家的脚步往前走。

9. 智能网联汽车的未来前景如何

前景好，大家一直是跟着国家的脚步在走。

10. 智能网联汽车未来的霸主企业将会来自传统车企转型还是新兴的科技公司

传统企业和新兴公司都各有各的优势，单纯自建自筹资金没有国家支持很难，经国企改革以及混改之后的技术创新团体，才能做到竞争世界级霸主地位。

三、调研总结

目前国内外智能网联汽车均是在新能源汽车上实现，北汽新能源作为国内连续多年纯电动汽车销量领先的企业，在自动驾驶上也是跟着国家的脚步积极研发，目前已掌握 L3 级别自动驾驶量产车技术，并获得北京市首张自动驾驶道路测试牌照。

在调研中发现，传统车企对知识产权非常重视，包括商标、专利、著作权、技术秘密等，有专门的知识产权团队，并和研发人员紧密对接。截至 2018 年 11 月，北汽新能源累计申请专利 3519 项，其中在智能网联汽车领域有 300 余项的专利申请。

国内在自动驾驶技术上与国外相比还有一定差距，尤其体现在芯片、操作系统和算法上，不过在努力追赶，差距也在不断缩小；在智能座舱上，由于车企在与互联网公司的合作上中国更具有优势，所以互联网 + 的能力更强，国内已接近甚至是达到与国外同等水平。

智能网联汽车是一个资金投入巨大的行业，不仅需要传统车企自身的努力，国家的参与配套也很重要。虽然说传统企业和新兴公司在智能网联汽车上都各有各的优势，但单纯自建自筹资金没有国家支持很难，只有经国企改革以及混改之后的技术创新团体，才能做到竞争世界级的霸主地位。

北京智行者科技有限公司

一、调研准备

1. 调研背景

智能网联汽车作为人工智能行业三大热点应用市场之一，越来越受到社会各行各业广泛的关注，无论是传统汽车厂商还是互联网巨头，无不将无人驾驶看作是未来重要的战略布局。除了互联网巨头与车企，专注于无人驾驶技术的创业公司也如雨后春

笋般出现，部分高校在无人驾驶领域也有一定的技术积累。纵观国内无人驾驶领域，大致可以分为学院派、创业派、互联网巨头、整车及零部件生产厂商四股力量：

北京智行者科技有限公司（以下简称“智行者”）是一家从院校走出来的创业派，其核心团队多数来自清华大学汽车系，是一家典型的并且发展势头较好的智能网联汽车初创公司。公司成立于2015年，旗下拥有智能网联汽车明星产品无人清扫环卫车“蜗小白”、无人配送物流车“蜗必达”、无人乘用车“星骥”，坚持高低速无人车双线研发的策略。对智行者进行调研有助于课题组更深入地认识智能网联汽车这一行业，尤其是创业派的发展。

2. 前期准备情况

收集作为调查对象的智行者的相关资料，组织小组成员认真学习研究智行者的发展历史和技术所在，以便在实地调研活动中能够更好地体会到智行者的特点所在。

提前与智行者取得联系，并准备好调研问题和调研中所需要的物品（调研问题和记录设备）。将调研问题事先发送给采访对象，让对方有所准备。设计并规划好行程路线，约定好调研的时间、地点、人物。

落实参加调研的人员及分工，范爱红负责策划、采访及沟通联系，程变爱负责召集调研团队和车辆安排，李烨、李津负责记录和拍照，管翠中负责录音和调研报告的撰写。在调研过程中，需要大家做好详细记录。

3. 调研目的

通过调查，掌握智行者的研发、发展现状，包括公司的知识产权团队和布局情况；对智能网联汽车行业当前的市场状况、上下游企业、国内外差距等有一定程度的了解。

4. 调研拟解决的问题和拟达到的效果

了解智行者在智能网联汽车方面的研发、生产现状和关注的技术热点与难点，掌握当前智能网联汽车行业的战略投资情况和市场状况，熟悉国内外的差距和国内目前发展的难点。

5. 调研单位的选择及简单介绍

智行者是一家成立于2015年的智能网联汽车领域的初创公司，近年来发展势头较好，产品包含低速无人驾驶领域的“蜗（Ω）”系列和高速无人乘用车星骥“Σ”系列。将其作为一家初创公司的典型代表来开展研究，有利于我们对智能网联汽车领域的创业环境和市场趋势有更加深刻的认识。

智行者深耕无人驾驶汽车领域，聚焦无人驾驶汽车的“大脑”，是国内提供无人驾驶系统多元解决方案的企业之一。公司拥有一支由整车、电子、互联网、人工智能、生产制造等领域人才组成的专业队伍，其开发的无人驾驶车辆累计测试里程超过130万公里，处于国内无人车厂商前列，是国内首批将无人驾驶技术及产品实现商业化落地的企业：

- 聚焦无人驾驶“大脑”：独创性开发出无人驾驶操作系统AVOS（Automated Vehicle Operating System），该系统能够灵活地进行视觉传感器、激光雷达、毫米波雷达等多传感器的配置以及信息融合，采用结合深度学习以及基于规则的混合决策算法，提供安全舒适的车辆动力制动转向等系统的控制模块。将算法核心层（Kernel 层）和定制化接口层（IO 层）分离是 AVOS 最大特点，能够保证普适性的同时也适合定制化开发。

• 强大的团队支撑：公司创始团队来自清华大学汽车系，对汽车开发有深刻的理解，有助于从汽车的层面去应用和开发无人驾驶技术。公司聚集了一批在整车、电子、互联网、人工智能、生产制造等领域经验丰富的人才，形成了一支强大的科研和产品开发队伍。

• 数据积累与驱动：公司联合清华大学及合作车企已累计进行超过 130 万公里的无人驾驶测试，随着承接项目的不断增加以及自身产品的推广，驾驶数据将进一步增加，大量的数据积累对于深度学习等人工智能算法的推动至关重要。

• 项目开发经验丰富：公司已成功为北汽、上汽、东风以及部分知名互联网公司等企业提供智能驾驶技术解决方案，成为国内目前获得整车厂订单数量最多的技术服务商之一。在产品化方面，率先在两个细分领域推出两款商用化产品，在国内保持领先地位。

智行者的发展路线如附图 1 所示。

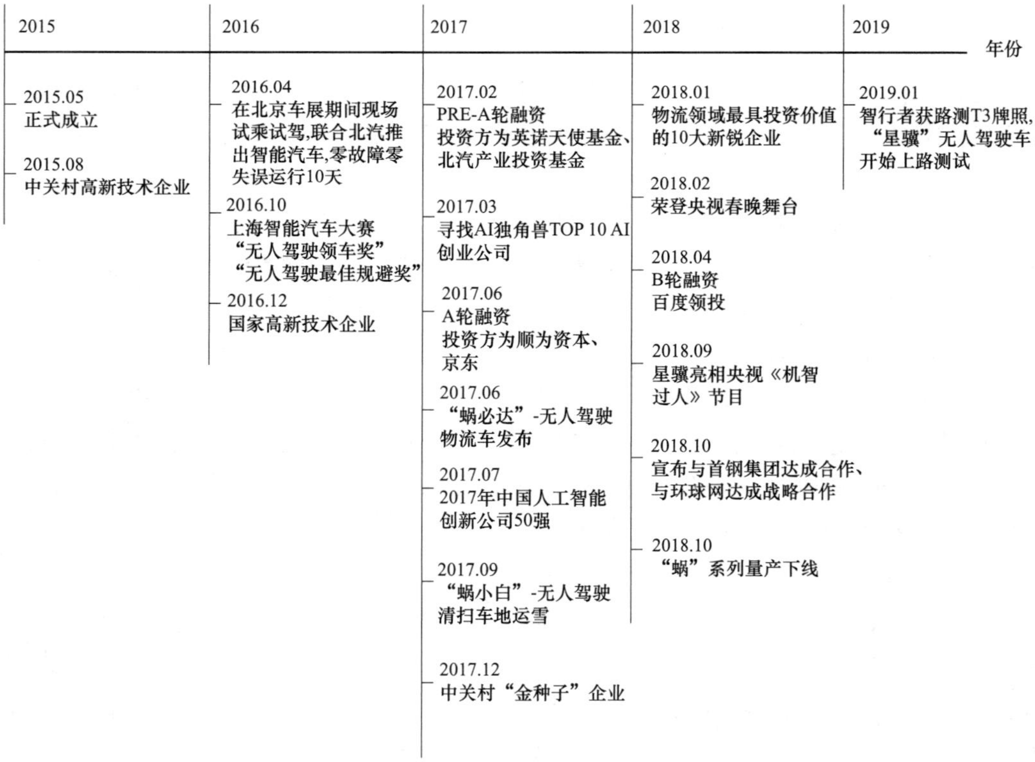

附图 1　智行者的发展路线

6. 参加调研的人员组成

调研组人员

范爱红：课题负责人，此次调研中负责策划、采访及联系。

程变爱：调研组组长，此次调研中负责召集调研团队和车辆安排。

李　烨：调研组组员，此次调研中负责文本记录。

管翠中：调研组组员，此次调研中负责调研报告的撰写。

调研单位交流人员

张　放：智行者科技公司联合创始人兼技术总监。

邹映雪：智行者科技公司政府事务经理。

二、调研内容

本次调研主要从十个方面展开讨论，具体如下。

1. 贵公司在智能网联汽车方面的研发、生产现状?

2015 年智行者成立，公司专注于无人驾驶汽车领域，发展迅速。目前公司团队已经扩充到近 300 人，其中研发团队占比达到 2/3，平均年龄 30 岁左右，是一支非常年轻、充满创意、富有朝气的团队。公司拥有雄厚的技术研发实力，拥有自主研发的 AVOS（Automated Vehicle Operating System）软件操作系统和 AVCU（Autonomous Vehicle Control Unit）硬件计算平台。产品有低速无人清扫环卫车“蜗小白”、无人配送物流车“蜗必达”以及高速无人乘用车“星骥”，其中低速“蜗（Ω）”系列已于 2018 年 10 月量产下线，高速“星（Σ）”系列获得路测最高级别 T3 牌照并开始上路测试。

目前公司已售产品无人扫地车“蜗小白”，单台售价 20 万～30 万元，计划年内销售量达到 1200～1500 台，公司处于快速发展期。公司在广东省中山市兴建了无人车工厂，在 2018 年 10 月实现量产，目前月产能力 800～1000 台，主要生产“蜗（Ω）”系列。“星（Σ）”系列则是通过和传统车企合作的方式，提供无人驾驶整体解决方案。

无人扫地车“蜗小白”是智行者自主研发的“蜗（Ω）”系列低速自动驾驶智能车产品。无人驾驶清扫车“蜗小白”集激光雷达、摄像头、超声波雷达等传感器于一身，具备闹钟式任务设计、自动加载地图、自动避让行人、智能一键召回、自主泊车入位、OTA 升级、大数据分析等功能，设有吸尘装置和垃圾桶，能够边清扫边收集，可以不同角度全方位清扫，清扫范围延伸至道路边缘的缝隙等死角，实现全覆盖。一辆“蜗小白”等于 6 个人的工作量，它的出现极大地提高了清洁效率、降低了人工成本，同时让清洁更智能。

无人配送物流车“蜗必达”是智行者自主研发的另一款低速自动驾驶智能车产品。无人驾驶物流车“蜗必达”集激光雷达、超声波雷达等传感器于一体，实现了特定场景下的无人驾驶配送，让物资转运和配送不再只依赖人力，可以自主完成任意目的地之间的运输工作。单次载重 100kg，日均派单 100 件以上。

无人驾驶整体解决方案“星骥”定位于实现高速道路及复杂城市道路的无人驾驶，是智行者推出的 L3/L4 级别的自动驾驶解决方案，关键技术包括多源传感器融合感知、高精度地图与定位定姿、目标行为识别与轨迹预测、自主决策与轨迹规划、多目标纵横协同控制等。2018年9月，“星骥”无人车挑战天门山天险“蛋糕弯”，荣登央视《机智过人》节目。

2. 贵公司在智能网联汽车研发方面关注的技术热点与难点？

技术热点体现在：深度学习和智能算法。

技术难点体现在：目前水平无人驾驶停留在中等/中等以下复杂场景，但对于高度复杂场景（比如五道口）现在还比较困难；另一个难点是大雨、大雪等极端天气下的无人驾驶，对感知的要求比较高。

3. 贵公司是否有专门的知识产权团队？是否重视专利申请与保护？是否有计划地做专利布局？

公司非常重视专利的申请与保护，并在有计划地做专利布局。公司拥有专门的知识产权团队，专利申请近400件，现已公开275件。仅2018年一年就申请了近300件。在2019年初，公司被评为自动驾驶专利中国第三，创业公司第一，排在前面的分别为华为和百度。

知识产权团队主要负责专利的申请、规划、挖掘等工作，与研发人员对接。公司对人才的要求比较高，其中1名知识产权人员拿过华为专利代理人的证书，知识产权团队能够高质高量的完成知识产权方面的相关工作。

4. 智能网联汽车行业当前的战略投资情况？

智能网联汽车行业被大家普遍看好，是未来汽车产业的发展方向，领域内的融资总额持续上升。

智行者自2015年5月正式成立以来，2017年2月拿到了PRE-A轮融资，投资方为英诺天使基金、北汽产业投资基金；2017年6月拿到了A轮融资，投资方为顺为资本、京东；2018年4月拿到了B轮融资，百度领投。

5. 智能网联汽车行业当前的市场状况？都有哪个级别的哪些产品？各自的市场占有率如何？

目前L1/L2级别的辅助驾驶已实现量产，L3级别2022年有可能会推出，低级别自动驾驶已经实现。L4级别的乘用车五年、十年不好说，大家很难给出判断，三年前大家认为五年后可以实现，前两年说还得等五年，今年说也不知道什么时候可以实现。其他垂直领域的L4级别自动驾驶可能率先推出，比如环卫等特种车辆。各自市场占有率还不知道。

6. 智能网联汽车产业链的构成，您了解的上下游企业的情况如何？

产业链包括：零部件供应商—传统整车厂—IT企业—通信企业—计算芯片—集成整合。

企业方向包含：农业机械、清扫、物流、港口码头、矿区、出租车等。

7. 国外智能网联汽车研发、行业方面的现状如何？国内与之相比是否存在技术差距？如有，具体差距在哪些方面？

目前美国等发达国家发展得较为领先，但是领先的并不是特别大。国外比较领先的如谷歌的 Waymo、通用的 Cruise 等，智行者在量产上已经走在世界前列，是国内首批实现低速无人车量产的企业，真正意义上实现了无人驾驶技术的商业化落地，其中扫地车在国内占的市场份额较高。

8. 智能网联汽车行业目前发展的主要难点在哪里？资金、技术，还是政策？

资金不是问题，融资充足。以智行者为例，在 2018 年 4 月已拿到百度领投的 B 轮融资，历次投资方包括英诺天使基金、北汽、顺为资本、京东等。

技术上，主要是高精度地图，这是一个国家行为，无法靠某一家公司实现。

更多的难点是在政策和法律法规上，目前国内政策较为保守。

9. 智能网联汽车的未来前景如何？

智能网联汽车是未来的发展方向，是汽车最大的机遇，每个国家都很关注并有很大力度的支持。

10. 智能网联汽车未来的霸主企业将会来自传统车企转型还是新兴的科技公司？

整个智能网联汽车的产业链太大了，没有哪家公司能够全部都做，现在看来还是各司其职、分工合作，传统车企去负责整车、造车，IT 企业负责运维、调度等。后期自动驾驶的生命周期除了现在的买车、卖车、售后，更多的是在运维调度这部分，就像一个出租车公司一样把它运营起来，这会占很大的比例。按照运营来算收益，相比于整车厂营利，是传统只卖车的 10 倍，蛋糕更大了。生命周期扩展了，每个人处于价值链的不同阶段，价值链会延长。

三、调研总结

从调研中可以看到，目前国内技术与国外技术差距不大，具有较强的竞争力，其中智行者在量产上已经非常靠前。国内各方均看好智能网联汽车这个方向，国内各大主流车企纷纷加快自动驾驶落地进程，互联网与 ICT 企业加速智能网联汽车布局，并涌现了大批的创业公司。

创业公司，无疑是无人驾驶研发队列之中的一股重要力量。由于无人驾驶的市场需求与日俱增，投入研发的工程人才队伍不断壮大，以及在政府的支持下，国内无人驾驶技术研发的创业团队数量也在不断增加。创业公司的创始团队具有极为丰富的科研经历，多来自国防科技大学、中国科学院、清华大学等院校或者是“百度系”。智行者的核心团队成员多来自清华大学汽车系李克强教授课题组，学以致用，技术实力雄厚。

智行者作为一家强势发展的智能网联汽车新创企业，愿景是基于最安全最高效的自动驾驶商业化产品及服务，构建无人驾驶生活圈。公司非常重视研发和技术创新，研发人员占比达到全部人员的 2/3，团队成员非常年轻，平均年龄在 30 岁左右，是一支朝气蓬勃有创新力的团队。公司对于知识产权非常重视，有专门的专业知识产权团队，被评为自动驾驶专利中国第三，创业公司第一。

目前 L1/L2 低级别的自动驾驶已经实现并进入量产，不过达到 L4/L5 级别还有很长的路要走，短期内很难说几年内可以实现，但可以肯定的是各方均看好这一块并加大研发力度。无人驾驶是行业发展的方向，各方均在积极推动。整个智能网联汽车的产业链非常大，收益空间是传统卖车的10倍，没有哪家公司能够把所有事情都做了，目前是各司其职、分工合作。

目前国家对于智能网联汽车的政策较为保守，希望能够更大程度的放开，而且比如高精度地图等需要国家整体统筹规划，单一企业无法完成。智能网联汽车的产业链包括：零部件供应商、传统整车厂、IT企业、通信企业、计算芯片、集成整合。智能网联汽车主要应用场景包括：农业机械、清扫、物流、港口码头、矿区、出租车等。

国汽（北京）智能网联汽车研究院有限公司

一、调研准备

1. 调研背景

智能网联汽车是指车联网与智能车的有机联合，是搭载先进的车载传感器、控制器、执行器等装置，并融合现代通信与网络技术，实现车与人、车、路、后台等智能信息交换共享，实现“安全、舒适、节能、高效”行驶，并最终可替代人来操作的新一代汽车。

众所周知，汽车产业是世界上规模最大、最重要的产业之一，其发展水平和实力反映了一个国家的综合国力和竞争力。汽车产业链较长，因此具有关联度高、涉及面广、技术要求高、综合性强、零部件数量多、附加值大等特点，汽车产业已经成为世界各主要工业国家国民经济的支柱产业之一。

随着人工智能、大数据、云计算等新兴技术在汽车行业的广泛应用，消费者越来越期待智能化和数字化的汽车产品，汽车企业也希望通过智能网联服务赢得未来的市场竞争。智能网联汽车无疑成为中国汽车产业发展的战略方向。

国汽（北京）智能网联汽车研究院有限公司（以下简称“国汽智联”）采取“公司”+“联盟”的运行模式，有中国汽车工程学会、中国汽车工业协会的背景，选择国汽智联进行实地调研有助于从整体上了解智能网联汽车行业的发展状况。

2. 前期准备情况

提前与国汽智联取得联系，通过公司网站事先对该公司的概况有所了解，拟定调研提纲并提前发给对方。临行前准备好调研中所需要的物品（调研问题和记录设备），设计并规划好行程路线，约定好调研的时间地点人物，落实参加调研的人员及分工。在调研过程中，需要大家做好详细记录。

3. 调研目的

通过调研了解国汽智联在智能网联汽车方面的研发现状，包括知识产权团队和布局情况；对智能网联汽车行业当前的市场状况、上下游企业、国内外差距等有一定程度的了解。

4. 调研拟解决的问题和拟达到的效果

了解国汽智联在智能网联汽车方面的研发、生产现状和关注的技术热点与难点，掌握当前智能网联汽车行业的战略投资情况和市场状况，熟悉国内外的差距和国内目前发展的难点，预测行业的发展趋势。根据调查内容确定出行业内亟需进行专利信息分析的技术及其重点技术分支，从而确定专利分析的整体研究方向。

5. 调研单位的选择及简单介绍

国汽智联由中国汽车工程学会、中国汽车工业协会及中国智能网联汽车产业创新联盟共同发起筹建，成立于 2018 年 3 月 19 日，注册地址为北京市经济技术开发区，注册资本 9 亿元。18 家股东单位均为整车、零部件、信息通信等领域的领军企业和科研机构。

国汽智联致力于：聚集国内外高端专业人才，突破关键共性技术，提升创新能力，培育一批在智能网联汽车领域具有国际竞争力的企业，持续高效引领和支撑行业发展，提升我国智能网联汽车及相关产业在全球价值链中的地位，努力把国汽智联建设成为具有世界级影响力的研发平台。

2019 年 5 月 30 日，工业和信息化部正式批复同意由国汽智联组建国家智能网联汽车创新中心。国汽智联依托创新平台，在全球招募具备丰富智能网联汽车研发经验的顶尖人才，现有的研发团队 76% 为核心技术人员，其中 12% 具有博士学历，60% 具有硕士学历。

“公司 + 联盟”构成国汽智联核心运行模式，共同打造产业协同创新的枢纽和生态系统。股权投资主体单位为智能网联汽车前沿基础技术和共性交叉技术研发的核心单位。国汽智联开展项目、业务合作的非股权投资主体单位，共同开展共性技术研发，作为国汽智联研发方向的补充。联盟成员是成果受让主体，接收国汽智联科技创新的成果应用转化。

国汽智联的企业愿景是致力于让汽车安全无事故、畅通无拥堵；让汽车更聪敏，道路更智慧，人、车、环境更和谐；让汽车成为安全、舒适、便捷的智能移动空间。核心理念为尊重科学，专业领先；开源创新，服务社会。企业核心价值观为值得国家信任，赢得用户信赖。其定位如附图 2 所示。

6. 参加调研的人员组成

调研组人员

范爱红：课题负责人，此次调研中负责策划、采访及联系。

程变爱：调研组组长，此次调研中负责召集调研团队和车辆安排，并撰写调研报告。

李　烨：调研组组员，此次调研中负责文本记录。

管翠中：调研组组员，此次调研中负责文本记录。

调研单位交流人员

李　乔：国汽智联战略与标准研究部副总监。

张泽忠：国汽智联战略与标准研究部研究员。

王　宇：国汽智联科研管理部高级知识产权经理。

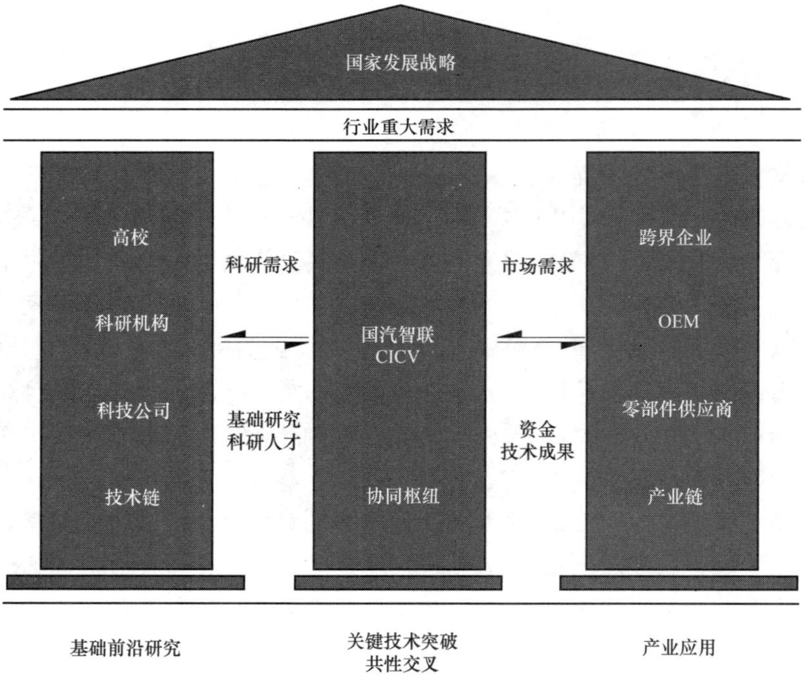

附图 2　国汽智联的定位

二、调研内容

1. 国汽智联在智能网联汽车方面的研发、生产现状?

研发设计平台方面，国汽智联与国内企业合作研发复杂系统重构设计、行驶环境融合感知、智能网联决策控制、智能网联安全与多模式测试评价等前沿、关键共性技术；承担国家科研任务，接受企业委托研究开发项目等。

建设中试验证基地，对研发成果进行中试验证，攻克产品研发过程中的技术难题，解决产业化的关键技术瓶颈。

建设公共测试平台，基于自身检测试验能力，协同联盟成员单位的国家重点实验室和工程中心，为行业提供技术评价、产品检测、认证及标准咨询等基础性公共服务，促进企业提升产品品质、实现技术升级。

建设共性技术服务平台，集成创新和知识产权资源，推动标准的研究与制定；为行业提供产品设计所需的共性技术支撑及技术评价服务，形成高效的服务机制和能力。

建设成果转化基地，促进智能网联研究成果转化落地，推动先进技术形成示范应用并完成产业化。

2. 国汽智联在智能网联汽车研发方面关注的技术热点与难点?

基于智能网联汽车产业生态，国汽智联聚焦智能网联汽车关键共性技术，协同推荐高精度地图、信息通信、云计算、大数据等支撑技术，以及法规、标准、伦理、保险等社会环境的持续完善。关键技术聚焦于行驶环境融合感知、智能网联决策控制、复杂系统重构设计、智能网联安全及多模式测试评价四个方面。

行驶环境融合感知领域，国汽智联致力于高精度动态地图平台和中国标准 ICV 场景库的建设。国汽智联高精度引擎打开自动驾驶的耦合，为自动驾驶决策系统、视觉和激光雷达等传感器提供开放的高精度定位接口和高精度地图数据接口。国汽智联高精度地图云平台基于车辆信息完成地图数据更新，并且为自动驾驶决策提供支撑。中国标准 ICV 场景库建设方的目标是建立中国标准 ICV 场景库理论架构体系，研究并提出具有国际先进水平和中国特色的 ICV 场景库基础架构及基本规范，确定中国 ICV 场景数据采集规范，为中国标准 ICV 场景库建设奠定基础；建立中国标准 ICV 场景基础数据集，搭建包含不同车型的采集车队，采集车辆、驾驶员行为、道路环境、交通等多方面信息，分析真实的交通环境和驾驶行为特征，构建能够反映中国实际的 ICV 研发/测试数据集，如原始数据集、标注数据集、自然驾驶数据集、标准规范数据集和功能重构数据集等；建立智能网联汽车基础数据综合服务平台，针对多源数据，建立可扩展可共享的 ICV 场景库综合服务平台；实现科学合理、高效快速、结果准确的大数据自动标注和分析；利用该平台实现数据的预处理、数据分析、数据标注以及数据应用等不同功能。

智能网联决策控制领域，国汽智联开发自主可控的智能座舱 OS，有助于突破国外技术垄断，有助于配合国家对关键数据的监管和保护，有利于智能网联生态链的营建。目前国外竞品以 QNX、Linux、Android 等为代表，作为定制化开发的基础；国内以 Ali OS、华为 OS 等为主。国汽智联将策划和建立智能座舱操作系统平台公司，以研发具备国际先进水平、满足中国标准的智能座舱 OS 为核心，同步开展智能座舱生态系统的搭建。国汽智联智能座舱 OS 支持虚拟化技术（如 hypervisor 等），以实现同一硬件平台上多操作系统的独立运行，增强系统稳定性和安全性系统调用接口遵循 POSIX 规范开发，应用软件兼容性好，并支持二次开发集成人工智能、网络服务、图像处理等应用开发框架，支持 Surface Manage、SGL、OpenGL、MLKit、ALSA Lib、SQLite、NUI 等常用引擎和数据库集成 V2X、车身传感器、FOAT、LTE 通信等车辆特定应用和服务功能，专用于智能网联汽车应用和服务。

智能网联决策控制领域，国汽智联还致力于开发以自动驾驶操作系统为核心的计算基础平台。计算基础平台是依靠高性能计算技术和高可信软件技术，实时认知外部环境，并实现对整车最优决策和控制的计算系统，是实现 L3 级及以上自动驾驶技术的核心。自动驾驶操作系统是以计算基础平台为载体，以智能网联汽车为应用对象，在保障自动驾驶系统安全可靠、高性能、可扩展等重要基础功能的前提下，向上支撑各种复杂算法和应用，向下充分协调和发挥底层软硬件资源的核心软件系统。计算基础平台业务目标是以自动驾驶操作系统为核心进行研发，同步研发搭载自动驾驶操作系统的计算基础平台，打造国内首个自主可控自动驾驶平台，实现优势资源整合，推动项目尽快落地、加速产品应用。

复杂系统重构设计方面，国汽智联力求构建一套信息物理系统架构。面向未来智能网联汽车普及应用环境下，通过基于模型的系统工程方法（MBSE）建模设计，构建一套支持汽车实时协同控制、基于业务可灵活定制、技术中立可持续演进、服务于系统全生命周期管理的设计方法和参考框架。架构可以为企业需求管理、协同研发、仿真验证和实施运营等环节提供基础框架模型，为政府制定智能网联汽车和智能交通顶层设计提供参考。

网联智能信息安全及多模式测试评价方面，国汽智联信息安全以构建智能网联汽车信息安全体系与服务平台为目标，以整车安全开发流程为核心，以标准及专利集群为驱动，通过跨行业、跨地区先进技术资源整合保持技术引领能力，立足行业，背靠国家，成为智能网联汽车安全产业发展创新的基础平台。

3. 国汽智联在知识产权方面的工作？

国汽智联有明确的知识产权体系建设规划，并有知识产权专业从业人员。在知识产权管理方面，公司倡导创新文化，强化知识产权的创造、保护、运用，大力培育高价值核心专利，有效推进以知识产权为载体的科技成果首次商业化，努力成为中国智能网联汽车领域的创新高地。

国汽智联通过在公司范围内试行“专利合伙人计划”，鼓励和调动员工积极参与创新科技成果的转移转化，打造“创新合伙，收益共享”的理念和创新文化。公司2019年计划申报专利300多项，未来会根据需要考虑国际专利的申请和布局。

4. 国汽智联目前的投资战略情况？

国汽智联第一期投资9亿元，18家股东单位均为整车、零部件、信息通信等领域的领军企业和科研机构。二期预计引进5家左右的外企投资，各入股1亿元左右。

国汽智联致力于为中国智能网联汽车产业发展提供平台与资本助力，以金融投资与产业培育为纽带，深化与大型金融企业、知名股权投资机构、政府产业引导基金的合作，汇集人才。科技、资本等产业要素，促进智能网联汽车行业的科技成果转化与产业协同发展。

为了更好地以资本助推行业发展，国汽智联联合中国汽车工程学会，于2019年2月26日发起成立基金管理公司——北京国汽智联投资管理有限公司（以下简称“国汽投资”），注册资本5000万元。

5. 国汽智联在智能网联汽车行业当前的市场状况？

国汽智联目前自身的产品还没有市场化，近期最可能投入市场的就是中国标准ICV场景库。

6. 智能网联汽车产业链的构成？

国汽智联运行“公司+联盟”的模式，发挥自身优势绘制出了一张智能网联汽车产业全景图（参见附图3）。

7. 智能网联汽车研发方面国内外的差距？

单车智能方面我们与国外有一定的差距，主要是传感器、操作系统、芯片等方面的技术还存在一定壁垒。

8. 智能网联汽车行业目前发展的主要难点？

智能网联汽车行业是一个新兴的产业，涉及很多领域，目前来说资金、技术都不

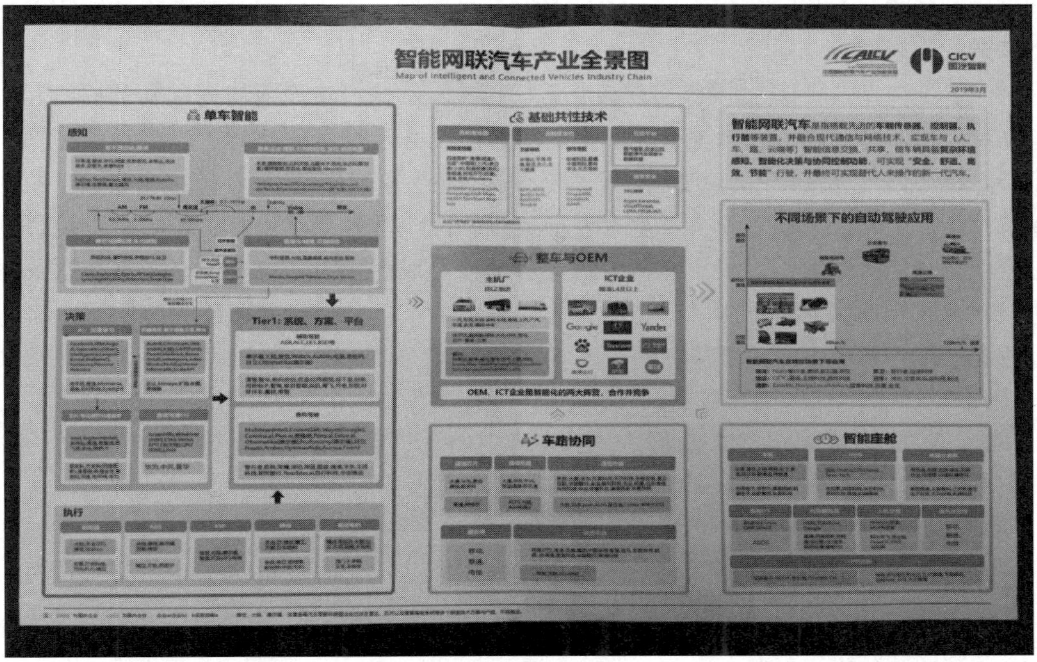

附图3 智能网联汽车产业全景图

算是最主要的难点，政策方面国汽智联依托中国汽车工程学会的背景，会积极推动各方面国家标准和政策的制定与出台，但是在信息安全方面会有更多的考量，社会认知和伦理方面也对智能网联汽车的发展有一定影响。

9. 智能网联汽车的未来前景？

国家大力支持和推进智能网联汽车的发展，未来前景应该是好的。我国在车路协同方面有优势，如果国家大力投入智能网联汽车相关基础设施的建设，或许在2030年就能实现L4级别的智能网联汽车上路。

10. 智能网联汽车行业未来的霸主将来自何方？

目前传统的整车企业、零部件厂商、互联网公司、通信企业等都投入了智能网联汽车的研发，还涌现出了一批新型的科技公司，应该说智能网联汽车是一个需要大家多方合作，协同发展的产业，很难说最终哪一方会占主导地位。

三、调研总结

为推动我国智能网联汽车产业和技术发展，中国汽车工程学会、中国汽车工业协会在工业和信息化部支持下，于2017年6月12日组建成立“中国智能网联汽车产业创新联盟”。工业和信息化部作为联盟指导单位，苗圩部长和辛国斌副部长分别担任联盟指导委员会主任和副主任。

联盟是由国内企业、高校、研究机构、行业组织等自愿组成的联合体，包括来自汽车、信息通信、交通等领域的理事单位64家，普通成员单位近300余家。联盟按照约定工作机制，在政策和战略研究、关键共性技术研发、标准法规、测试示范、产业化推广、学术交流与国际合作、人才培养等方面开展工作，已成为国内推动智能网联汽车产业发展的重要平台。

“公司 + 联盟”构成国汽智联核心运行模式，共同打造产业协同创新的枢纽和生态系统。国汽智联在信息物理系统架构、中国标准ICV场景库建设、以自动驾驶操作系统为核心的计算基础平台、标准规范与战略研究、智能座舱OS、信息安全、高精度动态地图平台几个方面都开展了重点专项建设。国汽智联聚焦培育关键技术、投资核心企业，汇聚行业组织、投资机构、科技公司，形成产业投融资生态。国汽智联致力于培育卓越企业家与科技团队，打造自主、完整的产业链条，努力使智能网联汽车行业成为国民经济重要的一个行业分支。

中国航天科工集团第二研究院二十五所

一、调研准备

1. 调研背景

智能网联汽车作为人工智能行业三大热点应用市场之一，越来越受到社会各行各业广泛的关注，无论是传统汽车厂商还是互联网巨头，无不将无人驾驶看作是未来重要的战略布局。除了互联网巨头与车企，专注于无人驾驶技术的创业公司也如雨后春笋般出现，部分高校在无人驾驶领域也有一定的技术积累。纵观国内无人驾驶领域，大致可以分为四股力量：学院派、互联网巨头、整车及零部件生产厂商、创业派。

毫米波雷达是智能汽车最广泛应用的核心传感器。毫米波是指频率范围在30GHz～300GHz之内的电磁波，具有频率高、波长短、可用频带宽等特点。毫米波波束窄且具备高精度的细节分辨能力，相比激光其传播特征受气候影响小，具有全天候特性。相比微波更容易小型化。

在智能网联汽车上应用毫米波雷达进行测距与测速，不易受目标表面形状、颜色和大气的影响，具有目标检测性能稳定的特点，同时不易受到雨、雪、雾等气候条件的干扰，具有优秀的全天候环境适应性能。

中国航天科工集团第二研究院二十五所（以下简称“二十五所”）作为毫米波汽车雷达的研发生产单位，本次项目将其作为智能网联汽车的上游零部件供应商的代表，并选择对其进行实地调研。

2. 前期准备情况

提前与二十五所取得联系，并准备好调研问题和调研中所需要的物品（调研问题和记录设备）。将调研问题事先发送给采访对象，让对方有所准备。设计并规划好行程路线，约定好调研的时间、地点、人物。落实参加调研的人员及分工。在调研过程中，需要大家做好详细记录。

3. 调研目的

通过调查，掌握二十五所的研发、发展现状，包括研究所的知识产权团队和布局情况；对智能网联汽车行业当前的市场状况、上下游企业、国内外差距等有一定程度的了解。

4. 调研拟解决的问题和拟达到的效果

了解二十五所在智能网联汽车方面的研发、生产现状和关注的技术热点与难点，掌握当前智能网联汽车行业的战略投资情况和市场状况，熟悉国内外的差距和国内目前发展的难点。

5. 调研单位的选择及简单介绍

二十五所成立于1965年，是国内最早从事精确制导研究的单位之一，在国内精确制导领域处于领军地位。专业门类齐全，集光、机、电研发技术能力于一体。是一家从事研发、生产、服务及投资的高科技企业，具备先进的研发和生产制造能力。2018年总收入数十亿元。

二十五所目前现有在职职工2000余名，专业技术和经营管理人员930余名，技能人员540余名；具有博士或硕士学位人员400余名，具有高级专业技术职务人员240余名。

毫米波汽车雷达属于典型的军民融合技术应用项目，研究所的毫米波汽车雷达获“2018年度国家重点研发计划”项目支持。

6. 参加调研的人员组成

调研组人员

范爱红：课题负责人，此次调研中负责策划、采访及联系。

程变爱：调研组组长，此次调研中负责召集调研团队和车辆安排。

李　烨：调研组组员，此次调研中负责文本记录。

管翠中：调研组组员，此次调研中负责调研报告的撰写。

调研单位交流人员

李洪鹏：二十五所十室，副主任，高级工程师。

汤　洁：二十五所经济合作处，副处长。

刘　越：二十五所，专利管理负责人。

裕　默：二十五所经济合作处，项目经理。

二、调研内容

1. 贵研究所在智能网联汽车方面的研发、生产现状？

二十五所积极响应国家军民融合战略，将军用技术优势与民用技术深度融合，着力发展民用智能雷达传感器，军技民用在毫米波汽车雷达模块、算法和芯片等关键技术上取得突破，推动毫米波技术在军民领域融合发展。

二十五所在军用和民用遥感领域拥有世界一流的毫米波雷达技术，目前二十五所已经在数字、射频、数模混合电路方面有较好的研制经验，研制了数字信号处理芯片：“精导芯”1号，支持多种接口，集成单核DSP，以及多款升级版型号。研制了毫米波射频芯片：全集成60GHz CMOS收发芯片、60GHz CMOS功率放大器芯片、Ku/Ka波段

GaAs TR 芯片、宽带 CMOS 锁相环芯片、60GHz CMOS 变频芯片。

二十五所的车载毫米波雷达目前还在试验阶段（与天津中汽研合作进行外场测试），未来的目标是实现量产，替代目前市场上的国外产品。

2. 贵公司/研究所在车载传感器研发方面关注的技术热点与难点？

难点还是芯片和系统设计以及雷达形态。需要面向车的需求，究竟是怎样的雷达能更适应智能汽车的需要？

未来，对自动驾驶来说，毫米波雷达是不可或缺的，但要不断提高毫米波雷达的精度（更高的频率、更宽的带宽、更灵活的天线），这也是研究的热点和难点之一。

3. 贵公司/研究所是否有专门的知识产权团队？是否重视专利申请与保护？是否有计划地做专利布局？

二十五所没有专门的知识产权团队，只有几个人兼职做知识产权管理工作。

航天第二研究院院有专门的知识产权机构（208 所），专做包括专利、检索、情报等相关工作。

二十五所的专利目前主要集中在国防专利。在军民融合的大环境下，未来会做一些普通专利的布局。

4. 车载毫米波雷达行业当前的市场状况如何？

国内研发生产车载毫米波雷达的公司有几十家，有代表性的如：行易道、森思泰克、隼眼科技等。可分为：学院派、海归派、一级供应商三块。

但是就目前的国内市场看，高端零部件的应用，基本还是集中在国外公司的产品，主要有博世、大陆、德尔福等。

二十五所的产品目前还没有市场化。目前与清华大学汽车系有合作，与北汽、东风、长安等车企及军用车有合作测试等。

5. 对于智能网联汽车产业链的构成，您了解的上下游企业的情况如何？

对于二十五所来说，在智能网联汽车行业里，对产业链的依赖很强，必须要依靠行业的牵引来带动。二十五所的主要下游企业是整车厂。

同时，毫米波雷达可以适应多个行业，如飞机、船等。但对于汽车的用量还是最大的。

6. 国外自动驾驶车载毫米波雷达方面的现状如何？国内与之相比是否存在技术差距？如有，具体差距在哪些方面？

技术能力来说，差距不大，只是国外应用的时间长，国内缺一些应用市场的牵引。

国内的优势主要体现在成本优势上，以及更贴近国内的市场需求。

二十五所研究的毫米波雷达产品，从参数来看与国外主流产品水平相当。并且二十五所的优势就在于自主研发的毫米波雷达芯片技术。

7. 智能网联汽车行业目前发展的主要难点在哪里？资金、技术，还是政策？

难点：资金投入大，迭代周期慢。系统集成商的能力较差，如国内没有像博世这样的一级供应商。

8. 车载毫米波雷达的未来前景如何?

未来智能汽车行业的发展，将带动毫米波雷达的市场，汽车的市场是很大的，毫米波雷达将是智能汽车不可或缺的零部件。二十五所致力于自主研发芯片，未来用以替代国外产品。

三、调研总结

二十五所是国内最早从事精确制导研究的单位之一，在国内精确制导领域处于领军地位。在毫米波车载雷达作为军民融合发展战略的大环境下，同时在“2018 年度国家重点研发计划”项目的牵引下，是目前二十五所主要致力于研究的项目之一。

从调研中可以看到，二十五所对于其自身所研发的毫米波雷达很有信心，研发过程经过了一系列测试，包括内场测试、外场测试等。其产品参数已经可以与国外主要产品比肩。二十五所认为，目前我国的技术与国外差距不大，但国外在技术的应用上开展得比我们国家要早，并且已经形成了一批如博世、大陆等非常有能力的一级供应商，国内在这方面还有所欠缺。

另一个关键的难点在于芯片。国内整车厂在自动驾驶方面目前使用最多的还是国外的芯片产品。但是国内很多企业也开始自主研发属于中国自己的芯片产品，如二十五所就是致力于自主研发毫米波雷达芯片，以期在不久的将来在国内市场上可以替代国外的产品。

在知识产权方面，由于二十五所是军工企业，其专利主要还是国防专利居多，并且对于专利的申请及保有量有一定要求。但在军民融合战略发展的大前提下，在将军用技术优势与民用技术深度结合的背景下，二十五所在普通专利的申请上也将会有所布局。

超星未来科技有限公司

一、调研准备

1. 调研背景

智能网联汽车作为人工智能行业三大热点应用市场之一，越来越受到社会各行各业广泛的关注，无论是传统汽车厂商还是互联网巨头，无不将无人驾驶看作是未来重要的战略布局。除了互联网巨头与车企，专注于无人驾驶技术的创业公司也如雨后春笋般出现，部分高校在无人驾驶领域也有一定的技术积累。纵观国内无人驾驶领域，大致可以分为四股力量：学院派、互联网巨头、整车及零部件生产厂商、创业派。

北京超星未来科技有限公司（以下简称“超星未来”）成立于 2019 年 4 月，是一家从学院派走出来的创业派，其核心团队多数来自清华大学车辆与运载学院及电子工程学，是一家典型的智能网联汽车初创公司。

2. 前期准备情况

提前与超星未来取得联系，并准备好调研问题和调研中所需要的物品（调研问题和记录设备）。将调研问题事先发送给采访对象，让对方有所准备。设计并规划好行程路线，约定好调研的时间、地点、人物。落实参加调研的人员及分工。在调研过程中，需要大家做好详细记录。

3. 调研目的

通过调查，掌握超星未来的研发、发展现状，包括公司的知识产权团队和布局情况；对智能网联汽车行业当前的市场状况、上下游企业、国内外差距等有一定程度的了解。

4. 调研拟解决的问题和拟达到的效果

了解超星未来在智能网联汽车方面的研发、生产现状和关注的技术热点与难点，掌握当前智能网联汽车行业的战略投资情况和市场状况，熟悉国内外的差距和国内目前发展的难点。

5. 调研单位的选择及简单介绍

超星未来致力于面向多级别智能驾驶场景为客户提供开放、高效、便捷、可靠的智能驾驶感控平台。专注于智能网联汽车感知、决控方案、处理器架构设计以及智能驾驶系统软件等核心技术研发。超星未来集结了一批同时在汽车、电子领域经验丰富的技术及商业人才。主要研究成果曾发表在 HotChips、MICRO、FPGA 等国际顶级会议期刊上。

公司目前有 50 多人，其中大部人是研发人员。公司特色是可以直接整合、落地清华的研究成果。

6. 参加调研的人员组成

调研组人员

范爱红：课题负责人，此次调研中负责策划、采访及联系。

程变爱：调研组组长，此次调研中负责召集调研团队和车辆安排。

李　烨：调研组组员，此次调研中负责文本记录。

管翠中：调研组组员，此次调研中负责调研报告的撰写。

调研单位交流人员

梁　爽：超星未来 CTO。

于春磊：超星未来研发副总裁。

二、调研内容

1. 贵公司在智能网联汽车方面的研发、生产现状？

超星未来主要研发产品及开展的业务：

（1）车载计算大脑，即车载的亚芯片级智能驾驶感控平台；

（2）智能驾驶相关的一些算法；

（3）公司业务还包括给主机厂（OEM）以及一级供应商（Tier1）提供方案或者技

术服务，希望能够将清华车辆与运载学院及电子系积累的经验和技术服务于智能驾驶产业的其他公司。

生产现状：第一款产品于2019年7月问世，是一款面向L4级别的智能驾驶感控平台，可以支持多路摄像头以及激光雷达、毫米波雷达的处理。产品会用在科技部“十三五”国家重点研发计划（3.1：自动驾驶电动汽车环境感知技术）及科技冬奥项目中。与一些其他公司的业务洽谈也在进行中。

2. 贵公司在智能网联汽车研发方面关注的技术热点与难点？

计算平台面临的难点：软件方面源自算法域方面的多样性，如何实现算法加速，提高效率；硬件方面源自硬件平台异构的情况，怎样处理算法与硬件平台之间多对多的映射关系。

3. 贵公司是否有专门的知识产权团队？是否重视专利申请与保护？是否有计划地做专利布局？

知识产权部门2人。

专利方面的工作：目前和清华大学签署了5项专利技术转移合同。并且，在清华大学的牵头下，签订了海淀区高价值专利培育运营中心战略合作协议，超星未来集中在智能驾驶领域。

本公司对于专利方面的规划：①公司高度重视专利及知识产权的申请与保护，目前公司内部已着手制定规章制度，如针对专利申请流程以及公司成员申请专利进行奖励等。②外部来看，公司也在和业界知名专利代理机构接触，希望得到既对智能驾驶行业比较熟悉、经验丰富，同时又能结合本公司情况提供精细化、定制化服务的专利机构的支持。

4. 智能网联汽车行业当前的战略投资情况？

公司已完成天使轮融资，并在积极推进后续融资。面向多级别智能驾驶场景的业务也已同步展开。

5. 智能网联汽车行业当前的市场状况？都有哪个级别的哪些产品？各自的市场占有率如何？

市场上的智能驾驶计算平台产品有：英伟达、赛灵思、恩智浦（Bluebox）等。主要还是国外产品占主导。国内也有做相应产品的公司，如：地平线、黑芝麻、华为等。

市场上不同级别的产品都有。高级别（L4～L5）的产品产量并不高，成本也很高。低级别（L2、L3）产量相对高一些。

6. 智能网联汽车产业链的构成，您了解的上下游企业的情况如何？

对于超星未来来说，上游企业主要包括芯片的供应商、传感器商等。下游企业包括解决方案商，整车厂等与算法相关的企业。

7. 国外智能网联汽车研发、行业方面的现状如何？国内与之相比是否存在技术差距？如有，具体差距在哪些方面？

产品与国外比优势：功耗上更符合车规级要求及算法上的加速。

与国外的差距主要体现在芯片壁垒上。

超星未来的核心竞争力在于，在智能驾驶对于高算力、异构化平台需求渐增的情况下，超星未来通过软硬件协同优化，打破产业内算法应用与芯片厂商之间的隔断，在符合车规标准的前提下，大幅提升智能驾驶行业应用开发的效率，有效降低研发成本和落地门槛。

8. 智能网联汽车行业目前发展的主要难点在哪里？资金、技术，还是政策？

资金和政策在国内来看都是可以克服的。但是对于整个行业来讲，最核心的问题还是技术。目前，技术上没有完全突破，没有实现足够的成熟度，以至于无法让智能驾驶实现大规模量产落地，从而导致资金和政策上还没有完全匹配得上。从长远来看，一旦技术上能够做到足够的成熟，那么资金和政策上不会出现太大的问题。

智能网联汽车行业在技术方面的难点：目前在复杂道路场景下（复杂路况、复杂场景），实现自动驾驶难度高。

9. 智能网联汽车的未来前景如何？

限定场景下的自动驾驶领域，如园区内、机场、港口码头等特定场景下，以及慢速智能驾驶方面，目前来看应该会有比较好的发展。

10. 智能网联汽车未来的霸主企业将会来自传统车企转型还是新兴的科技公司？

未来应该是开放与合作。各自负责专注一块，最后合作共同推动产业发展。科技企业发挥本身优势把数据、算法做到极致，同时融合传统车企对安全性、可靠性的理解和坚持，二者合作共同发展智能网联汽车产业。未来望整个智能驾驶行业能够有一个健康良好的发展环境。

三、调研总结

超星未来是业界最年轻的公司。致力于为智能驾驶领域客户提供开放、高效、便捷、可靠的智能驾驶计算平台。专注于在智能网联汽车感知、决控方案、处理器架构设计以及智能驾驶系统软件等核心技术研发。公司创始团队来自清华大学车辆与运载学院及电子工程系，在整合、落地清华大学科研成果方面具有优势。

从调研中可以看到，目前国内对技术的研发是非常热切的，对于与国外技术方面的差距，普遍持积极的态度，承认有差距，但也有迎头赶上的决心。目前的芯片及操作系统市场主要还是被国外产品所占领，但是国内的各个企业，特别是一些高新技术企业也在积极研发自己的产品。超星未来作为一个非常年轻的创业公司，在资金与技术的双重支持下，主要专注于智能驾驶感控平台的自主研发，其第一批产品也即将投入至“十三五”项目及科技冬奥项目中去。相信该公司未来的发展将是非常乐观的。

在知识产权方面，超星未来也同样高度重视，在公司成立初期便设立了知识产权部门，投入了相应的人力，并且制定了相应的规章制度，做了一系列知识产权管理工作。未来对专利的申请、布局也有了一些初步的规划。

天津智能网联汽车产业研究院及天津清智科技有限公司

一、调研准备

1. 调研背景

智能网联汽车产业是新兴高科技产业的典型代表。在当前技术与市场均未成型的初创发展阶段，需要在政府的扶持下，走“产学研”协同创新道路，积极开展创新研发、高新科技企业孵化和市场培育。

天津智能网联汽车产业研究院（以下简称“智研院”）是在天津市政府支持下，由多家单位联合设立的国内首家专注于智能网联汽车的创新科研与产业孵化机构。短短两年多时间，已有天津清智科技有限公司（以下简称“清智科技”）、清云智控、携车网、紫晶立方等多个技术产业化项目落地。其中清智科技已成为国内领先的智能网联汽车领域高科技企业，聚焦 AEBS（自动紧急制动系统）的研发与应用，提供商用车自动驾驶解决方案和技术服务。

智研院关注产业整体发展并开展研究。2018 年，中国汽车工程学会与智研院主持出版《智能网联汽车蓝皮书：中国智能网联汽车产业发展报告》，其中“全球智能网联专利”章节邀请清华大学知识产权信息服务中心与清华大学车辆与运载学院合作完成。该书在我国智能网联汽车业内影响广泛。

选择智研院与清智科技作为调研对象，不仅能够了解智能网联汽车的新技术研发状况，更有助于研究产业创新发展模式。清智科技在智能网联汽车高科技公司中很具代表性，其自主研发产品已开始量产并走入市场。调研小组于 2019 年 7 月 26 日对智研院与清智科技进行了深入的实地调研。

2. 前期准备情况

调研团队提前收集智研院与清智科技的相关资料，包括访问官网、检索文献资料。团队成员重点学习了解智研院的发展背景和清智科技的技术创新方向，以便在实地调研中有的放矢地提问。

提前与调研单位取得联系，收到邀请函，准备好调研提纲并提前发给对方。设计规划好天津调研的行程路线，约定调研的时间、地点、人物。

落实参加调研的人员及分工，范爱红负责策划、采访以及沟通联系和整理调研报告；程变爱负责召集调研团队和规划差旅安排；杨明亮负责具体技术方面的提问；李烨负责记录和拍照；管翠中负责录音。在调研过程中，需要大家做好详细记录。

3. 调研目的

希望通过调查掌握智研院与清智科技的设立背景及创新发展模式，了解其产品研发现状，包括知识产权团队和布局情况；探讨智能网联汽车行业当前的市场状况、上下游企业、国内外差距、产业未来发展趋势等内容。

4. 调研拟解决的问题和拟达到的效果

了解智研院的成立背景及协同创新发展模式。了解清智科技在智能网联汽车方面的研发、生产现状、知识产权工作情况以及关注的技术热点与难点，掌握当前业内战略投资情况和市场状况、国内外差距和国内目前发展的难点。

5. 调研单位的选择及简单介绍

智研院与清智科技位于天津市华明高新技术产业园区的同一座办公大楼，清智科技是智研院的核心孵化企业。

智研院属于民办非企业法人，归天津市民政局管理，是由中国汽车工程学会、中国智能网联汽车产业创新联盟、天津大学、航天科技集团第一研究院十五所、江铃汽车集团、蔚来汽车、北汽集团产业投资有限公司、梆梆安全发起设立的国内首家专注于智能网联汽车的创新科研与产业孵化机构。2016 年 4 月筹备，2017 年 7 月在天津市委市政府领导见证下，智研院正式揭牌并与理事单位签署了战略合作协议。

智研院采取民办非企业单位性质的创新体制，市场化运营，定位于国际领先的智能网联汽车战略研究、技术转化、产业孵化和创业服务平台，其架构如附图 4 所示。智研院的成立得到了天津市、东丽区政府和各发起单位在运营资金、研发设备、产业资源、孵化载体等方面的一系列支持。智研院也快速组建了复合型管理团队，采取科技金融两翼齐飞、“产业平台 + 投资基金 + 科技企业”三位一体的发展战略，与天津本地资源紧密结合，短时间内即取得了一定成绩。

目前智研院已有清智科技、清云智控、携车网、紫晶立方等多个技术产业化项目落地，总市值近 20 亿元，聚集了包括 30 多名博士、硕士在内的上百名高端科技人才，融合了先进制造、汽车电子、人工智能、大数据、云计算等多项前沿技术，初步形成了从核心部件、智能驾驶系统、无人驾驶整车、车联网运营到后市场服务的智能网联汽车产业链雏形，并配套成立了总规模近 10 亿元的股权投资基金，以智能网联汽车为主题，辐射新能源、智能交通、人工智能、先进制造、军民融合等领域，为孵化项目提供了强有力的资本支持。

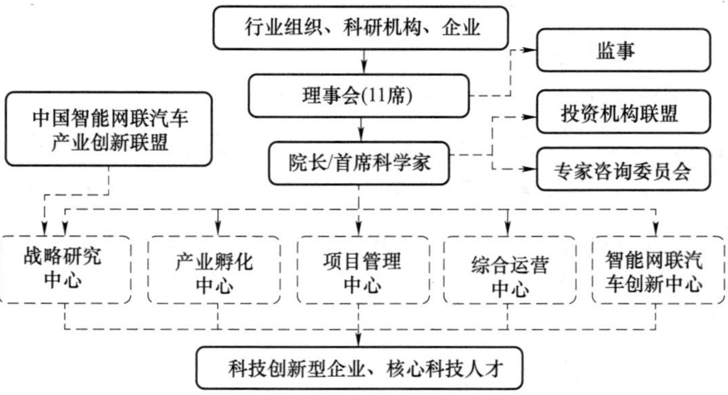

附图 4　智研院架构

清智科技注册于2016年，是一家国内领先的智能网联汽车领域的民营高科技企业，拥有丰富的汽车产业经验、先进的技术储备和强大的行业资源，以商用车智能驾驶辅助系统和特定场景自动驾驶解决方案为核心业务。

公司目前团队120人左右，其中包括10余名博士、30余名硕士，具备丰富的技术产品开发、企业管理及资本运作经验。已获得的荣誉包括：天津市高新技术企业、中国创新创业大赛优秀企业、世界智能大会驾驶挑战赛——智能辅助领军奖、知识产权管理体系认证企业。车辆自动紧急制动系统（AEB）评为天津市新产品。已取得IATF16946认证（国际汽车行业的技术规范）。

清智科技作为智研院孵化的核心企业，已成为中国智能网联汽车产业创新联盟首批成员单位、AEBS标准起草单位，以引领智能驾驶技术趋势、助推汽车产业变革为未来发展目标，推动安全、舒适、节能、高效的智慧出行。

6. 参加调研的人员组成

调研组人员

范爱红：课题负责人，此次调研中负责策划、采访及联系，并负责整理调研报告。

程变爱：调研组组长，此次调研中负责召集调研团队和车辆安排。

杨明亮：调研组成员，此次调研中负责与汽车具体技术相关的提问。

李　烨：调研组组员，此次调研中负责文本记录。

管翠中：调研组组员，此次调研中负责调研报告的撰写。

调研单位交流人员

陈　华：智研院首席顾问、副院长。

李晓龙：智研院高级研究员。

刘　菁：清智科技管理部总监、专利代理人。

李星男：清智科技项目经理、专利代理人。

二、调研内容

本次调研主要从十个方面展开讨论，技术产品方面主要针对清智科技，具体如下。

1. 贵研究院/公司在智能网联汽车方面的研发、生产现状？

清智科技关注车辆底层技术——控制决策，致力于提高智能网联汽车的安全性、可靠性和传感器数据融合，以自主研发的ADAS和特定场景L4自动驾驶汽车为核心产品。其自动紧急制动系统AEBS等ADAS产品的七大核心功能如附表1所示。

附表1　清智科技的核心ADAS功能

1	前向碰撞预警（FCW）	通过视觉、听觉和触觉等方式提醒驾驶员可能的追尾碰撞危险	主流商用车OEM量产出货
2	自动紧急制动（AEB）	自动切断动力源并施加制动压力，以减缓或者避免追尾碰撞事故	主流商用车OEM量产出货

续表

3	安全节能控制（SEC）	基于前方车辆信息对自车进行能量优化管理以及缓速减速，含 FCW/LDW	主流新能源公交 OEM 标配
4	车道偏离报警（LDW）	通过视觉、听觉和触觉等方式提醒驾驶员车辆即将或已经偏离本车道	主流商用车 OEM 量产出货
5	电子稳定性系统（ESC）	结合 EBS（电子制动系统）在 ABS/TCS 基础上实现防侧翻、侧滑等功能	2019 年量产
6	自适应续航（ACC）	通过控制制动系统、动力系统等使车辆与前方车辆始终保持安全距离	陆续投入量产
7	车道保持辅助（LKA）	通过对方向盘的控制将车辆保持在车道内，以视觉、听觉和振动警示驾驶员	陆续投入量产

此外还涉及以下辅助功能：

- 交通标志识别：自动识别行车过程中的限高、限速标志，车辆可通过高度超过限高或车速超出最大限速时报警。
- 驾驶员监控：驾驶过程中系统检测驾驶员。持续闭眼，接打电话，左顾右盼等不良驾驶行为时，声光报警提醒。
- 智能交通运控平台：车载防控终端实时传输车辆数据到云控平台，可及时采集报警数据、车辆状态、驾驶员档案库等。

该产品采取基于功能安全的前瞻性理念研发，符合中国复杂路况和驾驶员特性，对国内新能源和传统燃油商用车型具有较好的适配性，还能在新能源车型上实现智能节能，相比国外产品具备功能、服务响应和成本优势。

该产品已按 ECER131、JT/T1242－2019 等标准要求通过国家客车质量监督检测中心测试，企业也完成 IATF16949 质量体系认证。2019 年 4 月，通过了 8 家客车厂 15 款车型的法规测试。在中通客车、比亚迪、厦门金龙、厦门金旅、南京金龙、上海申龙、陕重汽、徐工等近 20 家中国主流商用车厂定点或开展试装定型，逐步实现量产供货。

全自动驾驶智能网联通勤车：首台通勤车于 2017 年 8 月在天津华明高新技术产业园区试运行，技术方案包括合理成本传感器配置＋高精定位、车联网的信息感知模式，车规级嵌入式控制器＋汽车标准电子电器架构，以及基于智能网联云端控制平台的远程监控管理，能够实现自动驾驶车辆的可靠运营，在工业园区、景区、高端住宅社区通勤、环卫、机场等场景具备可行的商业模式。自动驾驶应用场景广泛，未来可拓展到很多其他特定场景。

2. 贵研究院/公司在智能网联汽车研发方面关注的技术热点与难点？

清智科技关注的主要技术热点与难点都在于其核心技术领域，具体包括环境感知及信息融合技术、智能决策及车辆控制技术、汽车电子软硬件技术、试验测试和系统匹配技术、ADAS 功能安全开发技术。不仅要有基于理论的科研成果，还要将技术实际落地，达到量产应用的水平。

3. 贵研究院/公司是否有专门的知识产权团队？是否重视专利申请与保护？是否有计划地做专利布局？

清智科技有专门的知识产权团队，负责项目和知识产权管理，共 3 人，其中 2 人为专利代理人。自己写专利申请书，不找专利代理机构。

公司重视专利申请与保护，先做专利量的积累，已申请 70 多项专利，授权 18 项，内容围绕自动驾驶和辅助驾驶产品和车辆底盘技术，防止侵权。今后目标是每年申请专利 50 项左右，其中发明专利占 40% ~50%。目前公司的市场在国内，只申请中国专利，根据研发方向做国内的专利布局。国外专利周期长、费用高。未来若走出国门，再考虑申请国外专利。

清智科技是清华大学成果转化作价入股的成功案例。走通了各方面手续，在国家知识产权局做了专利权人变更，解决了高校知识产权创新成果转移和处置问题。

4. 智能网联汽车行业当前的战略投资情况？

与绝大多数智能网联汽车产业的新兴高科技公司相似，清智科技尚处于前期发展阶段，没有实现盈利。一旦能够自己运转，就不需要继续融资。

目前资金主要来自融资，已获得朗玛峰创投、千方科技、北极光创投、联想之星、中关村发展集团、拓金资本、隆基泰和、浙大联创、中骏资本等知名机构投资。

5. 智能网联汽车行业当前的市场状况？都有哪个级别的哪些产品？各自的市场占有率如何？

目前商用车的 AEBS 系统的国内市场占有率约为 1/3。

2019 年 4 月针对客车的 AEBS 强制安装和 2020 年 5 月针对重卡的 AEBS 强制安装的国家标准为清智科技造就了巨大市场机遇。未来强制范围有望不断扩大，将是一个大市场。

6. 智能网联汽车产业链的构成？您了解的上下游企业的情况如何？

上游是零部件厂商，如传感器；下游是常用车整车厂，如中通客车、陕重汽、比亚迪、吉利商用车。

目前与上下游企业和科研单位有广泛合作，合作单位包括：清华大学、中国智能网联汽车产业创新联盟、中国汽车技术研究中心、中国汽车工程研究院、中国航天科工集团、赛迪集团、金龙客车、安凯客车、金旅客车、北汽、江铃汽车、长安、申龙客车、蔚来汽车、中通客车、中国中车、中国一汽、福田汽车、东风、吉利汽车、陕汽集团、比亚迪、中国兵器工业集团、微宏动力系统等。

7. 国外智能网联汽车研发、行业方面的现状如何？国内与之相比是否存在技术差距？如有，具体差距在哪些方面？

我国与国外的汽车产业存在全方位差距，实事求是说，差距还挺大。但智能网联汽车产业的差距没有传统车的差距那么大，有可能一定时期内实现弯道超车。

8. 智能网联汽车行业目前发展的主要难点在哪里?，资金、技术，还是政策?

赞同清华大学车辆与运载学院李克强老师报告《智能网联汽车产业发展动态及对策建议》中的观点。

对于清智科技来说，资金不是问题。政策和标准也不是问题，全球都在做这件事，国家正在大力推动相关战略研究，各部委出台各种支持保障政策。

企业需要直面产业变革，重视和掌握智能网联汽车的核心技术。四大共性关键技术亟待突破：行驶环境融合感知；智能网联决策控制；复杂系统重构设计；智能网联安全和多模式的测试评价。

产业发展还亟需五大基础平台：智能车载计算基础平台；智能车载终端基础平台；智能网联汽车云控基础平台；高精度动态地图基础平台；信息安全基础平台。

9. 智能网联汽车的未来前景如何?

智能网联汽车的未来发展前景很乐观。智能驾驶时代其实已经来临，包括L2级别和特定场景的应用，但真正的无人驾驶应用还比较遥远，至少10年。需要进行基础设施（基础设施智能化和网联化、高精度地图等）和标准法规的建设，还涉及人伦和大众认知等方面的问题。

10. 智能网联汽车未来的霸主企业将会来自传统车企转型还是新兴的科技公司?

预计未来还是合作共赢模式，底层车企不会被淘汰。保持核心技术和资金链，不断创新，清智科技会一直活着。

市场很大，大家差异化发展，不可能单打独斗。传统车企转型没有那么容易，要么收购公司，要么招聘团队。智能网联汽车的产品战线长，研发风险高，未大规模落地。

清智科技有危机感，更有责任感。历史的要求、全球发展的要求就是我们必须要做的。公司有报国情怀，不只为盈利。

三、调研总结

1. 智研院——构建新兴高科技产业的创新发展生态圈

智能网联汽车是一个起步不久、技术与市场尚未成熟的新兴产业，同时也是国家战略发展的重点领域，当前各国都在积极抢占技术和市场制高点。智能网联汽车产业链长，关键技术众多，前期投入巨大，非一家企业能够包揽。我国应采取怎样的发展模式，才能在这一新兴高科技领域迅速崛起并争取弯道超车？智研院及其孵化的以清智科技为代表的若干汽车相关高新技术企业，提供了一个示范性协同创新发展模式，值得借鉴。

智研院采取民办非企业单位性质的创新体制，市场化运营，定位于智能网联汽车领域的“战略研究、科技孵化、产业加速和招商引资平台”；以“智能网联汽车及智能交通技术产业化”为核心目标，以“创新体制机制，市场化，专业化，开放融合”为发展理念，积极打造“京津冀”一体化科技产业生态系统。

天津市东丽区政府为智研院提供20000m^2的八层写字楼，打造创新创业综合体，集合智能网联汽车产业链相关的先进传感器、机器人、高端装备、3D 打印、汽车后市场、物联网等领域创新型企业，为孵化企业提供研发办公、展览展示、产品试制、路演宣传、社交生活等载体，营造一站式创业氛围，形成开放融合的创新集群，吸引了一批优质企业。

智研院发挥政策指导、成果管理、资源支持等作用，构建集产业投资基金、创新创业综合体、示范应用园区、科技产业园、创新战略联盟为一体的创新驱动资源平台，助力高新技术企业的孵化成长。同时，智研院也作为纽带，让政府、科研机构、高校、企业等多方资源更好地形成合力，催生创新成果。

智研院的主要经验可归纳为以下三点：

（1）创新体制机制

民办非营利性质，非事业、非企业单位，政府和企业出资，理事会指导下由专业独立团队管理，公平兼顾各方利益，政府监管，监事会监督。

（2）健康造血机能

紧密贴合产业，具备强大的项目管理能力，依托政府支持、企业资源、孵化企业和高校技术能力承接项目，并通过持有孵化企业股权资产增值。

（3）市场运营模式

精简高效的管理团队，完善的监督体系，以平台价值和项目输出养企业，通过企业养人才，真正实现轻资产、市场化运营。

2. 清智科技——新兴智能网联汽车企业的快速成长模式

清智科技是智能网联汽车产业的新兴高科技企业代表，也是我国高技术制造业企业代表。公司虽只成立三年，但发展稳健，业务扎实，目前已初具规模，团队 100 多人，研发团队超过 60%，拥有自主知识产权的核心技术及实体产品体系及生产线，产品已量产上市，实现了创新科技成果的转移转化与落地，未来可期。

清智科技的以下几点成长经验值得借鉴：

（1）依托产业创新平台，借风扬帆

清智科技是智研院孵化的首批核心企业。在初创阶段，得到来自智研院的全面支持，包括办公场所、项目管理、投资基金等，对其顺利孵化和运营起到了关键作用。

（2）重视知识产权创新驱动，做好技术转移转化

清智科技拥有自主知识产权的系列产品，开展研发，申请专利，形成核心创新能力。从清华大学引进核心技术，率先摸索出一条高校创新技术作价入股进行技术转移转化的规范化操作路子。

（3）踏实务实，找准核心产品定位

智能网联汽车领域涉及的技术广泛，清智科技定位在做 ADAS 和特定场景自动驾驶汽车的核心产品，以踏实务实的态度面向中国用户和中国道路的实际需求，很接地气。2019 年国家颁布客车和重卡安装 ADAS 的强制标准，清智科技抓住了政策机遇，产品实现量产，打开了市场。

（4）注重产品质量，制造水平达到国际标准

清智科技以严谨的态度追求产品质量，包括功能性、安全性、可靠性和稳定性，这是智能网联汽车企业的生命线。产品通过了多个国际认证和车规级的严格测试、国家客车质量监督检验中心按照 ECER131 欧盟标准的检验以及 IATF－16949 质量体系审核，累计测试里程 20 万公里以上，测试复杂工况 120 余项，并开展了各种极端环境测试。

图 索 引

表 索 引

书号	书名	产业领域	定价	条码
9787513006910	产业专利分析报告（第 1 册）	薄膜太阳能电池 等离子体刻蚀机 生物芯片	50	9 787513 006910 >
9787513007306	产业专利分析报告（第 2 册）	基因工程多肽药物 环保农业	36	9 787513 007306 >
9787513010795	产业专利分析报告（第 3 册）	切削加工刀具 煤矿机械 燃煤锅炉燃烧设备	88	9 787513 010795 >
9787513010788	产业专利分析报告（第 4 册）	有机发光二极管 光通信网络 通信用光器件	82	9 787513 010788 >
9787513010771	产业专利分析报告（第 5 册）	智能手机 立体影像	42	9 787513 010771 >
9787513010764	产业专利分析报告（第 6 册）	乳制品生物医用 天然多糖	42	9 787513 010764 >
9787513017855	产业专利分析报告（第 7 册）	农业机械	66	9 787513 017855 >
9787513017862	产业专利分析报告（第 8 册）	液体灌装机械	46	9 787513 017862 >
9787513017879	产业专利分析报告（第 9 册）	汽车碰撞安全	46	9 787513 017879 >
9787513017886	产业专利分析报告（第 10 册）	功率半导体器件	46	9 787513 017886 >
9787513017893	产业专利分析报告（第 11 册）	短距离无线通信	54	9 787513 017893 >
9787513017909	产业专利分析报告（第 12 册）	液晶显示	64	9 787513 017909 >
9787513017916	产业专利分析报告（第 13 册）	智能电视	56	9 787513 017916 >
9787513017923	产业专利分析报告（第 14 册）	高性能纤维	60	9 787513 017923 >
9787513017930	产业专利分析报告（第 15 册）	高性能橡胶	46	9 787513 017930 >
9787513017947	产业专利分析报告（第 16 册）	食用油脂	54	9 787513 017947 >
9787513026314	产业专利分析报告（第 17 册）	燃气轮机	80	9 787513 026314 >
9787513026321	产业专利分析报告（第 18 册）	增材制造	54	9 787513 026321 >

书　号	书　名	产业领域	定价	条　码
9787513026338	产业专利分析报告（第19册）	工业机器人	98	9 787513 026338 >
9787513026345	产业专利分析报告（第20册）	卫星导航终端	110	9 787513 026345 >
9787513026352	产业专利分析报告（第21册）	LED照明	88	9 787513 026352 >
9787513026369	产业专利分析报告（第22册）	浏览器	64	9 787513 026369 >
9787513026376	产业专利分析报告（第23册）	电池	60	9 787513 026376 >
9787513026383	产业专利分析报告（第24册）	物联网	70	9 787513 026383 >
9787513026390	产业专利分析报告（第25册）	特种光学与电学玻璃	64	9 787513 026390 >
9787513026406	产业专利分析报告（第26册）	氟化工	84	9 787513 026406 >
9787513026413	产业专利分析报告（第27册）	通用名化学药	70	9 787513 026413 >
9787513026420	产业专利分析报告（第28册）	抗体药物	66	9 787513 026420 >
9787513033411	产业专利分析报告（第29册）	绿色建筑材料	120	9 787513 033411 >
9787513033428	产业专利分析报告（第30册）	清洁油品	110	9 787513 033428 >
9787513033435	产业专利分析报告（第31册）	移动互联网	176	9 787513 033435 >
9787513033442	产业专利分析报告（第32册）	新型显示	140	9 787513 033442 >
9787513033459	产业专利分析报告（第33册）	智能识别	186	9 787513 033459 >
9787513033466	产业专利分析报告（第34册）	高端存储	110	9 787513 033466 >
9787513033473	产业专利分析报告（第35册）	关键基础零部件	168	9 787513 033473 >
9787513033480	产业专利分析报告（第36册）	抗肿瘤药物	170	9 787513 033480 >
9787513033497	产业专利分析报告（第37册）	高性能膜材料	98	9 787513 033497 >
9787513033503	产业专利分析报告（第38册）	新能源汽车	158	9 787513 033503 >

书　号	书　名	产 业 领 域	定价	条　码
9787513043083	产业专利分析报告（第 39 册）	风力发电机组	70	9 787513 043083 >
9787513043069	产业专利分析报告（第 40 册）	高端通用芯片	68	9 787513 043069 >
9787513042383	产业专利分析报告（第 41 册）	糖尿病药物	70	9 787513 042383 >
9787513042871	产业专利分析报告（第 42 册）	高性能子午线轮胎	66	9 787513 042871 >
9787513043038	产业专利分析报告（第 43 册）	碳纤维复合材料	60	9 787513 043038 >
9787513042390	产业专利分析报告（第 44 册）	石墨烯电池	58	9 787513 042390 >
9787513042277	产业专利分析报告（第 45 册）	高性能汽车涂料	70	9 787513 042277 >
9787513042949	产业专利分析报告（第 46 册）	新型传感器	78	9 787513 042949 >
9787513043045	产业专利分析报告（第 47 册）	基因测序技术	60	9 787513 043045 >
9787513042864	产业专利分析报告（第 48 册）	高速动车组和 高铁安全监控技术	68	9 787513 042864 >
9787513049382	产业专利分析报告（第 49 册）	无人机	58	9 787513 049382 >
9787513049535	产业专利分析报告（第 50 册）	芯片先进制造工艺	68	9 787513 049535 >
9787513049108	产业专利分析报告（第 51 册）	虚拟现实与增强现实	68	9 787513 049108 >
9787513049023	产业专利分析报告（第 52 册）	肿瘤免疫疗法	48	9 787513 049023 >
9787513049443	产业专利分析报告（第 53 册）	现代煤化工	58	9 787513 049443 >
9787513049405	产业专利分析报告（第 54 册）	海水淡化	56	9 787513 049405 >
9787513049429	产业专利分析报告（第 55 册）	智能可穿戴设备	62	9 787513 049429 >
9787513049153	产业专利分析报告（第 56 册）	高端医疗影像设备	60	9 787513 049153 >
9787513049436	产业专利分析报告（第 57 册）	特种工程塑料	56	9 787513 049436 >
9787513049467	产业专利分析报告（第 58 册）	自动驾驶	52	9 787513 049467 >

书　号	书　名	产业领域	定价	条　码
9787513054775	产业专利分析报告（第 59 册）	食品安全检测	40	9 787513 054775 >
9787513056977	产业专利分析报告（第 60 册）	关节机器人	60	9 787513 056977 >
9787513054768	产业专利分析报告（第 61 册）	先进储能材料	60	9 787513 054768 >
9787513056632	产业专利分析报告（第 62 册）	全息技术	75	9 787513 056632 >
9787513056694	产业专利分析报告（第 63 册）	智能制造	60	9 787513 056694 >
9787513058261	产业专利分析报告（第 64 册）	波浪发电	80	9 787513 058261 >
9787513063463	产业专利分析报告（第 65 册）	新一代人工智能	110	9 787513 063463 >
9787513063272	产业专利分析报告（第 66 册）	区块链	80	9 787513 063272 >
9787513063302	产业专利分析报告（第 67 册）	第三代半导体	60	9 787513 063302 >
9787513063470	产业专利分析报告（第 68 册）	人工智能关键技术	110	9 787513 063470 >
9787513063425	产业专利分析报告（第 69 册）	高技术船舶	110	9 787513 063425 >
9787513062381	产业专利分析报告（第 70 册）	空间机器人	80	9 787513 062381 >
9787513069816	产业专利分析报告（第 71 册）	混合增强智能	138	9 787513 069816 >
9787513069427	产业专利分析报告（第 72 册）	自主式水下滑翔机技术	88	9 787513 069427 >
9787513069182	产业专利分析报告（第 73 册）	新型抗丙肝药物	98	9 787513 069182 >
9787513069335	产业专利分析报告（第 74 册）	中药制药装备	60	9 787513 069335 >
9787513069748	产业专利分析报告（第 75 册）	高性能碳化物先进陶瓷材料	88	9 787513 069748 >
9787513069502	产业专利分析报告（第 76 册）	体外诊断技术	68	9 787513 069502 >
9787513069229	产业专利分析报告（第 77 册）	智能网联汽车关键技术	78	9 787513 069229 >
9787513069298	产业专利分析报告（第 78 册）	低轨卫星通信技术	70	9 787513 069298 >